江苏省高等学校重点教材
编号：2021－2－045
高等职业教育课程改革项目研究成果系列教材
“互联网＋”新形态教材

# ICT 项目营销与招投标实务

主　编　马　敏　杨前华
副主编　曾庆珠　吕　艳　刘　亮　刘　佳

北京理工大学出版社
BEIJING INSTITUTE OF TECHNOLOGY PRESS

## 内容提要

本书整体设计基于ICT售前工作过程，以ICT市场调查作为基础，重点介绍ICT营销方案和招投标文件编制。全书分为ICT市场营销篇、ICT营销方案篇、ICT项目招投标篇三大模块，以项目为载体，围绕"任务引入、任务分析、案例解析、技能训练"组织章节内容，书中通过案例将理论知识与实践技能相结合，注重ICT市场营销的工作流程、工作技巧以及营销方案编写、招投标文件的制作与宣讲方法，充分展现职业教育教学的技能性、实用性、操作性等特点。

本书理论与实践紧密结合，案例丰富，深入浅出，既可作为高职高专通信类专业教材，也可作为企业ICT售前、招投标人员培训教材和自学参考书。



**图书在版编目（CIP）数据**

ICT项目营销与招投标实务／马敏，杨前华主编．--北京：北京理工大学出版社，2021.11（2022.1重印）
ISBN 978-7-5763-0097-0

Ⅰ.①I…　Ⅱ.①马…　②杨…　Ⅲ.①信息工程-高等职业教育-教材②通信工程-高等职业教育-教材　Ⅳ.①G202②TN91

中国版本图书馆CIP数据核字（2021）第248744号

出版发行／北京理工大学出版社有限责任公司
社　　址／北京市海淀区中关村南大街5号
邮　　编／100081
电　　话／（010）68914775（总编室）
　　　　　（010）82562903（教材售后服务热线）
　　　　　（010）68944723（其他图书服务热线）
网　　址／http：//www.bitpress.com.cn
经　　销／全国各地新华书店
印　　刷／涿州市新华印刷有限公司
开　　本／787毫米×1092毫米　1/16
印　　张／13
字　　数／298千字
版　　次／2021年11月第1版　2022年1月第2次印刷
定　　价／37.00元

责任编辑／徐艳君
文案编辑／徐艳君
责任校对／周瑞红
责任印制／施胜娟

# 前言

近年来智能化发展导致传统通信类岗位萎缩，ICT 售前岗位需求暴增。ICT 项目营销方案与招投标文件编制、宣讲作为 ICT 售前岗位的主要工作内容，已成为 ICT 售前工程师的必备技能。

本书遵从职业教育理念，以高职教育的职业能力培养为目标，力求做到“能力为主，应用为本”；与企业专家合作编写，面向 ICT 行业最新需求，融入 ICT 售前工程师岗位知识技能点；提炼典型岗位任务案例，遵循任务导向，力保内容与国家标准、工作岗位无缝对接；注重职业素养培养，通过典型案例解析，启发学生创新思维；融入思政理念，强调职业道德与法律法规规范。本书同时作为国家现代通信技术专业教学资源库“ICT 项目营销方案与应标”课程的配套教材，适用于高职高专通信技术专业群，包括电信服务与管理、现代通信技术等专业使用，也可作为电子信息技术、计算机网络与计算机应用等专业使用，还可用于企业 ICT 售前工程师的培训。

本书分为 ICT 市场营销篇、ICT 营销方案篇、ICT 项目招投标篇三大模块。模块一主要介绍 ICT 市场营销的知识和应用，包括市场营销的基本概述、ICT 营销与传统市场营销的区别、ICT 营销方法的分析、ICT 市场调查的类别及方法、SWOT 分析方法、SWOT 分析报告编写以及相关案例解析；模块二主要介绍 ICT 营销方案的编写，包括商务拜访的基本知识、商务拜访流程、商务拜访要点、ICT 营销方案的组成、方案设计过程、方案编写方法、方案架构以及相关案例解析；模块三主要介绍 ICT 招投标文件编写，包括招标文件的定义及组成、招标文件编制原则、购领招标文件和投标人选择、招标文件解读、投标文件的定义及组成、投标文件编制原则、投标文件与营销方案的区别、开标评标、定标及签订合同流程等。文中理论内容依据对大量企业的调研、行业发展的需要、兼顾企业岗位就业需要，实践内容源于提炼企业的典型案例和全国高校营销技能大赛优秀案例。每个模块按照项目任务的组织形式，都配以微课、课件、习题等数字资源，为课堂教学改革提供数字化环境，也为学生的自主学习开展提供条件。

本书由马敏和杨前华统稿，其中模块一由杨前华编写，模块二、模块三中项目 1 和项目 2 由马敏编写，模块三中项目 3 和项目 4 由刘亮和曾庆珠共同编写，模块三中项目 5 由刘佳和吕艳共同编写。

本书由中通服咨询设计研究院有限公司招标代理公司张巍担任主审，在编写过程中也得到了部分规划设计公司和招标公司相关技术人员的大力支持和帮助，他们为本书的编写提供了许多宝贵意见，再次对他们表示衷心的感谢！

本书在编写过程中参考了相关企业的部分资料，在此表示感谢！

由于时间和水平有限，书中难免存在不足之处，恳请广大读者提出宝贵意见！

编　者

# 目录

# 模块一

# ICT 市场营销篇

市场营销学于20世纪初期产生于美国。市场营销学的产生与发展同商品经济的发展、企业经营哲学的演变是密切相关的。几十年来，随着社会经济及市场经济的发展，市场营销学发生了根本性的变化，从传统市场营销学演变为现代市场营销学，其应用从营利组织扩展到非营利组织，从国内扩展到国外。当今，市场营销学已成为同企业管理相结合，并同经济学、行为科学、人类学、数学等学科相结合的应用边缘管理学科。

微课：课程介绍

2014年国际电信联盟发布的年度旗舰报告《衡量信息社会发展报告》中指出，全球几乎所有国家的信息通信技术（ICT，Information and Communications Technology）都保持着强劲的普及势头。2020年中国信息通信研究院发布的《2020数字中国产业发展报告》中指出，我国信息通信产业增长动力强劲，信息通信技术加速释放融合创新活力，信息通信产业引领全球经济创新发展。因此ICT市场未来所具备的巨大的潜力，让ICT市场营销的重要性日益凸显。

PPT：课程介绍

## 学习目标

- 了解什么是市场营销
- 了解 ICT 营销与传统营销的区别
- 掌握 ICT 营销的方法
- 掌握 ICT 市场调查的方法
- 掌握 SWOT 分析的方法

微课：学习方法建议

PPT：学习方法建议

## 内容架构

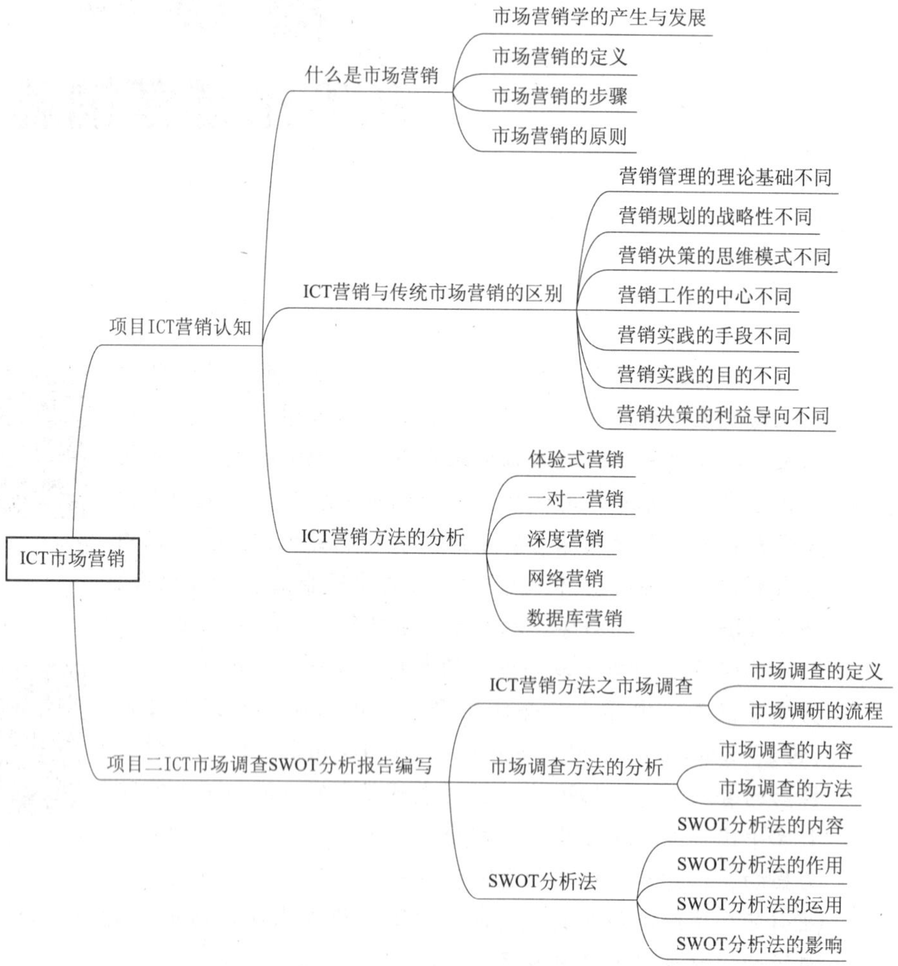

# 项目 1

# ICT 营销认知

## 1.1.1 任务引入：什么是市场营销

微课：什么是市场营销

PPT：什么是市场营销

### 1. 市场营销学的产生与发展

市场营销学自 20 世纪初诞生以来，其发展经历了 6 个阶段。

（1）萌芽阶段（1900—1920）

这一阶段各主要资本主义国家经过工业革命，生产力迅速提高，城市经济迅猛发展，商品需求量亦迅速增多，出现了需过于供的卖方市场，企业产品价值实现不成问题。与此相适应的市场营销学开始创立。市场营销理论同企业经营哲学相适应，即同生产观念相适应。其依据是传统的经济学，是以供给为中心的。

（2）功能研究阶段（1921—1945）

这一阶段以营销功能研究为特点。

1932 年，克拉克和韦尔达出版的《美国农产品营销》一书中，对美国农产品营销进行了全面的论述，指出市场营销目的是“使产品从种植者那儿顺利地转到使用者手中”。这一过程包括三个重要又相互有关的内容：集中（购买剩余农产品）、平衡（调节供需）、分散（把农产品“化整为零”）。

1942 年，克拉克出版的《市场营销学原理》一书，在功能研究上有创新，把功能归结为交换功能、实体分配功能、辅助功能等，并提出了推销是创造需求的观点，实际上是市场营销的雏形。

（3）形成和巩固阶段（1946—1955）

1952 年，梅纳德和贝克曼出版的《市场营销学原理》一书中，提出了市场营销的定义，认为它是“影响商品交换或商品所有权转移，以及为商品实体分配服务的一切必要的企业活动”。

梅纳德归纳了研究市场营销学的五种方法：商品研究法、机构研究法、历史研究法、成本研究法及功能研究法。由此可见，这一时期已形成市场营销的原理及研究方法，传统市场营销学已形成。

（4）市场营销管理导向阶段（1956—1965）

1957 年，奥尔德逊出版的《市场营销活动和经济行动》一书中，提出了“功能主义”。

霍华德出版的《市场营销管理：分析和决策》一书中，率先提出从营销管理角度论述市场营销理论和应用，从企业环境与营销策略二者关系来研究营销管理问题，强调企业必须适应外部环境。

1960 年，麦卡锡出版的《基础市场营销学》一书中，对市场营销管理提出了新的见解。他把消费者视为一个特定的群体，即目标市场，企业制定市场营销组合策略，适应外部环境，满足目标客户的需求，实现企业经营目标。

（5）协同和发展阶段（1966—1980）

这一阶段，市场营销学逐渐从经济学中独立出来，同管理科学、行为科学、心理学、社会心理学等理论相结合，使市场营销学理论更加成熟。

（6）分化和扩展阶段（1981 至今）

时至今日，市场营销领域又出现了大量丰富的新概念，使得市场营销这门学科出现了变形和分化的趋势，其应用范围也在不断地扩展。

进入 20 世纪 90 年代以来，关于市场营销、市场营销网络、政治市场营销、市场营销决策支持系统、市场营销专家系统等新的理论与实践问题开始引起学术界和企业界的关注。进入 21 世纪，互联网的发展和应用，推动着网上虚拟市场的发展，基于互联网的网络营销得到迅猛发展。

**2. 市场营销的定义**

市场营销，又称作市场学、市场行销学或行销学。MBA、EMBA 等经典商管课程均将市场营销作为对管理者进行管理和教育的重要模块包含在内。市场营销是在创造、沟通、传播和交换产品中，为客户、合作伙伴以及整个社会带来经济价值的活动、过程和体系，主要是指营销人员针对市场开展经营活动、销售行为的过程。

市场营销的研究内容，主要包括：

（1）营销原理

营销原理包括市场分析、营销观念、市场营销信息系统与营销环境、消费者需求与购买行为、市场细分与目标市场选择等理论。

（2）营销实务

营销实务由产品策略、定价策略、分销渠道策略、促销策略、市场营销组合策略等组成。

（3）营销管理

营销管理包括营销战略、计划、组织和控制等。

（4）特殊市场营销

特殊市场营销由网络营销、服务市场营销和国际市场营销等组成。

**3. 市场营销的步骤**

市场营销的步骤如图 1－1－1 所示，在分析市场机会的基础上，选择目标市场，进而确定市场营销策略，进行市场营销活动管理。

**图 1－1－1　市场营销的步骤**

（1）分析市场机会

分析市场机会是通过营销理论，分析市场上存在哪些尚未满足或尚未完全满足的显性或隐性的需求，以便企业能根据自己的实际情况，找到内外结合的最佳点，利用组织和配置资源，有效地提供相应产品或服务，达到企业的营销目的的过程。

企业市场营销环境分析中的误区：

①市场营销环境分析中过度强调“重点因素”，忽视“一般因素”；

②认为市场营销环境只能去适应，不能改变；

③在对市场的理解上，认为市场的消费潮流是什么，企业就应跟着生产什么；

④对市场环境的分析注重定性分析，忽视定量分析。

（2）选择目标市场

选择目标市场是指估计每个细分市场的吸引力程度，并选择进入一个或多个细分市场。企业选择的目标市场应该是能够创造最大客户价值并能保持一段时间的细分市场。

（3）确定市场营销策略

市场营销策略是指企业根据自身内部条件和外部竞争状况所确定的关于选择和占领目标市场的策略。它是制订企业战略性营销计划的重要组成部分，其实质就是企业开展市场营销活动的总体设计。

企业制定市场营销战略的前提条件是经营理念、方针、企业战略、市场营销目标等。

（4）市场营销活动管理

①市场营销计划。既要制定长期战略规划，决定企业的发展方向和目标，又要有具体的市场营销计划，具体实施战略计划。

②市场营销组织。营销计划需要有一个强有力的营销组织来执行。根据计划目标组建一个高效的营销组织，对人员进行培训、激励和评估等一系列管理活动。

③市场营销控制。在营销计划实施过程中，需要控制系统来保证市场营销目标的实施。营销控制主要有企业年度计划控制、企业盈利控制、营销战略控制等。

微课：市场营销的原则

PPT：市场营销的原则

**4. 市场营销的原则**

市场营销的原则主要包括诚实守信、义利兼顾、互惠互利、理性和谐。

（1）诚实守信

诚实守信是基本的道德要求，它是企业经商道德的最重要的品德标准，也是所有标准的基础。在我国传统经商实践中，它被奉为至上的律条。

（2）义利兼顾

义利兼顾是指企业获利，要同时考虑是否符合消费者的利益，是否符合社会整体和长远的利益。利是目标，义是要遵守达到这一目标的合理规则。二者应该同时加以重视，达到兼顾的目标。义利兼顾的思想是处理好利己和利他关系的基本原则。

（3）互惠互利

互惠互利是进一步针对企业的营销活动的性质，提出的交易中的基本信条。要求在市场营销行为中，正确地分析、评价自身的利益，评价利益相关者的利益。

（4）理性和谐

理性和谐是企业道德化活动达到的理想目标模式。在市场营销中，理性就是运用知识手段，科学分析市场环境，准确预测未来市场发展变化状况，不好大喜功，单纯追求市场占有率而损失利润。

## 1.1.2 任务分析：ICT 营销与传统市场营销的区别

微课：ICT 营销与传统市场营销的区别

ICT 代表着信息、通信和技术的组合，是信息技术与通信技术相融合而形成的一个新的概念和新的技术领域。ICT 营销则是对 ICT 业务进行市场营销，ICT 业务链如图 1－1－2 所示。

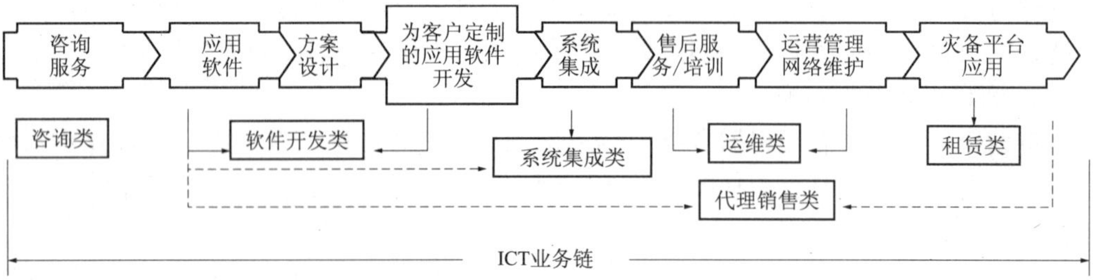


**图 1－1－2　ICT 业务链**

ICT 营销与传统市场营销的区别，主要在于：

**1. 营销管理的理论基础不同**

传统市场营销观念指导下的营销活动是以生产者主权论为基础的，ICT 营销观念指导下的营销活动则是以消费者主权论为基础的。

PPT：ICT 营销与传统市场营销的区别

**2. 营销规划的战略性不同**

传统市场营销观念指导下的营销活动，属于“亡羊补牢”“事后诸葛亮”“后知后觉”式的对策性营销活动，这种营销管理具有滞后性、盲目性、被动性等缺点；ICT 营销观念指导下的营销活动则属于“先知先觉”式的战略性营销活动，这种营销管理具有超前性、主动性、战略管理性的优点。

**3. 营销决策的思维模式不同**

传统市场营销活动遵循“以产定销、以销定消”的思维模式；ICT 营销活动则以“以需定销、以销定产、以产定供”为思维导向，组织安排企业的生产经营活动。

**4. 营销工作的中心不同**

传统市场营销活动的开展都是以现有的、已经生产出来的产品为中心开展的，“制造产品，并设法销售出去”；ICT 营销活动，则是以消费者需求为中心展开工作的，“发现需求，并设法满足它们”。

**5. 营销实践的手段不同**

传统市场营销活动一般以单一的推销、广告等营销手段开展营销活动；ICT 营销活动则以系统的、整体协调的营销手段开展市场营销活动，体现为企业“全员、全过程、全企业”的整体性营销活动。

**6. 营销活动的目的不同**

传统市场营销活动的目的是通过产品的生产与销售来实现赢利，注重“销售已经生产出来的产品”；ICT 营销活动则是通过最大限度满足消费者需求来实现自己赢利的目的，注重“生产能销售出去的产品，生产能满足消费者需求的产品”。

**7. 营销决策的利益导向不同**

传统市场营销观念指导之下，营销决策的利益出发点与归宿点都是单一的企业的利益，而忽略了或根本不考虑消费者与社会的利益；ICT 营销观念指导之下的营销决策则在统筹兼顾消费者利益、社会整体利益与企业利益的前提下，开展营销活动，在三者利益发生冲突与矛盾时，则崇尚“客户利益至上”“社会利益至上”“服务社会，发展自己”“消费者是企业的衣食父母”“客户永远是对的”等经营宗旨，积极承担社会责任，维护消费者利益，表现为利益兼顾的多元化形态。

## 1.1.3　任务分析：ICT 营销方法的分析

微课：市场营销的方法

PPT：市场营销的方法

常见的 ICT 营销方法主要包括体验式营销、一对一营销、深度营销、网络营销和数据库营销，不同营销方法的角度不同，分析如下：

**1. 体验式营销**

体验式营销是要站在消费者的感官、情感、思考、行动、关联等 5 个方面，重新定义、设计营销的思考方式。此种思考方式突破传统上“理性消费者”的假设，认为消费者消费时是理性与感性兼具的，消费者在整个消费过程中的体验，才是研究消费者行为与企业品牌经营的关键。

**2. 一对一营销**

一对一营销的核心思想是：以“客户份额”为中心，与客户互动对话以及“定制化”。企业应该关注本企业产品在客户所拥有的所有该产品中的份额，并努力提升对这个份额的占有。

一对一营销的实施是建立在定制利润高于定制成本的基础之上的，这就要求企业的营销部门、研究与开发部门、制造部门、采购部门和财务部门之间通力合作。营销部门要确定满足客户需求所要达到的定制程度；研究与开发部门要对产品进行最有效的重新设计；制造与采购部门必须保证原材料的有效供应和生产的顺利进行；财务部门要及时提供生产成本状况与财务分析。

**3. 深度营销**

深度营销，就是以企业和客户之间的深度沟通、认同为目标，从关心人的显性需求转向关心人的隐性需求的一种新型的、互动的、更加人性化的营销新模式、新观念。深度营销的核心，就是要抓住“深”字做文章。

**4. 网络营销**

网络营销的本质是一种商业信息的运行。商业信息可分解为商品信息、交易信息和感受信息三个要素，任何一种商业交换，其实都包含这三种信息。而基于互联网的营销方法就是根据企业经营的不同阶段，制定不同的信息运行策略，并主要通过网络方法来实现的营销设计与操作。

**5. 数据库营销**

数据库营销作为一种个性化的营销手段在企业获取、保留与发展客户的各个阶段都将成为不可或缺的企业能力与有力工具。数据库营销的核心要素是对客户相关数据的收集、整理、分析，找出目标沟通、消费与服务对象，有的放矢地进行营销与客户关怀活动，从而扩大市场占有率与客户占有率，增加客户满意度与忠诚度，取得企业与客户的双赢局面。

在营销过程中需要营销人员根据实际情况，针对目标市场和目标客户的特点，有选择地恰当运用营销方法。

微课：市场营销的原则

PPT：市场营销的原则

## 1.1.4 案例解析

### 案例 01：某公司全自动定位调度产品方案

**【案例描述】**

某公司全自动定位调度系统（如图 1-1-3 所示），助力大型赛事完成车辆、人员定位调度，实现的功能主要包括：

1. 可以根据不同赛场、不同项目调整需要的人员目录，以便快速进行人员定位；
2. 可以对界面中的选定对象进行语音、短信调度；
3. 对调度过程进行全记录、轨迹回放；
4. 在地图上实时跟踪车辆，显示车辆运行位置、状况，并能够对车辆的历史轨迹进行回放；
5. 通过语音、短信进行车辆调度，支持发起调度中心对多辆车的语音调度；
6. 车辆信息自动告警，如车辆超速信息告警等。

图 1-1-3　某公司全自动定位调度系统

**【案例分析】**

方案优势在于：

1. 广泛合作：与运营商和终端厂商长期良好的合作关系，具有丰富的应用经验；

2. 服务网络：华为在全国广泛的服务网络，可以保证 7×24 的服务要求；
3. 实施能力：端到端客户整体解决方案，保障系统工程顺利实施；
4. 安全保障：电信级的安全解决方案，保证信息数据安全；
5. 定制能力：良好的二次开发和定制化能力，便于进行业务拓展；
6. 集成能力：拥有自主知识产权的优秀 GIS 合作伙伴，具有丰富的 GIS 应用经验。

（案例出处：网络）

## 案例 02：某公司 ICT 数字医院解决方案

**【案例描述】**

医院信息化正在 IT 架构重构，走向共享、移动和协同，然而快速增加的业务系统导致核心系统运行变慢，医疗业务和效率受阻，具体体现在以下两点：

1. 从单一医院到多院协作，建立医联体，由一家医院到不同级别、不同类型的医院组成联合体，进行双向转诊；

2. 方案背景如图 1－1－4 所示。从独享到共享，多医院协作需要共享电子病历等医疗信息，需要有共享的数据中心。

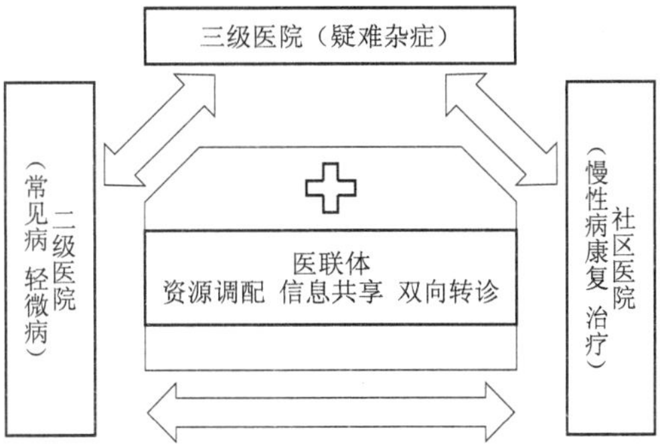


**图 1－1－4　方案背景**

**【案例分析】**

某公司 ICT 数字医院解决方案（如图 1－1－5 所示），实现数字化医院的共享、移动、协同，具体体现在：

1. 从分散到集中，从孤岛到整合，通过建设医院临床数据中心和集成平台，能实时获得患者全流程的医疗信息，包括门诊、住院、体验等所有数据，而非单一系统数据。

2. 从固定到移动，移动医疗（如：移动查房、移动护理、婴儿防盗、移动办公）的应用，要求多种业务智能化接入和管理。

3. 从孤立到协作，采用远程医疗系统进行跨科室、跨病栋、跨医院的医疗协作。

某公司 ICT 数字医院解决方案，助力于医院转型和发展，从而达到系统稳定，运行高效，稳定为患者提供持续化的服务，为医院带来更大的利润空间的效果。

（案例出处：网络）

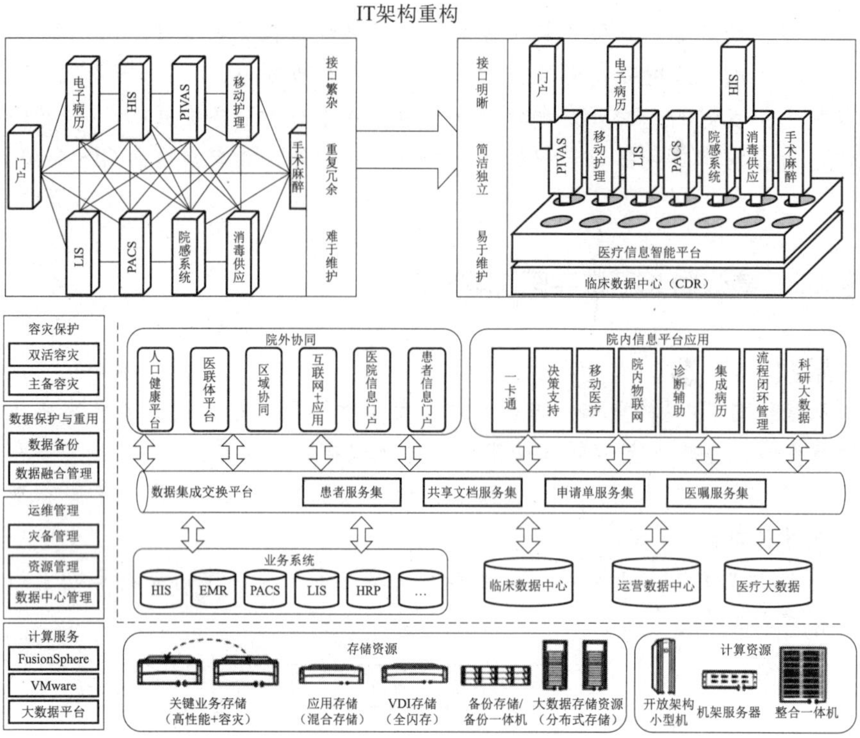


**图 1-1-5　某公司 ICT 数字医院解决方案**

## 1.1.5　技能训练

**1. 训练任务**

谈谈对 ICT 营销的认识。

**2. 任务说明**

①通过项目 1 知识的学习，小组讨论并完成文档“谈谈对 ICT 营销的认识”；

②格式自拟；

③内容应体现本小组的独特视角；

④字数不少于 3000 字。

**3. 任务考核**

（1）小组成绩由自评成绩、互评成绩和师评成绩组成

①各小组进行自评，小组间进行互评，教师进行综合评分，如表 1-1-1 所示。

②小组成绩 = 自评（30%）+ 互评（30%）+ 师评（40%）。

（2）个人成绩 = 小组成绩 × 任务参与度

注：表中的任务参与度根据任务实施过程，由组长在小组分工记录表（如表 1-1-2 所示）中赋予（取值范围 0 ~ 100%）。

**表 1－1－1　任务考核评价表**

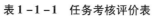

<table>
<tr><td colspan="4">任务名称：</td><td colspan="3">完成日期：</td></tr>
<tr><td colspan="2">小组：</td><td colspan="2">组号：</td><td colspan="2">班级：</td><td rowspan="2">成绩：<br>教师签字：</td></tr>
<tr><td colspan="2">自评分数：</td><td colspan="2">互评分数：</td><td colspan="2">师评分数：</td></tr>
<tr><td>序号</td><td>评分项</td><td>分数</td><td>评分要求</td><td>自评</td><td>互评</td><td>师评</td></tr>
<tr><td>1</td><td>任务完成情况</td><td>60 分</td><td>1. 文档格式合理（20%）<br>2. 文档内容充实（40%）<br>3. 观点陈述清晰（40%）</td><td></td><td></td><td></td></tr>
<tr><td>2</td><td>小组协作</td><td>30 分</td><td>1. 全员参与度（40%）<br>2. 分工合理性（20%）<br>3. 成员积极性（40%）</td><td></td><td></td><td></td></tr>
<tr><td>3</td><td>加分项</td><td>10 分</td><td>1. 最佳文档（60%）<br>2. 具有创新性（40%）</td><td></td><td></td><td></td></tr>
</table>

**表 1－1－2　小组分工记录表**

<table>
<tr><td>班级</td><td></td><td>小组</td><td></td></tr>
<tr><td>任务名称</td><td></td><td>组长</td><td></td></tr>
<tr><td>成员</td><td colspan="2">任务分工</td><td>任务参与度（%）</td></tr>
<tr><td></td><td colspan="2"></td><td></td></tr>
<tr><td></td><td colspan="2"></td><td></td></tr>
<tr><td></td><td colspan="2"></td><td></td></tr>
<tr><td></td><td colspan="2"></td><td></td></tr>
<tr><td></td><td colspan="2"></td><td></td></tr>
<tr><td></td><td colspan="2"></td><td></td></tr>
</table>

项目 2

# ICT 市场调查 SWOT 分析报告编写

## 1.2.1　任务引入：ICT 营销方法之市场调查

微课：ICT 营销方法之市场调查

PPT：ICT 营销方法之市场调查

### 1. 市场调查的定义

市场调查是指运用科学的方法，有目标性及系统性地搜集、记录、整理有关市场营销的信息和资料，分析市场情况，了解市场现状及其发展趋势，为市场预测和营销决策提供客观的、正确的资料（如图 1－2－1 所示）。市场调查是一种借助于信息把消费者及公共部门和市场联系起来的特定活动，这些信息用以识别和界定市场营销的机会和问题，产生、改进和评价营销活动，监控营销绩效，增进对营销过程的理解。

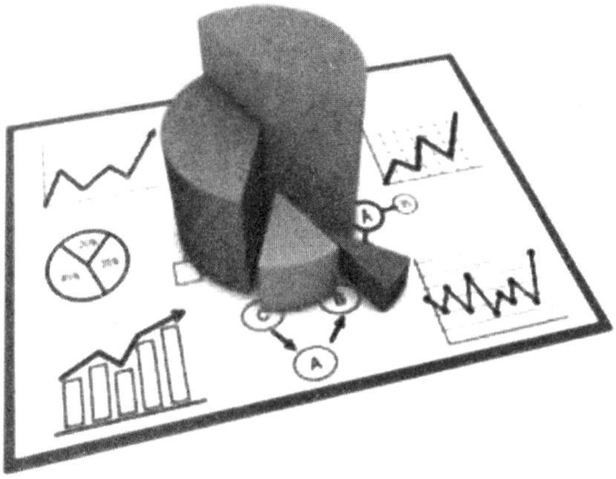

图 1－2－1　市场调查

市场调查对于营销管理的重要性犹如侦查对于军事指挥的重要性（如图 1－2－2 所示），表现在：提供作为决策基础的信息；弥补信息不足的缺陷；了解外部信息；了解市场环境变化；了解新的市场环境。不作系统客观的市场调查与预测，仅凭经验或不够完备的信息，就作出种种营销决策是非常危险的，也是十分落后的行为。

市场调查具有描述、诊断和预测三大功能：

①描述功能：收集并陈述事实。例如，某个行业的历史销售趋势是什么样的？

②诊断功能：解释信息或活动。例如，改变包装会对销售产生什么影响？

③预测功能：分析未来的趋势。例如，企业如何更好地利用持续变化的市场中出现的机会？

市场调查作为市场营销活动的重要环节，给消费者提供一个表达自己意见的机会，使他们能够把自己对产品或服务的意见、想法及时反馈给企业或供应商。因为市场营销的观念意味着消费者的需求应该予以满足，所以企业一定要聆听消费者的呼声，通过市场调查“倾听”消费者的声音。当然，市场调查信息也包括除消费者之外的其他实体的信息。企业通过市场调查收集数据，进行分析，如图 1－2－3 所示。收集的数据越多，为市场调查铺设的环境就越佳。

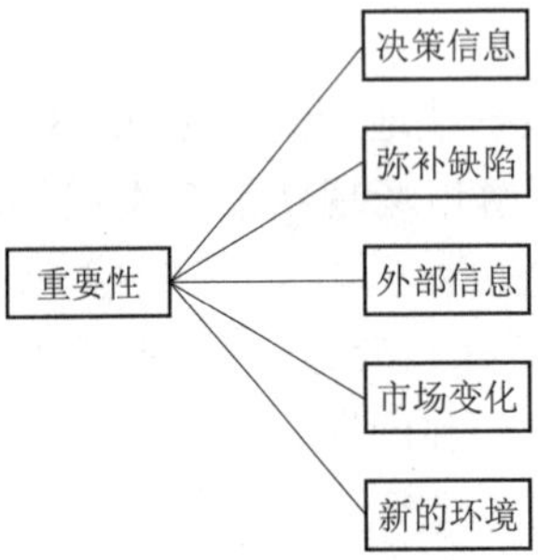


**图 1－2－2　市场调查对于营销管理的重要性**

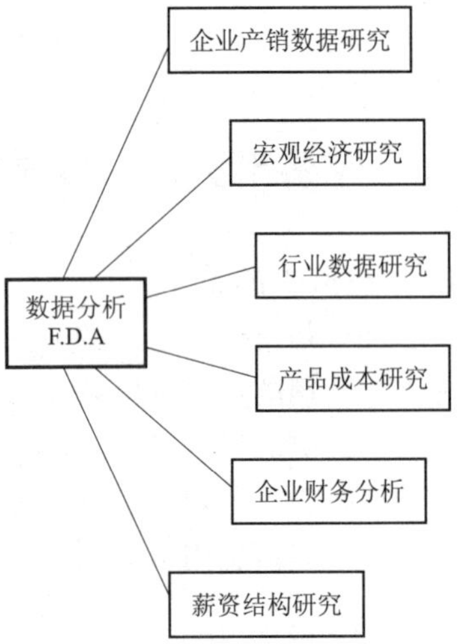


**图 1－2－3　数据分析**

市场调查有助于更好地吸收国内外先进经验和最新技术，改进企业的生产技术，提高管理水平，为企业管理部门和有关负责人提供决策依据，增强企业的竞争力和生存能力。

**2. 市场调查的流程**

市场调查的流程如图 1－2－4 所示，共分为 11 个步骤。

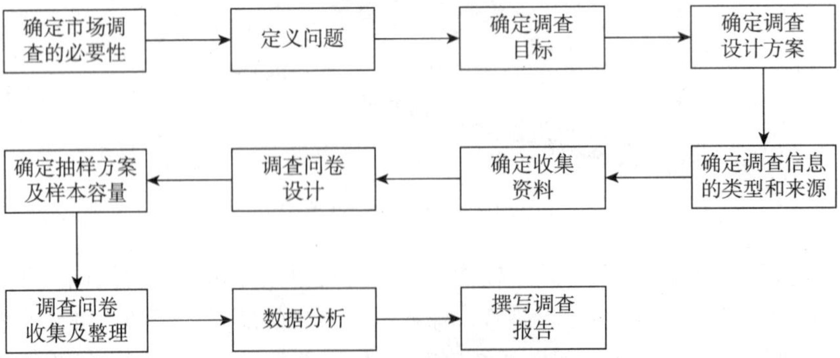


**图 1－2－4　市场调查的流程**

（1）确定市场调查的必要性

根据业务需求，论证市场调查的必要性。通过市场调查帮助减少日益增加的广告成本、开发成本、管理成本等。

（2）定义问题

确定要开展市场调查，需要定义调查问题。

（3）确立调查目标

通过定义调查问题，确立调查目标。

（4）确定调查设计方案

通过调查目标，确定适合的调查方式，并设计调查方案。

（5）确定信息的类型和来源

市场调查中的信息类型和来源一般通过调查问卷来进行分类和识别，一般调查问卷上面都会有这种归纳，因此信息类型和来源的确定是问卷设计的重要前提。

（6）确定收集资料

收集资料与所调查的内容要有很大的相关性，包括资料由谁来收集、收集什么资料、获得何种数据都是在这一步骤需要考虑的内容。

（7）调查问卷设计

问卷设计的目的是更好地收集市场信息，设计内容包括问卷的形式、问题的描述、问题回答形式、问题的逻辑性编排等。

（8）确定抽样方案及样本容量

不同的抽样方案对应不同的计算样本量的公式法则。在市场调查中样本容量的确定是重要的问题，因为样本的容量会影响抽样估计的精确度以及调查的成本和效益。在抽样调查中，误差一般可以分为系统误差和抽样误差；系统误差具有非随机性、不可预测性，是可以避免的；然而抽样误差随着样本量的增大而减小，但是样本量并不能无限增大，也会受到总体各单位标志变异程度、抽样估计的精度以及抽样方案等有关因素的影响。

（9）调查问题收集与整理

在市场调查中应对收集到的资料进行及时整理和统一登记，并指定专人负责。

（10）数据分析

根据所收集到的资料，分析资料内容。

（11）撰写调查报告

调查报告是市场调查的最终成果，是从感性认识到理性认识飞跃过程的反映，比起调查资料来更便于阅读和理解，起到透过现象看本质的作用，便于更好地指导实践活动。因此有效的市场调查报告需要对市场有充分的认识和了解，对涉及的各个方面进行全面的描述。

需要注意的是，要根据调查对象选择合适的调查方法，比如电话访谈或者问卷调查，资料也可以从之前的调查中有选择性地获得。

## 1.2.2　任务分析：市场调查方法的分析

微课：市场调查的方法

### 1. 市场调查的内容

市场调查的内容如图 1－2－5 所示。具体内容包括商品最大的和最小的需要量，商品的各类需求构成，客户现有和潜在的购买力，购买原因或动机，同类产品市场占有率的分布以及同种商品的品种、花色、规格、包装、价格和服务项目等。

**PPT：市场调查的方法**

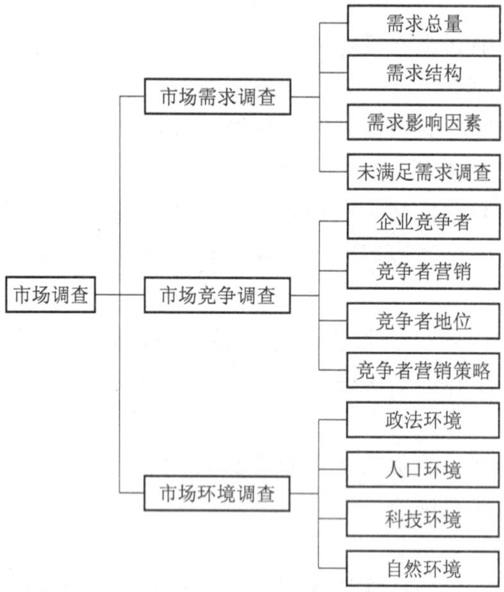


**图 1－2－5　市场调查的内容**

市场需求调查是对市场消费的需求变化所进行的调查和研究。

市场环境调查是指对影响企业生产经营活动的外部因素所进行的调查。它是从宏观上调查和把握企业运营的外部影响因素及产品的销售条件等。对企业而言，市场环境调查的内容基本上属于不可控制的因素，包括政治、经济、社会文化、技术、法律和竞争等，它们对所有企业的生产和经营都产生巨大的影响。因此，每一个企业都必须对主要的环境因素及其发展趋势进行深入细致的调查研究。

### 2. 市场调查的方法

市场调查的方法是一种企业组织相关人员进行市场调查分析确定营销方案的方法，其优点在于能直接获得潜在客户的第一手消费情报，对如何区分市场与定位产品具有极大的帮助。市场调查的方法有观察法、实验法、访问法、问卷法，如图 1－2－6 所示。

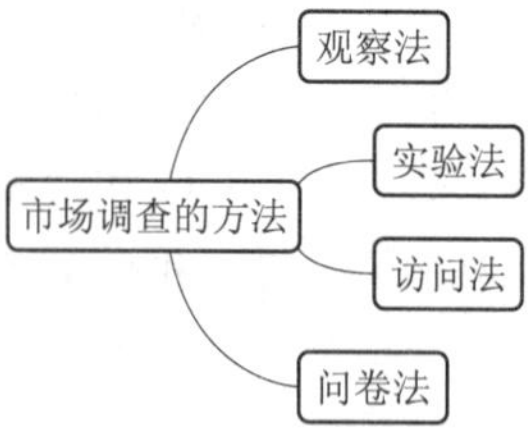


**图 1－2－6　市场调查的方法**

（1）观察法

观察法是社会调查和市场调查的最基本的方法。它是由调查人员根据调查研究的对象，利用眼睛、耳朵等感官以直接观察的方式对其进行考察并搜集资料。

观察法分为直接观察法和实际痕迹测量法两种方法。

①直接观察法。直接观察法指调查者在调查现场有目的、有计划、有系统地对调查对象的现状、行为、言辞、表情等进行观察，以便取得第一手资料。它的最大特点是在自然条件下进行，所得材料真实生动。

例如，市场调查人员到被调查者的销售场所去观察商品的品牌及包装情况就是直接观察法。

②实际痕迹测量法。实际痕迹测量法是对某一事件留下的实际痕迹来调查，一般用于对客户流量、广告效果等的调查。

例如，企业在几种网站上做广告，网站广告页面附有链接，客户可以点击免费试用，企业从后台的试用记录可以了解哪种网站上刊登广告最为有效，为今后选择广告媒介和测定广告效果提出可靠资料。

（2）实验法

实验法主要用于市场销售实验和消费者使用实验，由调查人员根据调查的要求，用实验的方式，将调查对象控制在特定的环境条件下，对其进行观察以获得相应的信息。

实验法的应用范围很广，凡是某一商品在改变品种、品质、包装、设计、价格、广告等因素时，都可以应用这种方法，调查消费者反映。

（3）访问法

访问法是将所要调查的事项以当面、书面、网络或者电话的方式，向被调查者提出询问，以便获得所需资料。它是市场调查中最常用的一种方法，可以分为结构式访问、无结构式访问和集体访问。

①结构式访问：按照事先设计的，有一定结构的问卷进行的访问。

②无结构式访问：没有统一问卷，由调查人员与被调查者自由交谈的访问。

③集体访问：通过集体座谈的方式听取被调查者的想法，收集信息资料的访问。

（4）问卷法

问卷法是通过设计调查问卷，让被调查者填写调查表的方式获得所调查对象的信息。在调查中将调查的资料设计成问卷后，让被调查者将自己的意见或答案填入问卷中。一般在进行实地调查中，采用问卷法最广，同时问卷法在网络市场调查中运用得较为普遍。

问卷法调查主要有以下几个网站，可以使用：

①中国市场调查研究中心（CMRC）http://www. cmrc. cn/.

②中国社会经济决策咨询中心（中经咨询）http://www. cedm. net. cn/.

③央视市场研究（CTR）http://www. ctrchina. cn/index. asp.

## 1.2.3 任务分析：SWOT 分析法

SWOT 分析法是 20 世纪 60 年代初由美国旧金山大学的管理学教授海因茨·韦里克（Heinz Weihrich）提出的一种战略分析方法。通过对被分析对象的优势、劣势、机会和威胁等加以综合评估与分析得出结论，通过内部资源、外部环境有机结合来清晰地确定被分析对象的资源优势和缺陷，了解被分析对象所面临的机会和挑战，从而在战略与战术两个层面调整方法、资源，以保障被分析对象的实行达到所要实现的目标。它也是用于帮助企业（或部门、个人）清晰把握与企业（或部门、个人）发展目标相关的外部和内部的环境与资源的教练工具之一。

微课：认识 SWOT 分析

### 1. SWOT 分析法的内容

SWOT 分析法又称为态势分析法，是一种能够较客观而准确地分析和研究一个单位现实情况的方法。如图 1－2－7 所示，SWOT 分别代表：Strengths（优势）、Weaknesses（劣势）、Opportunities（机会）、Threats（威胁）。

**PPT：认识 SWOT 分析**

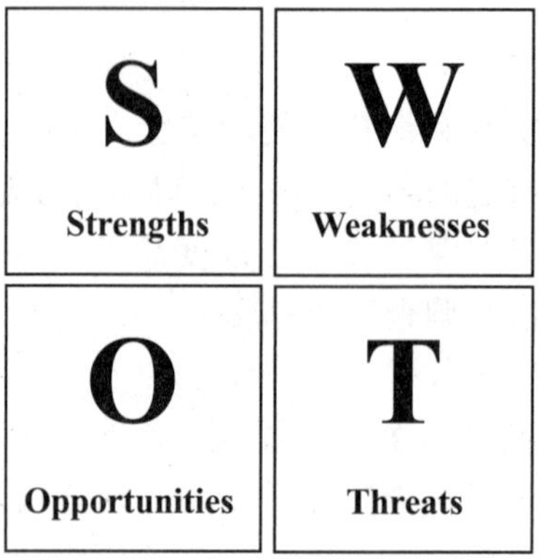


**图 1－2－7　SWOT 的含义**

SWOT 分析通过对优势、劣势、机会和威胁加以综合评估与分析得出结论，然后再调整企业资源及企业策略，来达成企业的目标。优势和劣势为内部因素，机会和威胁为外部因素，如图 1－2－8 所示，内部因素结合外部因素形成战略对策，如图 1－2－9 所示。

| | | |
|---|---|---|
| S | 优势 | 内部因素 |
| W | 劣势 | |
| O | 机会 | 外部因素 |
| T | 威胁 | |

**图 1－2－8　SWOT 结构矩阵**

**图 1－2－9　战略对策**

### 2. SWOT 分析法的作用

SWOT 分析法已逐渐被许多企业运用到包括企业管理、人力资源、产品研发等各个方面。

SWOT 分析法从某种意义上来说隶属于企业内部分析方法，即根据企业自身的既定内在条件进行分析。SWOT 分析法有其形成的基础。按照企业竞争战略的完整概念，战略应是一个企业“能够做的”（即组织的强项和弱项）和“可能做的”（即环境的机会和威胁）之间的有机组合。著名的竞争战略专家迈克尔·波特提出的竞争理论从产业结构入手对一个企业“可能做的”方面进行了透彻的分析和说明，而能力学派管理学家则运用价值链解构企业的价值创造过程，注重对公司的资源和能力的分析。SWOT 分析，就是在综合了前面两者的基础上，以资源学派学者为代表，将公司的内部分析（即 20 世纪 80 年代中期管理学界权威们所关注的研究取向，以能力学派为代表）与产业竞争环境的外部分析（即更早期战略研究所关注的中心主题，以安德鲁斯与迈克尔·波特为代表）结合起来，形成了自己结构化的平衡系统分析体系。

与其他的分析方法相比较，SWOT 分析法从一开始就具有显著的结构化和系统性的特征。就结构化而言，首先在形式上，SWOT 分析法表现为构造 SWOT 结构矩阵（如图 1－2－8所示），对矩阵的不同区域赋予了不同的分析意义；其次在内容上，SWOT 分析法的主要理论基础也强调从结构分析入手对企业的外部环境和内部资源进行分析。其实，早在 SWOT 分析法诞生之前的 20 世纪 60 年代，就已经有人提出过 SWOT 分析法中涉及的内部优势、劣势，外部机会、威胁这些变化因素，但只是孤立地对它们加以分析。SWOT 分析法的重要贡献就在于用系统的思想将这些似乎独立的因素相互匹配起来进行综合分析，使得企业战略计划的制订更加科学全面。

SWOT 分析法自形成以来，广泛应用于战略研究与竞争分析，成为战略管理和竞争情报的重要分析工具。分析直观、使用简单是它的重要优点。即使没有精确的数据支持和专业化的分析工具，也可以得出有说服力的结论。但是，正是这种直观和简单，使得 SWOT 分析法不可避免地带有精度不够的缺陷。例如 SWOT 分析采用定性方法，通过罗列 S、W、O、T 的各种表现，形成一种模糊的企业竞争地位描述，以此为依据作出的判断，不免带有一定程度的主观臆断。所以，在使用 SWOT 分析法时要注意方法的局限性，在罗列作为判断依据的事实时，要尽量真实、客观、精确，并提供一定的定量数据弥补 SWOT 定性分析的不足，构造高层定性分析的基础。

**3. SWOT 分析法的运用**

SWOT 分析法也常常被用于制定集团发展战略和分析竞争对手情况，在战略分析中，它是最常用的方法之一。进行 SWOT 分析时，主要有以下几个方面的内容：

（1）分析环境因素

运用各种调查研究方法，分析出公司所处的各种环境因素，即外部环境因素和内部环境因素。

外部环境因素包括机会因素和威胁因素，它们是外部环境对公司的发展直接有影响的有利和不利因素，属于客观因素；内部环境因素包括优势因素和劣势因素，它们是公司在其发展中自身存在的积极和消极因素，属于主观因素。在调查分析这些因素时，不仅要考虑到历史与现状，而且要考虑未来发展问题。

（2）构造 SWOT 矩阵

将调查得出的各种因素根据轻重缓急或影响程度等排序方式，构造 SWOT 分析矩阵。在此过程中，将那些对公司发展有直接的、重要的、大量的、迫切的、久远的影响因素优先排列出来，而将那些间接的、次要的、少许的、不急的、短暂的影响因素排列在后面。

（3）制订行动计划

在完成环境因素分析和 SWOT 矩阵的构造后，便可以制订相应的行动计划。

制订计划的基本思路是：发挥优势因素，克服劣势因素，利用机会因素，化解威胁因素；考虑过去，立足当前，着眼未来。运用系统分析的综合分析方法，将考虑的各种环境因素相互匹配起来加以组合，得出一系列公司未来发展的可选择对策。在 SWOT 分析之后进而需用 USED 技巧来产出解决方案，USED 是四个重点方向的缩写，如用中文表示成四个关键字，则是“用、停、成、御”。即：如何善用每个优势？如何停止每个劣势？如何成就每个机会？如何抵御每个威胁？

图 1－2－10 为 SWOT 分析矩阵，从整体上看，SWOT 可以分为两部分：第一部分为 S、

W，主要用来分析内部因素；第二部分为 O、T，主要用来分析外部因素。利用这种方法综合两个部分可以从中找出对自己有利的、值得发扬的因素，以及对自己不利的、要避开的因素，发现存在的问题，找出解决办法，并明确以后的发展方向。

| 内部因素 / 战略对策 / 外部因素 | 优势（S） | 劣势（W） |
|---|---|---|
| 机会（O） | 优势 + 机会（SO）<br>（可能采取的战略：最大限度地发展） | 劣势 + 机会（WO）<br>（可能采取的战略：利用机会、回避弱点） |
| 威胁（T） | 优势 + 威胁（ST）<br>（可能采取的战略：利用优势、降低威胁） | 劣势 + 威胁（WT）<br>（可能采取的战略：收缩、合并） |

**图 1-2-10　SWOT 分析矩阵**

①优势。优势也常称为竞争优势，是指一个企业超越其竞争对手的能力，或者指公司所特有的能提高公司竞争力的东西。

例如，当两个企业处在同一市场或者说它们都有能力向同一客户群体提供产品或服务时，如果其中一个企业有更高的赢利率或赢利潜力，那么，就认为这个企业比另外一个企业更具有竞争优势。竞争优势可以是以下几个方面：

a. 技术技能优势，包括：独特的生产技术，低成本生产方法，领先的革新能力，雄厚的技术实力，完善的质量控制体系，丰富的营销经验，上乘的客户服务，卓越的大规模采购能力。

b. 有形资产优势，包括：先进的生产流水线，现代化车间和设备，丰富的自然资源储存，吸引人的不动产地点，充足的资金，完备的资料信息。

c. 无形资产优势，包括：优秀的品牌形象，良好的商业信用，积极进取的公司文化。

d. 人力资源优势，包括：关键领域拥有专长的职员，积极上进的职员，很强的组织学习能力，丰富的经验。

e. 组织体系优势，包括：高质量的控制体系，完善的信息管理系统，忠诚的客户群，强大的融资能力。

f. 竞争能力优势，包括：产品开发周期短，强大的经销商网络，与供应商良好的伙伴关系，对市场环境变化的灵敏反应，市场份额的领导地位。

②劣势。劣势是指某种公司缺少或做得不好的东西，或指某种会使公司处于劣势的条件。可能导致内部弱势的因素有：

a. 缺乏具有竞争意义的技术技能；

b. 缺乏有竞争力的有形资产、无形资产、人力资源、组织资产；

c. 关键领域里的竞争能力正在丧失。

③机会。机会是组织机构的外部因素，具体包括新产品、新市场、新需求、外国市场壁垒解除、竞争对手失误等。

④威胁。威胁也是组织机构的外部因素，具体包括新的竞争对手、替代产品增多、市场紧缩、行业政策变化、经济衰退、客户偏好改变、突发事件等。

⑤优势 + 机会（SO）战略。这是一种发展企业内部优势与利用外部机会的战略，是一种理想的战略模式。当企业具有特定方面的优势，而外部环境又为发挥这种优势提供有利机会时，可以采取该战略。

例如良好的产品市场前景、供应商规模扩大和竞争对手有财务危机等外部条件，配以企业市场份额提高等内在优势可成为企业收购竞争对手、扩大生产规模的有利条件。

⑥劣势 + 机会（WO）战略。这是利用外部机会来弥补内部弱点，使企业改劣势而获取优势的战略。虽然存在外部机会，但由于企业存在一些内部劣势而妨碍其利用机会，可采取措施先克服这些劣势。

例如，若企业劣势是原材料供应不足和生产能力不够，从成本角度看，前者会导致开工不足、生产能力闲置、单位成本上升，而加班加点会导致一些附加费用。

在产品市场前景看好的前提下，企业可利用供应商扩大规模、新技术设备降价、竞争对手财务危机等机会，实现纵向整合战略，重构企业价值链，以保证原材料供应，同时可考虑购置生产线来克服生产能力不足及设备老化等劣势。通过克服这些劣势，企业可能进一步利用各种外部机会，降低成本，取得成本优势，最终赢得竞争优势。

⑦优势 + 威胁（ST）战略。这是指企业利用自身优势，回避或减轻外部威胁所造成的影响。

如竞争对手利用新技术大幅度降低成本，给企业很大成本压力，同时材料供应紧张，其价格可能上涨，消费者要求大幅度提高产品质量，企业还要支付高额环保成本，等等，这些都会导致企业成本状况进一步恶化，使之在竞争中处于非常不利的地位。但若企业拥有充足的现金、熟练的技术工人和较强的产品开发能力，便可利用这些优势开发新工艺，简化生产工艺过程，提高原材料利用率，从而降低材料消耗和生产成本。

另外，开发新技术产品也是企业可选择的战略。新技术、新材料和新工艺的开发与应用是最具潜力的成本降低措施，同时它可提高产品质量，从而回避外部威胁影响。

⑧劣势 + 威胁（WT）战略。这是一种旨在减少内部劣势，回避外部环境威胁的防御性技术。

当企业存在内忧外患时，往往面临生存危机，降低成本也许成为改变劣势的主要措施。当企业成本状况恶化，原材料供应不足，生产能力不够，无法实现规模效益，且设备老化，使企业在成本方面难以有大作为时，这将迫使企业采取目标聚集战略或差异化战略，以回避成本方面的劣势，并回避成本原因带来的威胁。

**4. SWOT 分析法的影响**

SWOT 分析法的贡献就在于用系统的思想将这些似乎独立的因素相互匹配起来进行综合分析，使得企业战略计划的制订更加科学全面。

①为人力资源开发与管理活动提供依据；

②为人力资源规划提供必要的信息；

③为人员的招聘录用提供了明确的标准；

④为组织职能的实现奠定基础。

## 1.2.4 案例解析

微课：案例解析－学生模拟 SWOT 分析

### 案例 01：惠普、戴尔与联想 SWOT 分析

**【案例描述】**

从全球范围来看，惠普、戴尔与联想是 PC 市场的三大巨头。2010 年以前，惠普是全球 PC 市场占有率第一的厂商，戴尔在美国 PC 市场上更胜一筹，而联想则在本土中国市场的优势更为明显。随着 PC 市场竞争格局日趋复杂，三强之间的争霸战愈演愈烈。惠普、戴尔、联想犹如三国鼎立，这三大 PC 巨头的一举一动，都时刻被对手关注。在 PC 市场竞争日益激烈的今天，三大巨头又有何优势、劣势、机会与威胁呢？为此，消费调研中心首次采用 SWOT 分析法，对三大厂商的竞争策略进行一一剖析，包括市场优势（Strengths）、竞争劣势（Weakness）、市场机会（Opportunity）与市场威胁（Threats）四方面。SWOT 分析法是通过分析市场优势、竞争劣势、市场机会与市场威胁来检测公司的市场运营与市场环境的方法。

SWOT 分析有其形成的基础。按照企业竞争战略的完整概念，战略应是一个企业“能够做的”（即组织的强项和弱项）和“可能做的”（即环境的机会和威胁）之间的有机组合。

SWOT 分析法表现为罗列 S、W、O、T 的各种表现，形成一种对企业竞争地位的描述。

**【案例分析】**

一、惠普 SWOT 分析

1. 市场优势

（1）市场销量

惠普在 PC 市场一直保持着持续性的强劲增长态势。在 2006 年第三季度，其从戴尔手中夺回了全球 PC 销量第一的宝座。随后，惠普的销量还保持着上升的态势，根据 IDC 最新数据，全球 PC 销量的增长速度在 2007 年第三季度达到近两年新高，惠普仍然是全球第一大 PC 厂商，而且进一步拉大了与戴尔的距离。

（2）产品优势

其一，惠普在消费类市场占据优势。早在 2002 年合并康柏之后，主攻个人消费电脑早已成为惠普的方向。去年，惠普打出移动娱乐的旗号，加紧了在家用笔记本市场的攻势，V3000 系列笔记本主打家用娱乐，产品覆盖 5000 元到 10000 元，成为惠普最具竞争力的产品。

其二，惠普注重区域市场的拓展，在“掌控个性世界”的品牌主张以及“商用个性化”的产品策略之下，惠普已经发布了一系列适合区域市场的产品，如全球首款采用 64 位移动技术的 HP Compaq nx6325，在市场上销售火热的 V3000 等等。继 2006 年年底 HP500 引爆国内笔记本区域市场销售风暴之后，惠普再次发力，推出了 HP500 的升级产品 HP520，这两款产品不仅在区域市场上大受欢迎，也是惠普低端市场上的撒手锏。

（3）渠道优势

从渠道上看，惠普建立了庞大的经销商体系。并且，惠普从 2005 年 11 月从全国总代

制变为RD（区域分销），把全国划分为北京、上海、广州、南京、东北、西北、西南、华中八大区域，设立八大区域总经理。此目的是贴近当地用户，进军中小企业和三到六级城市。2006年在成功实施布局区域的RD渠道策略后，惠普目前在三、四级城市的覆盖已有一定的规模。

2. 竞争劣势

（1）中国市场品牌影响力不敌联想

联想在中国PC市场可谓是家喻户晓，加上收购了IBM的PC，联想的品牌影响力无疑得到了极大的提高。而在中国电脑市场，虽然惠普的强势增长尽人皆知，但和排名第一的联想相比，惠普的品牌影响力还是有所欠缺，尤其在三到六级城市。

（2）中国三、四级城市的渠道建设难敌国内PC厂商

在中国PC市场，目前利润追求点主要在三、四级市场，联想、方正等国内厂商在这些地区基本上已经建立了比较完善的销售网点，而惠普的渠道销售网点主要集中在一、二级城市，在三、四级城市的渠道建设还很难与国内PC厂商竞争。

（3）产品布局存在缺陷

根据数据显示，惠普竞争力主要停留在14.1英寸产品上。但需要指出的是，由于目前15.4英寸是整体市场上第二大最受关注尺寸，而惠普该产品线显得较为单薄，关注度也较低。另外，惠普在13.3英寸市场上的产品出现空白。

3. 市场机会

（1）消费类市场的发展机会

相对于戴尔在消费类PC市场的失利，惠普则早已开始重视消费类市场的发展，并且在消费类市场取得了一定的成效。据有关资料预计，伴随笔记本市场的兴起以及PC的普及，个人消费市场每年将呈几何级数增长。在未来3至5年，我国个人电脑市场预计将保持25%的年增长率。这显然给惠普带来了再次发展的机会。

（2）来自网吧市场的增量

2007年10月21日，惠普在京开出首家网吧，惠普商用台式机业务部业务拓展经理卢思羽说："惠普从2006年下半年开始关注网吧市场，2007年推出整体解决方案并成立了网吧销售渠道，2008年将贯彻网吧战略，并在全国继续招聘网吧销售精英。"

据有关资料称，世界上最大的网吧市场在中国，市场上最极速更新换代的网吧市场也在中国，每年400万台×2次=800万台的采购量，没有一个行业可以比拟。中国网吧市场巨大，2010年左右全国大约有13万家网吧。尽管网吧市场单机售价并不高，但需求却很大，对于提高市场份额能起到一定的作用。可见，来自网吧市场的增量将有效拉动惠普PC的销售。

4. 市场威胁

（1）从渠道看

惠普虽然从原来的全国总代制变为八大区域分销制，但目前惠普的渠道还有难点，八大区域直接加重了惠普渠道管理的难度，势必带来营销成本上升、冲减利润，并增加了渠道管理风险，这是惠普面临的一大威胁。

（2）从市场利润率看

由于惠普在中低端市场的急速放量，在价格方面的妥协导致其PC产品的平均价格下

降，使产品利润相比以前有不同程度的降低。

（3）从竞争对手看

惠普虽然超越戴尔成为全球 PC 销量第一的厂商，但是戴尔决不会看着惠普的崛起而无动于衷，目前戴尔已经展开反攻，包括渠道模式的改革、进军 13.3 英寸市场、发力消费市场推出彩色笔记本等等，因此戴尔将成为惠普的最大威胁，惠普绝不能掉以轻心。

二、戴尔 SWOT 分析

1. 市场优势

（1）市场份额

由于美国城市分布的特点及税收政策，戴尔的网络/电话直销，在美国市场的作用远远大于其在中国市场。据戴尔透露，在华中小企业及个人消费者通过网络订购电脑的仅占 20%，而在美国，这个数字则超过了 50%。因此，戴尔一直是美国 PC 市场的老大，据最新数据显示，2007 年第三季度戴尔依然是美国第一名的 PC 厂商，市场份额为 28%。

（2）价格优势

戴尔在中国市场的杀伤力除了其品牌效应，就是由其采用的直销模式所支持的全线产品低价策略。直销模式摒弃了中间渠道，按照客户需求制造电脑，大大加速了资金周转速度，降低了成本，实现了价格优势。据统计，直销产品要比同类产品价格低 15% ~20%。

（3）零库存

零库存的关键是按订单生产，这样就要求对客户的需求把握要很准，这其实是和直销——直接从客户那里获得需求的方式是匹配的。零库存也能最大限度地降低成本，无预估风险，无跌价损失。

（4）了解客户需求

戴尔的直销模式一方面使客户更直接地了解产品，同时还可获得更好的价格，购买更便捷；另一方面也使厂商与客户之间的沟通更顺畅，让客户的需求及时反馈给厂商，从而改进产品。

这种方式彻底改变了“厂商生产、客户选择”的传统销售形式，将主动权交到客户的手中，从而全面满足了客户的需求，拉近厂商与客户之间的距离。

2. 竞争劣势

（1）直销模式在中国市场遇到了阻力

一方面，店面销售更符合中国消费者选购消费类电子产品的消费习惯与消费趋势；另一方面，戴尔的直销模式在中国经营了多年，但其也仅仅在中国一至三级城市有所斩获，相比惠普、联想等竞争对手深挖区域市场，戴尔在四、五级市场的竞争优势较薄弱。

（2）新兴市场无力突围

对于采用直销模式的戴尔来说，大部分增长来自美国市场，而个人消费市场和新兴市场成为其两大软肋。目前，全球电脑市场增长潜力最大的是中国、印度等新兴市场，然而，戴尔的直销优势在这些新兴市场上似乎难以发挥出来。由于市场信任度相对较低，新兴市场的消费者在购买电脑之前先要亲身体验，可能更愿意从零售商店购买电脑，这无疑将使直销模式处于劣势。

（3）消费类 PC 市场处于劣势

不久前，惠普从戴尔手中夺回全球 PC 老大的位置，靠的就是在消费市场的飞速发展，而联想在中国市场的成功也是基于消费市场，但消费类市场是戴尔在市场竞争中的劣势。戴尔将客户分为两类：一类是大企业、政府和行业客户，约占公司整体业务销售的90%；另一部分为中小企业和个人消费者，仅占10%的比例。可以看出，戴尔过分注重企业高端客户，而未能把握住消费类PC大势。

3. 市场机会

（1）进军零售市场带来发展机会

面对竞争对手的挑战，戴尔采取了一系列的措施，包括在全球大力推广体验中心、在美国市场把戴尔的电脑摆在沃尔玛的超市销售，改变以往单一的直销模式。2007年9月24日，戴尔选择与国美合作进军零售市场，这将有效拉动戴尔的销售业绩，成为其进一步提升业绩的有效措施。

（2）13.3英寸市场棋高一着

在笔记本市场中，13.3英寸兼容了12.1英寸机型的轻便，以及14.1英寸机型的性能；另外，对于面板厂商来说，13.3英寸的经济效益正在逐步显现。尽管和几乎占半壁江山的14.1英寸机型比起来还比较稚嫩，但这种迅猛的发展势头却不容小觑，可以说13.3英寸笔记本将逐渐成为未来轻薄笔记本的新宠。现在国内众多厂商都推出了这种黄金尺寸笔记本，显然大家都相继看见了13.3英寸笔记本市场的发展潜力，这更凸现戴尔笔记本在市场细分和满足消费需求上的快人一步。

4. 市场威胁

（1）从全球市场看

戴尔从2006年第三季度开始痛失了全球PC市场的龙头宝座，虽然其采取了一系列的措施，但是能否从惠普手中夺回冠军宝座呢？戴尔前方面临着惠普强有力的竞争。

（2）从中国市场看

戴尔最大的竞争对手联想拥有强大的代理销售渠道，而且也在积极开展对大客户的直销业务，灵活运用两种模式的长处；比起联想，戴尔在中国市场上没有价格和市场占有率的优势。

（3）从消费类市场看

调查显示，未来三至五年，我国个人电脑市场预计将保持25%的年增长率，下一轮的电脑销售高潮会出现在二、三级城市。这对戴尔的影响较大，因为消费类电脑是戴尔的软肋，而竞争对手惠普的消费战略已经获得了一定的成功。

（4）从渠道看

2007年9月27日，戴尔与国美合作进军零售市场，但零售模式与直销模式作为两种完全不同的商业模式，在业务流程和运作方式上存在一定区别，两种模式同时运营，对于戴尔来说是一个挑战。此外，如果戴尔打破直销模式而引入分销渠道是否会有排斥效应，分销如何融入戴尔，这也是戴尔面临的一大难题。

（5）从竞争对手看

惠普、联想等拥有更好的分销渠道，另外，竞争对手通过对戴尔直销模式的模仿，采用直销、渠道销售并重的方式，已经将供应链缩短，从而使得戴尔在库存方面的优势遭到削弱。

三、联想 SWOT 分析

1. 市场优势

(1) 市场份额

据 IDC 数据，联想在亚太 PC 市场（不包括日本）的优势突出，第三季度占据了 21.3% 的市场份额，比上一季度增长 0.5 个百分点。另外，联想在本土中国市场的优势更加突出，不论是笔记本市场还是台式机市场，联想均是 PC 市场份额排名第一的厂商。

(2) 品牌优势

在 PC 市场，联想品牌的领导力在中国市场已经超过众多竞争对手，处于行业领导者的地位。自从收购 IBM 的 PC 以来，联想形成的双品牌战略优势日益显现，Lenovo 和 ThinkPad 分别在消费和商务市场占据了领导地位，可以说 Lenovo 和 ThinkPad 使联想笔记本在中国市场拥有强大的组合品牌，形成对消费市场与商务市场的全面覆盖。

(3) 区域市场优势

在中国四、五级市场，联想的品牌知名度远远超过戴尔和惠普，这与消费者的认知水平、消费理念有关，他们更依赖于本土化的品牌，尤其是近年来联想通过一系列的奥运营销大大提高了品牌影响力。

(4) 本土品牌的经验

联想在中国本土有十年的经验，对本土消费者需求能准确把握，这是其他品牌所不具有的优势力量。另外，由于国内品牌企业在渠道架构、成本控制力等方面具有优势，能够根据市场发展迅速调整方向和策略，第一时间将自己产品的消费价值传递给消费者，从而赢得时间差优势。

2. 竞争劣势

(1) 全球 PC 市场所占份额较少

众所周知，联想国际化要想彻底地成功，应该在中国以外的 PC 市场，例如美洲市场、欧洲市场取得比较稳定的市场份额和营运率的增长。但从联想最近的三个季度财报来看，联想在重要的美洲、欧洲的表现很不稳定。

市场份额是产品竞争力的综合体现。从全球 PC 市场份额来看，联想排在第三位，与惠普相差较远。而在美国市场上，联想与戴尔更是差距较大。联想要想赶超惠普、戴尔，绝非轻而易举的事。

(2) 15.4 英寸产品线较为单薄

联想将 14.1 英寸产品作为主力机型，这完全与市场的发展方向相一致，也在一定程度上大大增强了其市场竞争力。但联想在其他产品的布局上存在一定的缺陷，特别是 15.4 英寸产品，联想该产品线显得较为单薄。

3. 市场机会

(1) 奥运战略是联想国际化最好的机会

联想近年来借由体育进行营销的案例很多，包括签约 2005 年世界足球先生罗纳尔迪尼奥，携手 NBA 成为 NBA 官方市场合作伙伴和唯一的 PC 合作伙伴，赞助 F1 威廉姆斯车队等。

但是最有前瞻性和影响力的是联想的奥运营销，对于中国企业而言，这是一次提高中国本土企业形象和知名度，帮助中国企业进军世界市场的难得机遇。

（2）“新农村战略”将成为未来联想的王牌

随着农村信息化的深入，联想日前发布了“新农村战略”，称将在三年内把联想的低价位电脑销售到中国10万个行政村，并在30万个行政村扩大联想的影响力。可见，“新农村战略”将成为未来联想的重头王牌。

4. 市场威胁

（1）从价格战看

目前，国际品牌定位转移，开始挖掘中低端市场，价格优势的逐步降低给联想带来了市场威胁。

（2）从竞争对手看

面对拥有品牌、规模以及资本明显优势的国际品牌的围攻，如何挖掘在服务、成本、渠道及人才方面的固有优势，同时将技术突破转换为稳定的产品品质，这也是联想要解决的当务之急。

在中国，惠普有一个雄心勃勃的区域扩展计划：2003年，惠普在20个城市建立了330家店面；到2007财年中期，惠普已在420个城市建立2000多家店面；预计其未来的覆盖面积将扩大到600个城市。这显然会对联想的区域优势构成巨大的威胁。

2007年8月27日，宏碁并购了Gateway公司，并购后，能强化宏碁在美国市场的地位，再加上宏碁目前在欧洲及亚洲市场的有利地位，宏碁在第二季度立即就稳坐全球PC市场第三的位子，可见，宏碁与Gateway的合并，极大地限制了联想在欧洲和美国市场的扩展计划。

**【案例启示】**

在全球PC市场上，惠普、戴尔、联想被称为三强。目前，惠普经过多重调整，已经稳居PC行业的霸主地位；而戴尔如今却身陷重重困境，但其创始人迈克尔·戴尔亲自出山，其力挽狂澜的变革行动让业界侧目；联想则坚定地执行其全球化扩张战略。三位强者为抢夺市场份额演绎着激烈的争夺大战，鹿死谁手还难以预料。但可以肯定的是，惠普、戴尔、联想三巨头的排位争霸战在相当长的时间内还将继续下去。

（案例出处：https://wenku.baidu.com/view/22c5563c9fc3d5bbfd0a79563c1ec5da51e2d6ea.html）

## 案例02：IT部门SWOT分析

**【案例描述】**

某公司IT技术中心部门，主要负责信息化运维管理、IT类制度建设与监督管理、网络管理维护、服务器等电子设备的管理维护、员工电脑管理维护、软件系统研发，以及面向员工软硬件的维护和培训工作、团队建设。

公司重视信息化建设，为技术中心部门提供有力的支撑平台，同时在新领域技术拓展上予以有力支持，IT技术中心自主研发信息统计、分析的系统平台——ERS系统，为同行首例。

据人力资源部统计数据，IT技术中心部目前人员架构以中级工程师为主，高级工程师较少，人员流动较大。

IT技术中心部目前工作领域以技术领域为主，较少涉及方案规划，业务局限于内部维护，也在利用自检机房、服务器群，可以利用现有资源做业务拓展，如服务器空间租用、网站代理等项目。

那么在 IT 技术发展迅速的今天，IT 技术中心部门有何优势、劣势、机会与威胁呢？因此公司采用 SWOT 分析法，对 IT 技术中心部门的竞争策略进行一一剖析，包括优势（Strengths）、劣势（Weakness）、机会（Opportunity）与威胁（Threats）四方面，为 IT 技术中心部门的发展规划提供战略分析。

**【案例分析】**

一、SWOT 分析表构建

技术中心部门 SWOT 分析主要对 SWOT 矩阵的四个要素进行分析。

1. 机会与威胁分析（O、T）

（1）机会

①企业对 IT 技术的需求逐渐依赖，需求不断增加，企业发展需要对信息化建设的投入，从而更具有市场竞争力。

②IT 技术的普及，使各行业甚至家庭用户已离不开计算机应用。对企业而言，IT 技术应用领域更为广阔，如 OA、OCS（沟通平台）、CRM（客户关系管理）等越来越多的专业化个性化系统平台的涌现，促使企业对 IT 技术的依赖性不断增强。

③企业内部各个事业部业务环节都无法脱离对 IT 的依赖，如发送邮件需要邮件系统平台，沟通需要沟通平台，与客户建立良好的关系可以用到客户关系管理平台等，脱离 IT 的基础架构，企业甚至无法正常运行，因此企业对 IT 人才的需求也是不断增加的。

（2）威胁

①大部分企业内部经常错误定位 IT 技术人员，一般企业认为 IT 技术人员只是简单地对企业系统、网络、PC 及服务器进行维护，导致 IT 技术人员在企业中所提出的建议、解决方案等被误认为是耗资而见不到收益的行为。

②非专业 IT 性质的企业对 IT 优势的忽略。

③同行业竞争激烈，大大小小的外包公司、软件公司有着高端技术人才，系统研发能力、系统危机时间响应、解决能力远高于技术部。

2. 优势与劣势分析（S、W）

（1）优势

①拥有有力的支撑平台，为技术部创造良好的办公条件；同时公司在新领域技术拓展上予以有力支持，对信息化建设的不断重视，勇于尝试信息化系统平台的使用，使技术部对信息化平台不断有新的认识，从而避免被行业淘汰。

②自主研发 ERS 系统，在同行业中史无前例，作为信息统计、分析的系统平台，为今后业务部门的信息统计分析提供便利。

③有自检机房、服务器群，可以利用现有资源做业务拓展，如服务器空间租用、网站代理等项目。

（2）劣势

①不具备高端人才，人员培养后流失现象，造成技术支持力量不足。

②人员不足导致无能力拓展新业务及客户，不能为企业创造显著效益，只能处于内部维护阶段。

③专注技术领域，沟通能力、方案规划能力较弱。

最终形成 SWOT 分析表，如表 1－2－1 所示。

**表 1－2－1　SWOT 分析表**

| 潜在资源优势 | 潜在资源劣势 | 内部潜在机会 | 外部潜在威胁 |
|---|---|---|---|
| 1. 有利的战略<br>2. 有利的品牌形象和美誉<br>3. 被广泛认可的市场地位<br>4. ERS 专利技术<br>5. 成本优势<br>6. 强势公关传播<br>7. 产品创新技能<br>8. 优质服务客户 | 1. 没有明确的战略导向<br>2. 陈旧的设备<br>3. 超越竞争对手的高额成本<br>4. 缺少关键技能和资格能力<br>5. 利润的损失部分<br>6. 内在的运作困境<br>7. 落后的 R&D 能力<br>8. 过分狭窄的产品组合<br>9. 市场规划能力的缺乏 | 1. 服务独特的客户群体<br>2. 新的地理区域的扩展<br>3. ERS 产品组合的扩展<br>4. 核心技能向产品组合的转化<br>5. 垂直整合的战略形式<br>6. 分享竞争对手的市场资源<br>7. 竞争对手的支持<br>8. 战略联盟带来的效率提高<br>9. 新技术开发通路<br>10. 品牌形象拓展的通路 | 1. 强势竞争者的进入<br>2. 替代品引起的需求下降<br>3. 市场增长的减缓<br>4. 专业技术公司的不断增加<br>5. 新规则引起的成本增加<br>6. 商业周期的影响<br>7. 客户和供应商的杠杆作用的加强<br>8. 人员与环境的变化 |

二、SWOT 分析矩阵

根据 SWOT 分析及 SWOT 分析表，形成 SWOT 分析矩阵，如图 1－2－11 所示。

| 内部因素 / 外部因素 | 优势（Strength） | 劣势（Weakness） |
|---|---|---|
| | · 拥有有力的支撑平台，优质服务客户<br>· 技术专利，自主研发 ERS 系统<br>· 现有资源的可利用 | · 人员培养后流失现象，造成技术支持力量不足<br>· 新业务拓展能力强<br>· 市场规划能力缺乏 |
| 机会（Opportunities） | SO 战略：依靠内部优势利用外部机会 | WO 战略：利用外部机会克制内部劣势 |
| · 电子商务的普及企业对 IT 的依赖<br>· 服务特定客户群<br>· 核心技能转向产品<br>· 垂直整合的战略形式<br>· 新技术开发通路 | · 为特定客户群提出 IT 建设方案<br>· 为特定客户群推广专利技术<br>· 使专利技术转为产品，为客户服务 | · 有效补充人才加入<br>· 技术人员与业务人员紧密结合，使得业务层与技术层无缝衔接，技术了解业务发展需求，更有效的利用技术手段保障业务快速发展<br>· 使专利技术成为产品，不断研发新产品推向市场 |
| 威胁（Threats） | ST 战略：依靠内部优势回避外部威胁 | WT 战略：减少内部劣势回避外部威胁 |
| · 强势竞争者的进入<br>· 替代品引起的需求下降<br>· 市场增长的减缓<br>· 专业技术公司的不断增加<br>· 新规则引起的成本增加<br>· 商业周期的影响<br>· 客户和供应商的杠杆作用的加强 | · 利用独有专利技术，回避自身短处<br>· 不断完善专利技术，赢得更多客户群体<br>· 依靠有利平台，将其成本利用到技术研发等领域<br>· 技术成本投入比专业技术公司低 | · 现阶段内部技术力量薄弱，可利用外部资源补充，如实现开发外包、技术对接<br>· 技术人才储备、培养，避免短期快速流失，组织独立技术力量，使得专利技术保密，占有更多市场份额<br>· 不断提高规划能力，根据特有专利技术分析市场需求，预测市场发展前景，占有市场先机，赢得更多客户 |

**图 1－2－11　SWOT 分析矩阵**

**【案例启示】**

SWOT 分析法的优点在于考虑问题全面，是一种系统思维，采用 SWOT 矩阵的形式，可以把对问题的“诊断”和“开处方”紧密结合在一起，条理清楚，便于检验。

（案例出处：网络）

## 1.2.5 技能训练

微课：SWOT 分析任务解读

PPT：SWOT 分析任务解读

**1. 训练任务**

某品牌手机 SWOT 分析。

**2. 任务说明**

学习如何利用 SWOT 分析矩阵，进行 SWOT 分析。

**3. 任务要求**

①学生进行分组，每组成员自己选择一款品牌手机，进行 SWOT 分析。

②每个小组准备并进行资料收集，形成 SWOT 分析报告。

③派出一名营销代表进行宣讲（必须准备 PPT），宣讲的内容需要诠释 SWOT 分析。

④小组对抗。小组对抗答辩环节允许攻击对方小组产品，被攻击方也可以进行解释。需要列出 SWOT 分析矩阵，如图 1－2－12 示例中的战略对策部分。

| 企业外部因素<br>战略对策<br>企业内部因素 | 内部—优势（S）<br>1. 研究开发能力强<br>2. 产品质量高价格低<br>3. 通过 1SO 9002 认证 | 内部—劣势（W）<br>1. 营销人员和销售点少<br>2. 产品小包装少<br>3. 缺少品牌意识<br>4. 无形投资少 |
|---|---|---|
| 外部—机会（O）<br>1. 产品需求增加<br>2. 产品需求多样化<br>3. 产业优惠政策 | 优势＋机会（SO）<br>1. 开发研制新产品（S1O2）<br>2. 继续提高产品质量（S1、S2、O1、O2）<br>3 进一步降低产品成本（S1、S2、O3） | 劣势＋机会（WO）<br>1. 制定营销战略（W3、O1、O2）<br>2. 增加营销人员和销售点（W1、O1）<br>3. 增加产品小包装（W2、O1、O2） |
| 外部—威胁（T）<br>1. 进口优品广告攻势强<br>2. 进口优品占据很大市场份额 | 优势＋威胁（ST）<br>1. 通过研究开发提高竞争能力（S1、T1、T2）<br>2. 发挥产品质量和价格优势（S2、T2）<br>3. 宣传 ISO 9002 认证效果（S3、T1） | 劣势＋威胁（WT）<br>1. 实施品牌战略（W3、W4、T1、T2）<br>2. 开展送货上门和售后服务（W3、W4、T1、T2） |

**图 1－2－12 SWOT 分析矩阵示例**

**4. 任务考核**

（1）小组成绩由任务考核评价成绩和 SWOT 分析宣讲互评成绩组成

①任务考核评价成绩由自评成绩、互评成绩和师评成绩组成，如表 1－2－2 所示。

任务考核评价成绩＝自评（30%）＋互评（30%）＋师评（40%）。

②SWOT 分析宣讲互评成绩为小组间互评成绩的平均值，如表 1－2－3 所示。

（2）最终个人成绩＝（任务考核评价成绩＋SWOT 分析宣讲互评成绩）/2 × 任务参与度

注：任务参与度根据任务实施过程，由组长在小组分工记录表（如表 1－2－4 所示）中赋予（取值范围 0 ~ 100%）。

**表 1-2-2 任务考核评价表**

<table>
<tr><td colspan="4">任务名称：</td><td colspan="3">完成日期：</td></tr>
<tr><td colspan="2">小组：</td><td colspan="2">组号：</td><td colspan="2">班级：</td><td rowspan="2">成绩：<br>教师签字：</td></tr>
<tr><td colspan="2">自评分数：</td><td colspan="2">互评分数：</td><td colspan="2">师评分数：</td></tr>
<tr><td>序号</td><td>评分项</td><td>分数</td><td>评分要求</td><td>自评</td><td>互评</td><td>师评</td></tr>
<tr><td>1</td><td>SWOT 分析报告制作</td><td>40 分</td><td>1. S、W、O、T 分析合理，不遗漏（40%）<br>2. SO、WO、ST、WT 分析合理，不遗漏（40%）<br>3. 给出战略对策（20%）</td><td></td><td></td><td></td></tr>
<tr><td>2</td><td>小组协作情况</td><td>40 分</td><td>1. 全员参与度（40%）<br>2. 分工合理性（20%）<br>3. 成员积极性（40%）</td><td></td><td></td><td></td></tr>
<tr><td>3</td><td>SWOT 分析报告亮点</td><td>20 分</td><td>1. 要素分析深入（60%）<br>2. 最佳分析报告（40%）</td><td></td><td></td><td></td></tr>
</table>

**表 1-2-3 SWOT 分析宣讲互评表**

| 序号 | 组名 | 宣讲人 | PPT 制作（40 分） | 宣讲效果（40 分） | 过程亮点（20 分） | 小计 | 点评内容 |
|---|---|---|---|---|---|---|---|
| 1 | | | | | | | |
| 2 | | | | | | | |
| 3 | | | | | | | |
| 4 | | | | | | | |
| 5 | | | | | | | |
| 6 | | | | | | | |
| 7 | | | | | | | |
| 8 | | | | | | | |

**表 1-2-4 小组分工记录表**

<table>
<tr><td>班级</td><td></td><td>小组</td><td></td></tr>
<tr><td>任务名称</td><td></td><td>组长</td><td></td></tr>
<tr><td>成员</td><td colspan="2">任务分工</td><td>任务参与度（%）</td></tr>
<tr><td></td><td colspan="2"></td><td></td></tr>
<tr><td></td><td colspan="2"></td><td></td></tr>
<tr><td></td><td colspan="2"></td><td></td></tr>
<tr><td></td><td colspan="2"></td><td></td></tr>
<tr><td></td><td colspan="2"></td><td></td></tr>
<tr><td></td><td colspan="2"></td><td></td></tr>
</table>

# 模块二

## ICT 营销方案篇

商务拜访是商务交往的一种重要形式，是商务活动和社会交际中必不可少的环节，其目的是加强商务联系、购销商品等。不同于传统营销，ICT营销注重“生产能销售出去的产品，生产能满足消费者需求的产品”，因此商务拜访是ICT营销工作的重要环节，高效的商务拜访是ICT营销方案编写的基础。

## 学习目标

- 了解商务拜访礼仪及流程
- 掌握商务拜访要点
- 熟悉 ICT 营销方案的架构
- 掌握 ICT 营销方案的编制原则及方法

## 内容架构

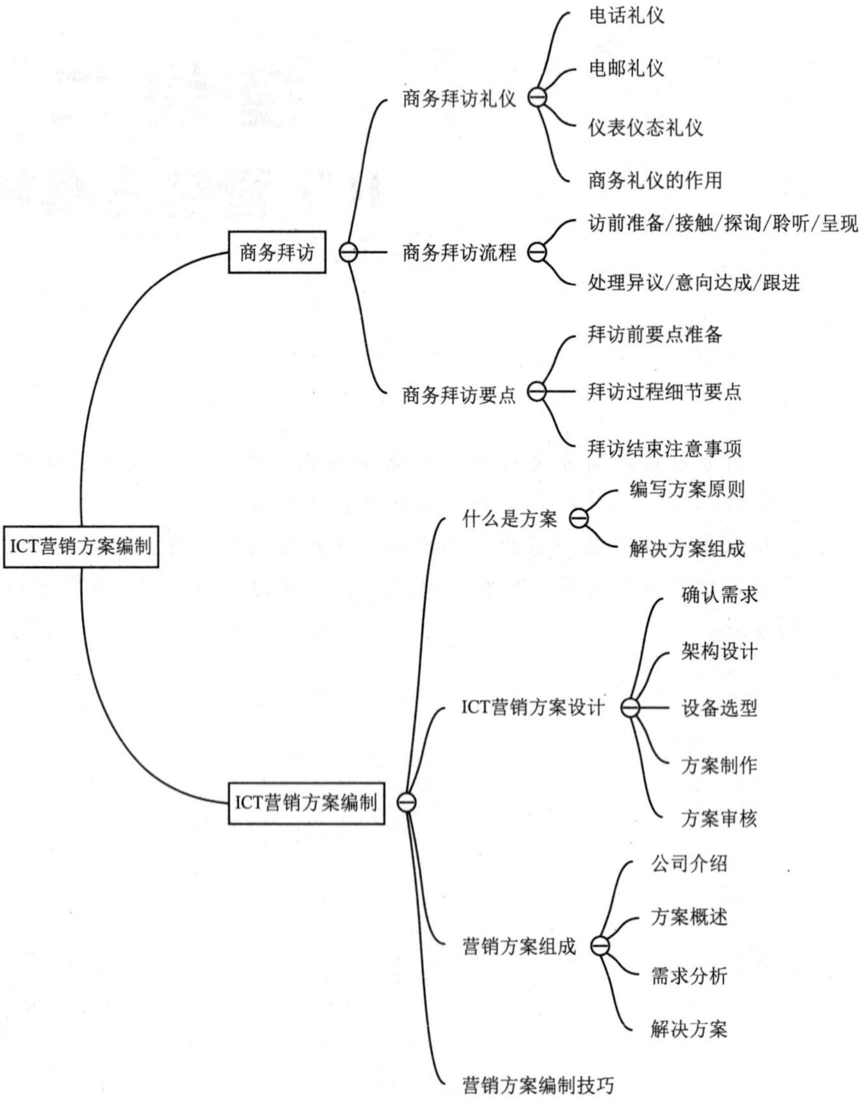

# 项目1

# 商务拜访

## 2.1.1 任务引入：什么是商务拜访

微课：商务礼仪的定义及作用

PPT：商务礼仪的定义及作用

作为营销工作的一个重要环节，市场调查、产品推广、客户维护等环节都离不开商务拜访。成功的商务拜访有助于与客户情感的建立与增进，有助于业务市场的开辟与维护，有助于各种信息的获取和运用；失败的商务拜访不仅起不到以上积极作用，反而让客户对于拜访者的个人和企业形象大打折扣，进而影响产品销售。

礼仪对于商务拜访的成败起到决定性作用。在商务活动中，为了体现相互尊重，需要通过一些行为准则去约束人们在商务活动中的方方面面，这其中包括仪表礼仪、言谈举止、书信来往、电话沟通等技巧。那么在拜访客户的时候有哪些礼仪是需要注意的呢？

**1. 商务礼仪之电话礼仪**

微课：商务礼仪的分类

PPT：商务礼仪的分类

电话是办公室工作中不可或缺的工具。商务沟通中，使用电话语言很关键：拨打和接听电话时，所代表的是公司，它直接影响着一个公司的形象；在日常交流中，良好的电话礼仪不仅可以让人沟通愉悦顺畅，同时也体现着一个人的修养和综合素质。因此，掌握正确的电话礼仪是非常必要的。

（1）接电话的四个原则

①电话铃响在3声之内接起；

②电话机旁准备好纸笔进行记录；

③确认记录下的时间、地点、对象和事件等重要事项；

④告知对方自己的姓名。

（2）电话礼仪三要素

①时间选择：

a. 一般而言，早上9点前、晚上8点后、午休及用餐时间，不宜打商务电话；

b. 尽量避开对方通话高峰时间、业务繁忙时间及生理倦息时间，具体而言，周一上午、周五下午及工作日上班前两小时不宜打电话；

c. 他人私人时间、节假日及休息日尽量避免拨打电话，如有需要可考虑以短信形式替代；

d. 给海外人士打电话，先要了解一下时差；

e. 社交电话最好在工作之余拨打。

微课：商务礼仪之电话礼仪

②空间选择：

a. 一般而言，工作电话在办公室内打，私人电话在家中打；

b. 在电影院、音乐厅、剧院等公众场合无紧急情况下不要拨打电话；

c. 拨打电话时，要同时考虑及留意对方接听电话所处的空间环境；

d. 谈论机密或敏感的商业问题，应在保密性强、安静的环境中拨打电话，且在接通电话后询问对方是否方便。

PPT：商务礼仪之电话礼仪

③长度控制：

a. 通话尽量把握三分钟原则；

b. 打通电话后要主动报出公司、部门名称及自己的名字，而不是询问对方的姓名；

c. 尊重他人和自己的时间，打重要电话前养成列出提纲、打好腹稿的好习惯；

d. 如在他人私人时间及繁忙时间打电话，通话后首先要向对方表示歉意。

**2. 商务礼仪之电邮礼仪**

当今时代，电子邮件的交流日益频繁，已经成为办公中应用最广泛的交流形式之一，如何利用它高效沟通，大有学问。

(1) 电子邮件礼仪的目的

为什么需要电子邮件礼仪？实施电子邮件礼仪的重要性有以下 3 点：

微课：商务礼仪之电邮礼仪

①专业特性。通过使用合适的电子邮件语言，可以传达出一个专业的形象，“我很专业！”特别是对那些不认识的人，这是判断其是否专业的唯一方法。

②效率。电子邮件组织得当、条理清晰，避免浪费他人时间。

③严肃性。商务电子邮件不同于私人邮件，它具备严肃性和商务规范性。

PPT：商务礼仪之电邮礼仪

(2) 电子邮件的收件人和主题的填写

电子邮箱写信界面如图 2-1-1 所示，有收件人、抄送人、主题等部分需要填写。

①电子邮件的收件人：

a. “收件人”即直接收件人。

b. “抄送人”即间接收件人。他们只需要知道这回事，没有义务对电子邮件予以响应，当然如果抄送人有建议可以回复电子邮件。

注意：过犹不及，“抄送”给需要的人就够了，不必搬上整本通信录。

c. “密送”和“抄送”差不多，唯一的区别就是：在同一封电子邮件中，“收件人”和“抄送人”看不到“密送”的邮箱地址，即“密送”对于“收件人”和“抄送人”不可见。

**图 2－1－1 电子邮箱写信界面**

注意：收件人、抄送人的排列应遵循一定的规则，比如按部门排列，按职位等级从高到低排列。

②电子邮件主题。主题是收件人了解电子邮件的第一信息，因此要提纲挈领，使用有意义的主题行，这样可以让收件人迅速了解电子邮件内容并判断其重要性。因此发送及回复电子邮件时，不要发空白主题，这是最失礼的。

（3）电子邮件内容的撰写

①恰当地称呼收件人，拿捏尺度：

a. 如果对方有职务，应按职务尊称对方，如“×经理”；

b. 如果不清楚职务，则应按通常的“×先生”称呼；

c. 对于级别高于自己的人不宜称呼英文名；

d. 称呼全名也是不礼貌的。

②开头和结尾最好有问候语，例如：

a. 您好！

b. 祝您工作顺利！

“礼多人不怪”，礼貌一些，总是好的，即使电子邮件中有一些地方不妥，对方也能平静看待。

③正文：

a. 正文要简明扼要，行文通畅；

b. 要用论述的语气；

c. 正文多用“一、（一）、1、（1）、A、a”之类的序号；

d. 一封电子邮件交代完整信息；

e. 尽可能避免拼写错误和错别字，注意使用拼写检查，这是对别人的尊重，也是自己态度的体现；

f. 合理提示重要信息；

g. 合理利用图片、表格等形式来辅助阐述；

h. 不要使用“ :)”之类的笑脸字符，在商务信件中会显得轻佻；

i. 选择便于阅读的字号和字体，中文用宋体或新宋体，英文就用 Verdana 或 Arial 字体，字号用五号或 10 号字即可，这是经研究证明最适合在线阅读的字号和字体；

j. 不要用稀奇古怪的字体或斜体，最好不用背景信纸，特别是公务邮件。

k. 不要为突出内容而将字号设置过大，拉滚动条是很麻烦的事情；也不要过小，费神又伤眼睛。

④结束语：

a. 不同的电子邮件内容，最好使用不同的结束语。

b. 如果可以提供好的选择，应在结尾处提出，如“请您考虑，有任何需要咨询，请电话或 Email 联系”；

c. 最好的结尾要着眼于未来，如“希望能够达成合作”；

d. 结尾应显诚恳，如“感谢您抽空洽谈”。

⑤附件：

a. 应在正文里提示收件人查看附件；

b. 附件文件应按有意义的名字命名；

c. 正文中应对附件内容做简要说明，特别是带有多个附件时；

d. 附加数目不宜超过 4 个，数目较多时应打包压缩成一个文件。

（4）回复电子邮件

回复电子邮件是与别人沟通交流的重要方式，及时准确是要实现的目标。可以根据回复内容需要更改主题，回复内容要简单明了。

**3. 商务礼仪之仪表仪态礼仪**

决定一个人的第一印象中，55% 体现在外表、穿着、打扮方面，38% 体现在肢体语言及语气方面，而谈话内容只占到 7%。虽然时间非常短，但第一印象却会在相当长的时间里影响着别人对你的主观看法。这里主要介绍仪表礼仪、站姿礼仪、坐姿礼仪和走姿礼仪。

微课：商务礼仪之仪表礼仪

（1）仪表礼仪

职场着装要遵循“TOP”原则。“TOP”是三个英文单词的缩写，分别是 Time（时间）、Occasion（场合）和 Place（地点），代表着装应该与所处的时间、所处的场合和地点相协调。

PPT：商务礼仪之仪表礼仪

①时间原则：与时代同步，与季节同步，与时间段同步。不同时段的着装规则对女士尤其重要。男士有一套质地上乘的深色西服或中山装足以包打天下，而女士的着装则要随时间而变换。白天工作时，女士应穿正式套装，以体现专业性（如图 2-1-2 所示）；晚上出席鸡尾酒会就必须多加一些修饰，如换一双高跟鞋，戴上有光泽的佩饰，围一条漂亮的丝巾。服装的选择还要适合季节气候特点，保持与潮流大势同步。

②场合原则：着装要与场合协调。与客户会谈、参加正式会议等，着装应庄重考究；听音乐会或看芭蕾舞，则应按惯例着正装；出席正式宴会时，则应穿中国的传统旗袍或西方的长裙晚礼服；而在朋友聚会、郊游等场合，着装应轻便舒适。

③地点原则：如果是去公司或单位拜访，穿职业套装会显得专业；外出时要顾及当地的传统和风俗习惯，如去教堂或寺庙等场所，不能穿过露或过短的服装。

（2）站姿礼仪

仪态是人的身体姿态，又称为体姿，包括人的站姿、坐姿、走姿、表情以及身体展示的各种动作。

图 2－1－2　工作着装示例

标准的站姿，从正面观看，全身笔直，精神饱满，两眼正视，两肩平齐，两臂自然下垂，两脚跟并拢，两脚尖张开 60°，身体重心落于两腿正中；从侧面看，两眼平视，下颌微收，挺胸收腹，腰背挺直，手中指贴裤缝，整个身体庄重挺拔。好的站姿，不是只为了美观而已，对于健康也是非常重要的。

微课：商务礼仪之会见礼仪

PPT：商务礼仪之会见礼仪

在交际中，站姿是一个人全部仪态的核心。

（3）坐姿礼仪

坐姿通常是指人在坐着时候的姿态。

标准坐姿要点：

①入座轻而稳。女子入座时，如果穿的是裙子或者风衣，应该提前用手将衣摆稍稍拢一下，坐下就不要乱动了。

②就座之后不要低（抬）头乱看，应双目平视，嘴唇微闭带一点笑容，不要抬起下巴。

③双肩平正放松不要紧张，两臂自然弯曲放在膝上，不要抓着椅子扶手。

④挺胸、立腰，上体自然挺直，双膝自然并拢，双腿正放或侧放。

⑤至少坐满椅子的 2/3，脊背轻靠椅背。

⑥起立时轻而稳，不要发出声响。

⑦谈话时，不要靠着椅背，可以侧坐，上体与腿同时转向一侧。

（4）走姿礼仪

走姿文雅、端庄，不仅给人以沉着、稳重、冷静的感觉，而且也是展示自己气质与修养的重要形式。正确的走姿有三个要点：从容、平稳、直线。

正确的走姿，应当身体直立、收腹直腰、两眼平视前方，双臂放松在身体两侧自然摆动，脚尖微向外或向正前方伸出，跨步均匀，两脚之间相距约一只脚到一只半脚，步伐稳健，步履自然，如图2－1－3所示。

正确的走姿，要有节奏感。起步时，身体微向倾，身体重心落于前脚掌，行走中身体的重心要随着移动的脚步不断向前过渡，而不要让重心停留在后脚，并注意在前脚着地和后脚离地时伸直膝部。

步幅的大小应根据身高、着装与场合的不同而有所调整。女性在穿裙装、旗袍或高跟鞋时，步幅应小一些；相反，穿休闲长裤时，步伐就可以大些。

**图2－1－3　走姿示例**

**4. 商务礼仪的作用**

商务礼仪是一门综合性较强的行为科学，是指在人际交往中，自始至终地以一定的、约定俗成的程序、方式来表现的律己敬人的完整行为。其核心是一种行为的准则，用来约束日常商务活动的方方面面。商务礼仪的作用如下：

**微课：商务礼仪之沟通技巧**

（1）提高个人素质

商务人员的个人素质是一种个人修养及其表现，如在外人面前不吸烟，不在大庭广众下喧哗。

【例】佩戴首饰的4个原则：

前提：符合身份。

①以少为佳，提倡不戴。一般不多于三种，每种不多于两件。

②善于搭配。如穿无袖旗袍、高筒薄纱手套去参加高级晚宴，戒指应该戴在手套里（新娘除外）。

③同质同色。

**PPT：商务礼仪之沟通技巧**

④习俗原则：戒指戴左手；戒指戴在食指表示想结婚，戴中指表示已有爱人，戴无名指表示已婚，戴小拇指表示独身，拇指不戴戒指。

（2）有助于建立良好的人际沟通

【例】秘书接听找老总的电话，先告知对方要找的人不在，再问对方是谁、有何事情。

【例】拜访别人要预约，且要遵时守约，提前到可能会影响别人的安排或正在进行的事宜。

（3）维护个人和企业形象

商务礼仪最基本的作用是“减灾效应”：少出洋相、少丢人、少破坏人际关系，遇到不知事情，最稳妥方式是紧跟或模仿，以静制动。

【例】中餐讲究主宾不入座，客人不能入座，如果主人请你当主宾的时候，略表谦逊即可，万万不要推搡扭捏，仪态尽失，还让其他人陪着罚站。

## 2.1.2　任务分析：ICT 项目商务拜访流程

微课：什么是商务拜访

PPT：什么是商务拜访

商务拜访的目的是建立联系、收集客户信息、了解客户需求、营销产品和客户市场维护。如何达到预期的效果？由于 ICT 营销活动属于“先知先觉”式的战略性营销活动，以“以需定销、以销定产、以产定供”为思维导向，因此商务拜访前规划的重要性不言而喻。有效的拜访规划能够减少拜访的盲目性，提高拜访效率，达到预期的效果。ICT 项目商务拜访前制定拜访规划时需要做以下五项工作：

第一项是客户分析，分析客户的购买动机，预测客户可能的需求，并明确自身的特点和优势。

第二项是拜访目标，拜访目标描述了期望实现的结果，需要设计结果目标和支持结果目标实现的过程目标。

第三项是问题设计，问题设计帮助确认要了解的信息和如何引导客户思考。

第四项是沟通策略，沟通策略进一步细化实现目标的手段，预测实现目标的障碍，并给出实现目标后的具体结果，也就是客户承诺。

第五项是预测意外情况，并做好应对准备。

**1. 商务拜访阶段内容**

在做好商务拜访规划后，就可以开展商务拜访，具体商务拜访流程包括访前准备、接触阶段、探询阶段、聆听阶段、呈现阶段、处理异议、意向达成和跟进阶段，如图 2－1－4 所示。

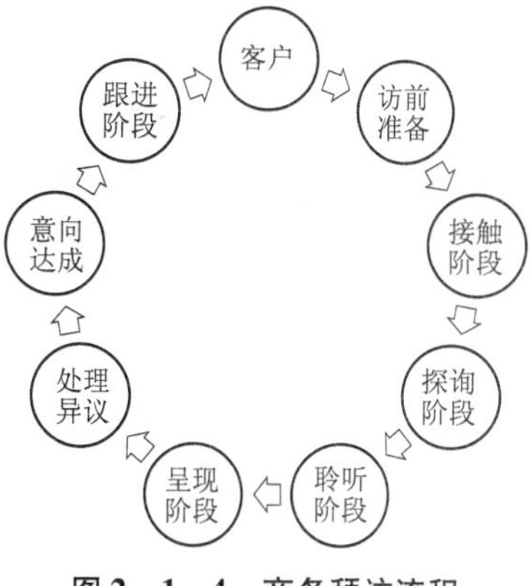


**图 2－1－4　商务拜访流程**

不同拜访阶段的具体内容如下：

（1）访前准备

访前准备与拜访规划类似，但是更为具体。

①准备内容：

a. 拜访客户前要设定更加具体的拜访目标，对客户进行分析，从而制定拜访策略。

首先需要了解背景资料，包括客户、双方关系和产品等信息；其次确定拜访目的，包括预期的结果、想要获得的信息和下一步发展等；最后管理拜访过程，包括安排与确认、开场白设计和模拟客户可能的问题等。

b. 充分掌握并灵活应用公司的销售政策、价格政策、促销政策，按照客户的采购决策模型进行有效销售，帮助企业建立以客户为中心的拜访模式、共同的拜访框架与统一的销售语言，缩短营销周期，提升拜访效率。

c. 掌握社交礼仪常识。商务拜访是开辟市场的一个重要环节，而且在拜访活动中，客户对于拜访者的印象和感觉直接决定了拜访的成败和业务推广的机会，礼仪对于拜访的成败起到决定性作用。

②访前的准备步骤：

a. 计划准备：

一是计划目的：由于 ICT 营销是“以消费者需求为中心”，所以上门拜访的目的是推销自己和企业文化，而不是产品。

二是计划任务：营销人员的首先任务就是把自己“陌生之客”的立场短时间转化成“好友立场”。脑海中要清楚与客户电话沟通时的情形，对客户性格作出初步分析，选好沟通切入点，做好推销计划，最好打电话、送函、沟通一条龙服务。

三是计划路线：按优秀的计划路线来进行拜访，制订访问计划。今天的客户是昨天客户拜访的延续，又是明天客户拜访的起点。营销人员要做好路线规则，统一安排好工作，合理利用时间，提高拜访效率。

四是计划开场白：如何进门是遇到的最大难题，好的开始是成功的一半，同时可以掌握先机。

b. 外部准备：

一是仪表准备：“人不可貌相”是用来告诫人的话，而“第一印象的好坏 90% 取决于仪表”，建立良好的第一印象就要选择与个性相适应的服装，以体现专业形象。通过良好的个人形象向客户展示品牌形象和企业形象。最好是穿公司统一服装，让客户觉得公司很正规，企业文化良好。

二是资料准备：“知己知彼百战不殆！”要努力收集客户资料，尽可能了解客户的情况，并把所得到的信息加以整理，装入脑中，当作资料。收集资料时，可以向别人请教，也可以参考有关资料。作为营销人员，不仅要获得潜在客户的基本情况，例如对方的性格、教育背景、生活水准、兴趣爱好、社交范围、习惯嗜好等，以及和他要好的朋友的姓名等；还要了解对方目前得意或苦恼的事情，例如乔迁新居、结婚、喜得贵子、子女考大学，或者工作紧张、经济紧张、充满压力、失眠、身体欠佳等；总之，了解得越多，就越容易确定一种最佳的方式来与客户谈话。此外，还要努力掌握活动资料、公司资料、同行业资料等。

三是工具准备：“工欲善其事，必先利其器”。一位优秀的营销人员除了具备锲而不舍精神，一套完整的营销工具也是绝对不可缺少的战斗武器。“营销工具犹如侠士之剑”，凡是能促进营销的资料，营销人员都要带上。调查表明，营销人员在拜访客户时，利用营销工具，可以降低 50% 的劳动成本，提高 10% 的成功率，提高营销质量！营销工具包括产品说明书、企业宣传资料、名片、价格表、宣传品等。

四是时间准备：提前与客户预约好时间应准时到达，到达过早会给客户增加一定的压力，到达过晚会给客户传达“我不尊重你”的信息，同时也会让客户产生不信任感，最好是提前 5 ~ 7 分钟到达，做好进门前准备。

c. 内部准备：

一是信心准备：事实证明，营销人员的心理素质是决定成功与否的重要原因，突出自己最优越的个性，让自己人见人爱，还要保持积极乐观的心态。

二是知识准备：上门拜访是营销活动前的热身活动，这个阶段最重要的是要制造机会，制造机会的方法就是提出对方关注的话题。

三是拒绝准备：换个角度去想，通常在接触陌生人的初期，每个人都会产生本能的抗拒和保护自己的方法；大部分客户是友善的，他只是找一个借口来推却你罢了，并不是真的讨厌你。

四是微笑准备：营销方面讲究人性化营销，如果希望别人怎样对待你，首先就要怎样对待别人。

许多人总是羡慕那些成功者，认为他们总是太幸运，而自己总是不幸。事实证明——好运气是有的，但好运气总是偏爱诚实，且富有激情的人！

（2）接触阶段

当客户见到陌生的营销人员时，他首先会考察这个营销人员和他代表的公司，以确定自己是否有必要花时间和这个营销人员交流，因此，在开始时用简洁、凝练的语言向客户展示自己和公司的价值非常重要。

①开场白。开场的作用是宣布洽谈开始和引起客户注意，有五种常见的开场方式：案例开场、利益开场、专家式开场、产品开场、交流式开场。在实际工作中要做到各种方式的综合应用：要针对不同的人、在不同的场合灵活运用各种开场方式，并可以根据自己的需要创新。

开场白应易懂、简洁、有新意、少重复，少说“我”、多说“您”“贵公司”，同时巧妙选择问候语也很关键。

②方式。采用开门见山式、赞美式、好奇式、热情式（寒暄）的方式，利于双方交流。

③良好开端。良好的开端应是和谐的、正面的，要创造主题，进入需要洽谈的内容。

④可能面对的困难。在接触阶段，可能会遇到沉默、负面、目的不清、恶劣经历、时间仓促等困难。

（3）探询阶段

开场之后，就进入了探询阶段，探询阶段的主要目的是收集信息、发现需求、控制拜访、促进参与、改善沟通。

在这个阶段中，首先要了解客户情况，然后根据客户的情况进行针对性的交流，努力去实现拜访目标。在交流的过程中，客户可能会提出要求，所以，紧接着的步骤是聆听阶段。

（4）聆听阶段

在聆听阶段注意倾听客户的要求，了解客户的所思所想，不轻易打断。

（5）呈现阶段

呈现阶段的主要内容有明确客户需求、呈现拜访目的、迎合客户需求，但要坚守公司底线。

（6）处理异议

处理异议主要是为了消除客户的误会和疑虑、帮助客户分析利弊及消除客户的购买障碍，消除了异议之后，就可以向客户要求承诺，以使拜访能产生结果。

①处理异议要考虑的问题：

a. 客户的异议是什么？

b. 异议的背后是什么？

c. 如何及时处理异议？

d. 如何把“面对客户”变成“面对人”，把握人性、把握需求？

②异议处理方法。当面对客户的疑问时，善于使用“加减乘除”的异议处理方法，具体体现在：

a. 当客户提出异议时，要运用减法，求同存异。

b. 当在客户面前做总结时，要运用加法，将客户完全认可的内容附加进去。

c. 当客户谈需求时，要运用除法，强调留给客户的产品单位利润。

d. 当营销人员自己做成本分析时，要用乘法，算算给自己留的余地有多大。

（7）意向达成阶段

在意向达成阶段双方达成合作意愿。本阶段需要趁热打铁，多用限制性问句，把意向及时变成实质收益，同时要对重点事宜进行确认。

（8）跟进阶段

跟进阶段具体内容包括了解客户反馈、处理异议、沟通友谊、兑现约定，为下一次商务拜访铺垫。

**2. 商务拜访注意事项**

①考虑客户的立场。不能损害客户自身的利益，若是损害客户的利益，那就是一锤子买卖或是交易失败，要以多赢为切入点进行谈判。

②注意倾听客户的要求，了解客户的所思所想。

③不要在客户面前诋毁别人。纵然竞争对手有这样或者那样的不好，也千万不要在客户面前诋毁别人以抬高自己，这种做法非常愚蠢，往往会使客户产生逆反心理。同时不要在客户面前抱怨公司的种种不是，客户不会和在一家连自己的员工都不认同的公司有商业往来。

④与客户建立朋友关系。兵法有云："攻心为上，攻城为下。"只有得到了客户的心，他才把你当作合作伙伴，当作朋友。只有把客户做成了朋友，成功的路才会越走越宽；反之，只会是昙花一现。攻心并不一定是大鱼大肉的应酬、腐败，锦上添花不如雪中送炭，平时或过年过节时问候一下，多维护一下就足够了。

## 2.1.3 任务分析：商务拜访要点解读

微课：商务谈判的定义及原则

作为 ICT 营销人员，如何建立职业化的拜访之道，加以成功运用，突破客户关系，提升 ICT 售前效率？需要了解一下拜访要点。

**1. 拜访前准备**

有句古话说得好：不打无准备之仗。商务拜访前同样需要做好充分准备。

PPT：商务谈判的定义及原则

（1）预约不能少

拜访之前必须提前预约，这是最基本的礼仪。一般情况下，应提前三天给拜访者打电话，简单说明拜访的原因和目的，确定拜访时间，经过对方同意以后才能前往。

（2）明确目的

拜访必须明确目的，出发前对此次拜访要解决的问题应做到心中有数。例如，对方需要解决什么，对方可能提出什么要求，最终要得到什么样的结果等，这些问题的相关资料都要准备好，以防万一。

（3）礼物不可少

无论是初次拜访还是再次拜访，礼物都不能少。礼物可以起到联络双方感情，缓和紧张气氛的作用。所以，在礼物的选择上还要下一番苦功夫。既然要送礼就要送到对方的心坎里，了解对方的兴趣、爱好及品位，有针对性地选择礼物，尽量让对方感到满意。

（4）自身仪表不可忽视

肮脏、邋遢、不得体的仪表，是对被拜访者的轻视。被拜访者会认为不把他放在眼里，这对拜访效果有直接影响。一般情况下，登门拜访时，女士应着深色套裙；男士最好选择深色西装配素雅的领带。

**2. 拜访过程细节要点**

（1）具备较强的时间观念

拜访他人可以早到却不能迟到，这是一般的常识，也是拜访活动中最基本的礼仪之一。早些到可以借富裕的时间，整理拜访时需要用到的资料，并正点出现在约定好的地点。而迟到则是失礼的表现，不但是对被拜访者的不敬，也是对工作不负责任的表现。

微课：商务谈判的准备

值得注意的是：如果因故不能如期赴约，必须提前通知对方，以便被拜访者重新安排工作。通知时一定要说明失约的原因，态度诚恳地请对方原谅，必要时还需约定下次拜访的日期、时间。

（2）先通报后进入

到达约会地点后，如果没有直接见到被拜访者，拜访者不得擅自闯入，必须经过通报后再进入。一般情况下，前往大型企业拜访，首先要向负责接待人员交代自己的基本情况，待对方安排好以后，再与被拜访者见面。当然，生活中不免存在这样的情况，被拜访者身处某一宾馆，如果拜访者已经抵达宾馆，切勿鲁莽直奔被拜访者所在房间，而应该由宾馆前台接待打电话通知被拜访者，经同意以后再进入。

PPT：商务谈判的准备

（3）举止大方，温文尔雅

见面后，打招呼是必不可少的。如果双方是初次见面，拜访者必须主动向对方致意，简单地做自我介绍，然后热情大方地与被拜访者行握手之礼。如果双方已经不是初次见面了，主动问好致意也是必需的，这样可显示出诚意。

握手时，如果对方是长者、高职或女性，自己绝对不能先将手伸出去，这样有抬高自己之嫌，同样可视为对他人的不敬。

（4）开门见山，切忌啰唆

谈话切忌啰唆，简单的寒暄是必要的，但时间不宜过长，因为，被拜访者可能有很多重要的工作等待处理，没有很多时间接见来访者。这就要求，谈话要开门见山，简单的寒暄后直接进入正题。

当对方发表自己的意见时，打断对方讲话是不礼貌的行为。应该仔细倾听，将不清楚的问题记录下来，待对方讲完以后再请求就不清楚的问题给予解释。如果双方意见产生分歧，一定不能急躁，要时刻保持沉着冷静，避免破坏拜访气氛，影响拜访效果。

（5）把握拜访时间

在商务拜访过程中，时间为第一要素，拜访时间不宜拖得太长，否则会影响对方其他工作的安排。如果双方在拜访前已经设定了拜访时间，则必须把握好已规定的时间，如果没有对时间问题做具体要求，那么就要在最短的时间里讲清所有问题，然后起身离开，以免耽误被拜访者处理其他事务。

**3. 商务拜访中的人际关系处理**

人际关系处理是人际交往的艺术，教养体现细节，细节展现素质。影响人际关系的重要因素有三个：行为举止、外表和语言。

（1）行为举止

人们不同的行为可以产生截然不同的效果。假设你在宴请客户时，突然手机响了，你不但接听了手机并且与对方聊了起来，很明显，这个行为影响了商务午餐的气氛和与客户的关系。在这种场合最简单的做法是，在会晤客户时把手机关掉或者事先告诉客户正在等一个重要电话，手机振动的时候说声抱歉，到酒店大堂或者卫生间接听电话。

一个人的行为举止也会显示出一个人受教养的程度。例如开会时，不停地抖动双脚，就会显示出很紧张、很忧虑，或迫不及待地希望会议结束。如果想给别人留下良好的印象，请把双脚平稳放好，保持一定的姿势，不要随意抖动。

（2）外表

得体的衣服和精心修饰的外表，对于人们之间的交往是非常重要的。不注意个人的仪表和卫生，会降低身份，使人产生蔑视。

（3）语言

要用积极的态度和温和的话语与客户交谈，谈话的表情要自然，语言要和气、亲切，表达要得体。说话时，可适当做些手势，但动作不要过大，更不要手舞足蹈。第三者参与谈话，应以握手、点头或微笑表示欢迎。谈话中要使用礼貌语言，如“您好”“谢谢”“请”“打搅了”等等。

拜访结束时，如果谈话时间已过长，起身告辞时，要向客户表示“打扰”歉意。出门后，回身主动与客户握别，说“请留步”。待客户留步后，走几步再回首挥手致意“再见”。

一旦处理好行为举止、外表和语言三个重要因素，就会对人际关系产生积极的影响。

**4. 拜访中的语言处理**

（1）打招呼

在客户未开口之前，以亲切的语调向客户打招呼问候，例如：“王经理，早上好！”

微课：商务谈判的模式

（2）自我介绍

禀明公司名称及自己姓名并将名片双手递上，在与客户交换名片后，对客户抽空会见自己表达谢意，如：“这是我的名片，谢谢您能抽出时间让我见到您！”

（3）破冰

营造一个好的气氛，以拉近彼此之间的距离，缓和客户对陌生人来访的紧张情绪，如：“王经理，我是您部门的张工介绍来的，听他说，你是一个很随和的领导。”

PPT：商务谈判的模式

（4）开场白的结构

开场白的结构包括提出议程、陈述议程对客户的价值、时间约定、询问是否接受。

例如：“王经理，今天我是专门来向您了解你们公司对 × × 产品的一些需求情况，通过

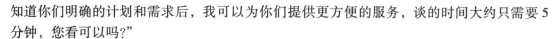

知道你们明确的计划和需求后，我可以为你们提供更方便的服务，谈的时间大约只需要 5 分钟，您看可以吗？”

（5）巧妙运用询问术，让客户说

①设计好问题漏斗。通过询问客户来达到探寻客户需求的真正目的，这是营销人员最基本的销售技巧。在询问客户时，问题面要采用由宽到窄的方式逐渐进行深度探寻。

如：“王经理，您能不能介绍一下贵公司今年总体的商品销售趋势和情况？”“贵公司在哪些方面有重点需求？”“贵公司对 × × 产品的需求情况，您能介绍一下吗？”

②结合运用扩大询问法和限定询问法。采用扩大询问法，可以让客户自由地发挥，让客户多说，才能知道更多的信息；而采用限定询问法，则让客户始终不远离会谈的主题，限定客户回答问题的方向。在询问客户时，营销人员经常会犯的毛病就是“封闭话题”。

例如，“王经理，贵公司的产品需求计划是如何报审的呢？”这就是一个扩大式的询问法。再如，“王经理，像提交的一些供货计划，是需要通过您的审批后才能由下面的部门去落实吗？”这是一个典型的限定询问法。营销人员千万不要采用封闭话题式的询问法来代替客户作答，以免造成对话的中止，例如：“王经理，你们每个月销售 × × 产品的金额大概是 6 万元，对吧？”

③对客户谈到的要点进行总结并确认。根据会谈过程记下的重点，对客户所谈到的内容进行简单总结，确保清楚、完整，并得到客户一致同意。

例如：“王经理，今天我跟你约定的时间已经到了，今天很高兴从您这里听到了这么多宝贵的信息，真的很感谢您！您今天所谈到的内容一是关于……二是关于……三是关于……，是这些，对吗？”

**5. 拜访结束注意事项**

①结束拜访时，约定下次拜访内容和时间。

②在结束初次拜访时，营销人员应该再次确认一下本次来访的主要目的是否达到，然后向客户叙述下次拜访的目的，约定下次拜访的时间。

例如：“王经理，今天很感谢您用这么长的时间给我提供了这么多宝贵的信息，根据您今天所谈到的内容，我将回去好好地做一个供货计划方案，然后再来向您汇报。我下周二上午将方案带过来让您审阅，您看可以吗？”

③拜访结束后，向新认识的重要客户或合作伙伴发送短信，进行自我介绍。

例如：“ × 总您好，我是 × × 软件公司业务部的 × × ×，很高兴认识您，我可以为您/企业提供 × × × × 等方面的专业软件服务，希望今后合作愉快，敬祝您工作顺利、幸福美满。”

## 2.1.4　案例解析

### 案例：商务拜访之商务拜访函

**【案例描述】**

最近小李就职于 × × × × 通讯（中国）有限公司，所在项目组收到去某职业培训有限公司的商务拜访任务，小李的任务是制作商务拜访函。

1. 拜访客户

网络与信息化管理办公室刘主任。

2. 网络与信息化管理办公室主要职责

负责信息化公司建设总体规划的起草、修改与完善；负责信息化建设总体规划的实施；负责与上级管理部门就有关信息化建设问题进行沟通，并接受其指导；负责公司信息化建设中的信息标准、各种文件及政策的起草；负责全公司的网络信息安全工作；负责公司信息化建设成果的宣传、推广和应用等工作。

刘主任作为网络与信息化管理办公室主任，主持办公室日常工作。

3. 客户关系介绍

某职业培训有限公司与本公司有过合作，有过良好的合作基础。在之前合作项目中，与网络与信息化管理办公室刘主任只在项目验收过程中有过会面，并未单独约见过。之前合作项目实施情况良好，某职业培训有限公司反馈良好。

4. 某职业培训有限公司情况介绍

某职业培训有限公司成立60余年，对信息化建设很重视，目前公司已有自己的网络、ERP系统，教育教学信息管理平台，对公司的教学、科研、人事管理、学员培养等方面都起到了很好的推动作用。随着公司规模的扩大，原信息化系统已无法满足公司的智慧化管理需求。

**【案例分析】**

商务拜访函是与客户之间征求前来拜访发出的函，是开展拜访的重要一步。然而营销方案的制定也是建立在客户拜访的过程中，而且客户拜访的次数不止一次，因此商务拜访函也分为初访的商务拜访函和再访的商务拜访函，下面将解析商务拜访函的内容。

商务拜访需要预约，通常比较正式的商务拜访需要一封商务拜访函。

1. 商务拜访函的概念

商务拜访函是用来商洽工作、联系业务、询问和答复有关具体实际问题的公文。

2. 商务拜访函的结构

一般包括四大部分：标题、行文对象、正文、落款。

①标题一般采用公文规范标题法，即标题由发函单位、事由、受函单位和文种组成，也有的只有事由和文种。

商务拜访函的发函单位名称通常在模板文件的页眉。

②行文对象是指拜访函受文者，写在事由之下的第一行左边，顶格，后面加冒号。

③正文是公函的内容，即事项，是发函者要告诉对方的具体事情，由三部分组成，即发函因由、发函事项以及结语。事项部分基本上采用叙述和说明的方法，如有要求则部分要根据行文内容来安排，不可过多。拜访函结语多使用“望予以安排为盼”。

④落款包括发函单位的名称以及日期。

3. 撰写商务公函的注意事项

①函的主旨要集中。一般要求一函一事，当然也可写出此“事”的几个方面，但函件宜短不宜长。去函要有鲜明的目的性，复函要有明确的针对性，不要把一些不相关或离题较远的事写进去，显得主旨不突出。

②行文要开宗明义。函件来往都要开门见山，直陈其事。开头要注意礼貌用语，但也

要摒弃不必要的客套、无须讲的道理、空洞无味的套话。表达要简洁明快，直奔主题。

③语言要有分寸感。函件应注意措辞，语气要委婉、平和、恳切、分寸得当，不可强人所难，既要符合本单位职权身份，又要尊重对方，讲究礼节，忌用指令性语言。

最终小李制作的商务拜访函（初访）如图 2-1-5 所示，商务拜访函（再访）如图 2-1-6 所示。

LOGO ****通讯（中国）有限公司

**商务拜访函**

**尊敬的__________：**

您好！

首先，感谢贵公司对××××通讯有限公司的信任，欣闻贵公司近期要进行企业信息化建设，××××通讯有限公司非常希望能够参与此项活动，凭借本公司丰富的行业经验和强大的服务实力为贵公司的信息化建设助一臂之力。

××××通讯有限公司作为亚太区最大的通讯软件独立供应商之一，致力于企业管理信息化的建设。××××通讯（中国）有限公司 ×× 分公司是××××通讯（中国）有限公司在××地区设立的全资分公司，全面负责××地区的客户发展和服务工作。

为帮助贵公司更好地解决现存的问题，我们需要更准确地把握需求，以提供高质量的解决方案。我方以 客户经理 ××× 带领的项目小组成员共 4 人，将于 2021 年×月×日 14:30 分 对贵公司的 ×× 部 ××经理以及项目小组 进行一次商务拜访。

本次拜访的主要议题是：

1、××××通讯有限公司针对贵公司在建设企业信息化方面的 IT 部署建议和方案；

2、针对贵公司项目组成员提出的问题进行研讨和解答；

3、通过双方真诚的沟通，和贵公司项目组领导达成如何组建成适合本企业自身管理模式的软件系统。

预计会谈时间将需要 2～3 个小时。

望予以安排为盼！

**××××通讯（中国）有限公司XX分公司**

**2021 年×月×日**

图 2-1-5 商务拜访函（初访）

## 【案例启示】

客户的拜访工作是一场概率战，很少能一次成功，也不可能一蹴而就、一劳永逸，因此商务拜访通常分为初访和再访。不同于初访，再访的前期准备工作包括整理上次客户提供的相关信息，做一套完整的解决方案或应对方案，熟练掌握本公司的产品知识、本公司的相关产品资料、名片、电话号码簿等。

初访和再访的不同点主要有：

LOGO ****通讯（中国）有限公司

**商务拜访函**

**尊敬的________：**

您好！

首先，感谢贵公司对××××通讯（中国）有限公司的信任，在双方的共同努力之下，贵公司的信息化工作已经取得了一定进展。

为了帮助贵公司更好地解决现存的问题，我们需要更准确地把握需求，以提供高质量的解决方案。我方以××（职务）××（姓名）带领的项目小组成员共 4 人，将于××年×月×日×时对贵公司的××（职务）××（姓名）以及项目小组进行一次商务拜访。

本次拜访的目的是：

1．________________________________：

2．________________________________。

主要议题是：

1．________________________________：

2．________________________________。

预计会谈时间将需要 × 个小时。

望予以安排为盼！

××××通讯（中国）有限公司______分公司（公章）

××××年××月××日

图 2－1－6　商务拜访函（再访）

1. 拜访目的不同

初访主要目的在于了解客户需求，达成初步合作意向。

再访主要目的在于满足客户需求，商定营销方案，达成合作。

2. 营销人员的角色不同

初访阶段营销人员的角色主要是了解客户需求的顾问。

再访阶段营销人员的角色主要是一名专家型方案的提供者或问题解决者。

3. 客户的角色不同

初访阶段的客户是一位项目发起者；

再访阶段的客户是一位不断挑刺不断认同的业界权威。

（案例出处：网络）

## 2.1.5　技能训练

微课：商务拜访任务解读

PPT：商务拜访任务解读

**1. 训练任务**

编制商务拜访分析报告。

**2. 任务说明**

根据商务拜访要求，按照任务要求中的拜访任务，学习如何进行商务拜访，并对商务拜访过程进行挖掘。

**3. 任务要求**

分小组完成商务拜访，编写商务拜访分析报告。

（1）模拟客户

各组自拟公司。

（2）拜访客户

某学院网络与信息化管理办公室刘主任。

（3）网络与信息化管理办公室主要职责

负责信息化校园建设总体规划的起草、修改与完善；负责信息化校园建设总体规划的实施；负责与上级管理部门就有关信息化建设问题进行沟通，并接受其指导；负责学校信息化建设中的信息标准、各种文件及政策的起草；负责全校的网络信息安全工作；负责学校信息化建设成果的宣传、推广和应用。

刘主任作为网络与信息化管理办公室主任，主持办公室日常工作。

（4）客户关系介绍

学院与公司有过合作，合作项目为“ICT 产教融合创新基地”，有良好的合作基础。在建设“ICT 产教融合创新基地”项目中，与公司对接的部门是院长办公室，主要联系人是院长办公室陈主任。项目推进过程中，与网络与信息化管理办公室刘主任只在项目验收过程中有过会面，并未单独约见过。“ICT 产教融合创新基地”实施情况良好，学院反馈良好。

（5）现有学院情况

学院建校 60 余年，对信息化建设很重视，目前学院已有自己的校园网络、ERP 系统，教育教学信息管理平台，对学院的教学、科研、人事管理、学生培养等方面都起到了很好的推动作用。学院已建有“ICT 产教融合创新基地”，在教学设计和信息化教学方面发挥了很大的作用，教师利用基地建设内容制作相关教学资源来完成信息化资源课程建设。学院现有教学楼 2009 年重新装修过，每个教室配套五十套学生桌椅、一张讲台、一套投影仪系统。

学院近期领导班子更新，新上任的院领导对教学质量相当重视，经常安排院领导、教务主任等进行查课、听课，对师生授课中的违规操作进行严查，同时严格要求教师做好授课考勤工作，针对旷课、迟到等严肃处理。

学院注重师资能力提升，要求教师丰富信息化教学手段，鼓励教师参加信息化教学大赛；同时建议授课教师进行授课视频的录制，一方面学生可以通过录课视频进行复习，另一方面，可以将录课视频作为一种教学资源，丰富信息化教学平台的教学资源。

以小组为单位完成内容，如下所示：

①设计项目组名片；

②设计公司介绍（三折页）;

③商务挖掘结果（各组根据商务拜访情况如实填写成功挖掘到的需求），输出成一份 Word 文档，商务拜访分析报告模板见附录 2。

注意事项：此次拜访省略电话预约环节，拜访的场景设置为初次拜访。

**4. 任务考核**

（1）小组成绩由自评成绩、互评成绩和师评成绩组成

①各小组进行自评，小组间进行互评，教师进行综合评分，如表 2-1-1 所示。

②小组成绩 = 自评（30%）+ 互评（30%）+ 师评（40%）。

（2）个人成绩 = 小组成绩 × 任务参与度

注：表中的任务参与度根据任务实施过程，由组长在小组分工记录表（如表 2-1-2 所示）中赋予（取值范围 0～100%）。

**表 2-1-1　任务考核评价表**

<table>
<tr><td colspan="4">任务名称：</td><td colspan="3">完成日期：</td></tr>
<tr><td colspan="2">小组：</td><td colspan="2">组号：</td><td colspan="2">班级：</td><td rowspan="2">成绩：<br>教师签字：</td></tr>
<tr><td colspan="2">自评成绩：</td><td colspan="2">互评成绩：</td><td colspan="2">师评成绩：</td></tr>
<tr><td>序号</td><td>评分项</td><td>分数</td><td>评分要求</td><td>自评</td><td>互评</td><td>师评</td></tr>
<tr><td>1</td><td>商务拜访<br>分析报告</td><td>60 分</td><td>1. 格式规范（20%）<br>2. 素材完整（20%）<br>3. 挖掘分析完整（30%）<br>4. 结论分析全面（30%）</td><td></td><td></td><td></td></tr>
<tr><td>2</td><td>小组协作</td><td>30 分</td><td>1. 成员参与度（40%）<br>2. 分工合理性（20%）<br>3. 成员积极性（40%）</td><td></td><td></td><td></td></tr>
<tr><td>3</td><td>分析亮点</td><td>10 分</td><td>1. 挖掘分析深入（50%）<br>2. 最佳分析报告（50%）</td><td></td><td></td><td></td></tr>
</table>

**表 2-1-2　小组分工记录表**

<table>
<tr><td>班级</td><td></td><td>小组</td><td></td></tr>
<tr><td>任务名称</td><td></td><td>组长</td><td></td></tr>
<tr><td>成员</td><td colspan="2">任务分工</td><td>任务参与度（%）</td></tr>
<tr><td></td><td colspan="2"></td><td></td></tr>
<tr><td></td><td colspan="2"></td><td></td></tr>
<tr><td></td><td colspan="2"></td><td></td></tr>
<tr><td></td><td colspan="2"></td><td></td></tr>
<tr><td></td><td colspan="2"></td><td></td></tr>
<tr><td></td><td colspan="2"></td><td></td></tr>
</table>

# 项目 2

# ICT 营销方案编制

## 2.2.1 任务引入：什么是方案

方案一词，来自“方”和“案”。“方”：方子、方法。“案”：书案。案的等级比桌高，引申为考虑问题、正式的商议，都和“案”有关。案前得出方法，方法呈于案前，即为“方案”。

解决方案是指针对某些已经体现出的，或者可以预期的问题、不足、缺陷、需求等，所提出的一个解决整体问题的方案（建议书、计划表），同时能够确保加以有效的执行。解决方案的本质即“解决问题的办法”。同一个问题，有不同的解决方案。

呈现的方案应让客户知道你有能力、高效、低耗、低风险地完成任务，并在可行的实施办法中提出解决思路，同时按照相关内容对客户进行报价。因此所写方案需要满足两个原则：

一是满足客户的需求、满足招标文件中提出的所有要求是编写方案的基本原则，要对客户和招标文件的每一项要求都有明确的响应，要清晰准确地领会客户的意愿，不能随意抵触或反对客户的意愿。

二是在写方案的过程中要努力在方案中体现特点（特别是主要竞争对手所不具备的优势），要在方案中发挥有利的资源，产品选择要考虑利润最大化和商务可控性。

解决方案是要解决客户的问题，在 ICT 体系中，方案意味着要为客户重点做好三个方面的工作：良好的网络拓扑的设计、相关设备的选型、合理的报价。通常解决方案的组成如表 2 - 2 - 1 所示。

**表 2 - 2 - 1　解决方案的组成**

| 内容 | 规范要求 | 作用 |
|---|---|---|
| 公司介绍 | 最前或最后，一页就够，不宜过长 | 让客户了解公司实力 |
| 需求分析 | 分两段或者分两个小节。一段套话，第二段应该结合行业特点或客户行业背景本身的特点来写 | 该方案符合国家的相关规定 |
| 项目背景分析 | 详细分析项目的现状以及需要做出的改动 | 准备定位客户的问题所在 |
| 网络拓扑设计 | 文字与拓扑相结合，图片需要保持素材库一致 | 为客户解决问题 |

续表

| 内容 | 规范要求 | 作用 |
|---|---|---|
| 产品彩页 | 提供公司的产品宣传彩页（电子文档） | 对相关产品进行展示 |
| 设备清单 | 建议用 Excel 来做 | 报价 |

**【范例】　　一张考卷引发的讨论**

这天公司对营销人员进行了销售理论测评，其中重点考查员工对“解决方案”的理解程度。由于小李在公司的一年内写过很多方案，因此显得胸有成竹，不料隔天得到的成绩却不理想，属于中下分数。

小李找到自己的师傅也是本次测评的审核人，满怀委屈地问道：“师傅，我这次考试哪里出了问题？分数也太低了吧。”

老张拿出小李的试卷说：“你小子不服气了吧，那我问你两个问题：第一，方案的核心内容到底是什么；第二，优秀的方案要达到什么效果。”

小李指着试卷说：“方案的核心内容是设备报价，要达到的效果就是卖出去设备，利润越大越好。”

老张摇摇头，说道：“你这个回答显得目光太短浅了，当然的方案最终结果一定是要想办法卖出东西，但是这里面也要考虑其他因素。做方案必须要站在客户的角度去考虑问题，让客户心甘情愿地来选择，并且后期会认可这个选择，这样以后也会有更多的合作机会。所以如果是我来回答第一个问题，我会回答，方案的核心内容包括两大块：一是技术层面，要按照客户的实际情况做好网络的拓扑设计以及设备选型；二是商务层面，综合各种情况进行合理报价。只有把技术层面做好了，才能在商务层面有收获，千万不可本末倒置，这样一定不是好的方案。接着是第二个问题，我的回答是，做出优秀的网络拓扑，尽可能地多出几种方案，让客户自己选择适合的，在客户选择中获取应得的利益。做方案要考虑到客户的接受能力，不能盲目地去追逐最大利益。做方案，要看得长远。”

小李顿时感觉到面红耳赤，低着头说道：“师傅，我明白了。我太急功近利了，方案要做到真正站在客户角度，为客户解决问题，这样才能得到客户的信任，也才能稳步地实现业务的增长。”

**范例小结：**

做方案当然是希望能够顺利地把产品推销出去，并获取相应的利益；但是不能仅仅把方案当作产品推销书去做，这样做出来的方案功利性太强，一旦客户觉察到这点，不但很难将产品推销出去，而且客户关系也很难维持下去，就切断了以后合作的可能性。因此，做方案必须站在客户的角度去理解问题。方案的作用主要分为技术层面和商务层面。在技术层面，需要根据客户需求，做出真正解决问题的方案；在商务层面，也要能够设计出符合客户预期的产品清单。只有这样才能顺利完成产品的销售并能和客户建立起良好的关系，为之后的合作奠定基础。

（范例出处：网络）

## 2.2.2　任务分析：认识 ICT 营销方案

微课：认识 ICT 营销方案

PPT：认识 ICT 营销方案

### 1. 营销方案概述

营销方案（Marketing Program）是一个以销售为目的的计划，指在市场销售和服务之前，为了达到预期的销售目标而进行的各种销售促进活动的整体性策划。

营销策划则是针对某一客户开发和某一产品营销而制作的规划，它的任务是为将朦胧的“将来时”渐变为有序的“现在进行时”提供行动指南，由此而形成的营销策划方案则是企业开展市场营销活动的蓝本。

营销方案必须具备鲜明的目的性、明显的综合性、强烈的针对性、突出的操作性、确切的明了性等特点，即体现“围绕主题、目的明确，深入细致、周到具体，一事一策，简易明了”的要求。

### 2. ICT 营销方案的定义

不同于传统营销方案，ICT 营销方案是针对 ICT 业务进行市场营销而制作的方案。

ICT 业务面向客户提供 CT 与 IT 的打包服务，将通信业和信息业两种服务融合在一起，涵盖的行业很广，包括电子信息产业、通信业、传媒以及互联网等。ICT 业务的主要组成部分包括系统集成服务、专业技术服务、服务外包、知识服务和其他类服务等。

系统集成服务顾名思义，包括软件集成、硬件集成、工程实施等。

服务外包是帮助客户的信息化部门承担网管、桌面终端维护，软硬件系统维护等日常维护工作。

专业技术服务是有针对性地为客户提供经过资源整合的特定需求的技术服务，比如行业应用等。

知识服务是一种帮助客户创造更高价值的服务，通常会整合软硬件专业厂家的力量，提供给客户诸如信息化系统规划、业务流程整合优化、网络调优等服务。

而通信运营商通常整合上述服务，提供给客户打包的整体解决方案。

（1）ICT 服务内容

ICT 服务内容主要包含信息内容应用、网络通信服务、信息技术产品。

①信息内容应用：现在的信息内容应用已经不仅仅是简单的数据内容汇总，而是发展成互联网软件和管理应用软件，集信息搜集、存储、处理和传递功能于一身。

②网络通信服务：在互联网服务基础上进行融合，实现基于信息产品的集成服务、外包服务、咨询服务等。

③信息技术产品：针对客户的个性化需求整合信息内容、软件应用和系统设备，为客户的生产运营提供信息系统。

（2）ICT 业务特点

区别于普通 IT 和 CT，ICT 业务具有以下特点：

①融合化：向客户提供的是结合通信服务、硬件设备、信息内容于一体的综合解决方案。

②专业化：开放调整、集成实施、咨询服务、维护外包等过程分别体现着明显的不同专业的技术特征。

③系统化：ICT 业务是一项以技术为工作核心，以商务和管理活动为业务实施的可靠保证的综合性的系统工程。

④服务化：最终交付给客户的是经过沟通，准确把握需求后形成的综合解决方案和产品组合服务。

**3. ICT 营销方案的设计**

要成功做出一份营销方案，是需要经过周密的设计的，这里面牵扯到很多的工作，只有把这些工作真正做到位了，才能在头脑里面对项目有全面的把握，从而做到“心中有数”，也就是所说的“方案设计”。营销方案设计过程如图 2－2－1 所示。

需求确认 → 架构设计 → 设备选型 → 方案制作 → 方案审核

**图 2－2－1　营销方案设计过程**

（1）需求确认

当客户方有新的项目启动的时候，ICT 营销人员需要和客户方代表进行大量沟通，真正了解客户的需求。ICT 项目分为两大类，一类是新建项目，一类是扩建项目。对于新建项目，客户的需求表现为对项目的信息节点数、带宽、安全特性、协议等详细的要求；对于扩建项目，由于之前已经设计得比较完善，所以主要表现为对改造后设备的硬件性能、带宽的要求。需要根据具体情况来具体地对需求进行分析。

作为一名有经验的 ICT 营销人员，应该思考客户为什么有这个需求，通过深入了解之后往往发现客户提出的许多技术要求都是由于对技术本身的错误理解造成的。同时，面对客户的需求，需要实事求是，不能盲目对客户需求做出承诺，不能隐瞒事实去欺骗客户。

**【范例】　老张的新绰号——“妙手神医”**

这几天小李在销售部接到一个项目，销售部告诉小李，有个光接入网的项目，该金额很大，客户也非常重视这个项目，并且一再交代让小李尽全力拿到这个项目。同时销售部给了客户方对技术提出的一些指标参数，小李看到这个资料就傻眼了，客户方提出设备需要 40G 的光接口作为上联口。小李知道公司没有 40G 的 PON 设备，因此只能摇头，独自在工位上发愁。小李打电话给客户联系人，确认需求，对方告知，40G 的光接口是硬指标，这下小李彻底没招了。

于是他去找老张，老张知道情况后，马上和小李驱车赶往客户公司。老张给客户联系人汇报了公司的产品，并且告知客户联系人公司有几款产品都是符合要求的，并且物有所值。客户联系人听着介绍显得很满意。突然，老张话锋一转，问客户联系人：“听说你们需要 40G 的光接口做上联口，我能知道原因吗？”客户联系人说道：“上联的交换机的接口是 40G 的光接口，必须和这个对应的。”老张马上询问客户联系人该上联交换机的设备型号。接下来，老张翻遍了所有关于该产品的资料，终于查到该产品的 40G 的光接口其实不是单个接口速率，而是分出来 4 个接口，每个接口都是 10G。确认无误之后，老张再次驱车前往客户公司，满怀信心地拿着做好的方案，给客户联系人讲解产品以及网络结构，同时显得轻描淡写地对 40G 的光接口做了陈述。这下，客户联系人明白是自己理解错了。因此，老张的方案通过了客户的审查，老张最终拿到了该项目。经过这个项目，老张的威望更高了，甚至，公司内部已经私下称呼老张为“妙手神医”了。

**范例小结：**

做 ICT 项目，对客户的需求应当持负责任的态度。当客户的需求不能满足的时候，不能草率地就否定，而是需要认真分析。当客户提出的需求是由于自身理解的偏差导致的，则可以在沟通中不动声色，搞清楚客户的问题所在之后，给客户进行解释。在这个过程中需要顾及客户的面子，不要过于强调客户的错误。做好充分的准备，做出优秀的方案，一举拿下项目。

**【范例】** **骄傲的放弃**

这天，小李过来找到老张。问道：“师傅，上次的客户又找到咱们，这次他们还需要一批接入网设备。公司的产品有两项不符合他们的要求，一是单个业务板卡要支持 32 个接口，二是要求支持 STM－4 的上联口。师傅，我们的业务板卡最多支持 16 个接口，而且上联口也只支持 STM－1。师傅，你能不能再去和客户谈一次啊？”

老张对小李说：“这次就不要去谈了，你给客户回个电话，就说公司暂时没有相关产品。对不起他们了，下次我请他们吃饭当面道歉。”小李顿时就愣住了，询问老张：“师傅，这次怎么这么就放弃了啊。”老张微微一笑：“小李啊，这次客户的需求的确是客观存在的，同时产品的确满足不了。这种情况在之前的项目中也出现过，公司研发在加紧做，但是目前没能力完成。所以就算方案做得再好，说得再好，也没有机会拿到项目。因此不如早点放弃，免得浪费人力物力，早点投入其他项目中去。”

**范例小结：**

对于客户的需求，如果有不能满足的时候，一定要清楚地告诉客户原因，不要蒙骗客户，让客户以为能被满足需求。很多时候，隐瞒了客户，一旦客户发现问题，就会使得自己处于尴尬的境地。当公司根本无法承载过多需求的时候，不得不面临最痛苦的事情，就是拒绝客户，说明情况。最糟糕的情况是，为了拿下合同，做一些明确的答复，甚至将这些内容作为条款写进技术协议中由双方签字确认，到了实施环节，则无法达到客户需求。这个时候公司就会被客户认为是不负责任的企业，由此不但公司无法获利，并且有被客户列入黑名单的可能性，公司和客户都会遭受损失。

（范例出处：网络）

综上所述，在做 ICT 项目的时候，面对客户的需求，既不是一味听从客户，也不能完全违背客户的意愿，而是需要认真分析、谨慎对待。对于不合理的需求要引导客户，给他们分析出问题所在；对于合理的需求要尽量满足，实在不能满足也要给客户做出明确的态度。只要端正态度，一定能够挖掘出客户的需求，并从中权衡，给出客户最好的应答方案。

（2）架构设计

当完成对客户的需求收集，并且经过分析得知公司能够满足客户需求的时候，ICT 营销人员就要着手开始进行方案的核心部分——架构的设计了。在 ICT 项目中有两大类项目，一类是新建项目，另一类是扩建项目，两类项目涉及的架构设计有所不同，如表 2－2－2 所示。

表 2-2-2　项目架构设计

| 架构设计 | 新建项目 | 扩建项目 |
|---|---|---|
| 特点 | 全方位进行设计 | 针对改动部分设计 |
| 内容 | 协议、带宽、硬件参数、网络架构 | 硬件性能、改动后的网络结构 |
| 效果 | 从无到有，设计达到客户需求的架构 | 局部改动，改动部分能够满足所需 |

在扩建项目中，客户对于改造的内容无非就是两个方面：一方面是对信息节点进行扩容；另一方面是对性能进行升级。在这类项目中，只需要关注改动部分就可以了。

一般来说，凡是信息点增多的，则需要对设备进行增加；凡是进行性能升级的，则需要对设备型号或者单板进行改动。首先要选择合适的产品型号以及相关的板卡型号来进行设计，对于客户的信息点需求，只能多不能少。比如当客户要求接入点为 300 户，单板的接入点为 32 的话，需要配置 10 块单板。另外要关注拓扑图的改动，如果不需要改动拓扑图就不动，如果客户提出就是要改动拓扑图，那么需要考虑改动的部分，配置合适的设备、线路去满足需求。

在新建项目中，需要做的工作量远比扩建项目要大。客户提出的需求是指标性的，比如信息节点数量、要达到的带宽、要实现的功能（VPN）、需要达到的虚拟机数量等。那么需要在这个基础上，把工作落到实处，一步步地分析，从软硬件的条件去考虑，最终达到所需。比如，需要考虑的因素有协议的实现、设备的选型、单板的选择、接口的选择。单在协议的选择中就需要根据不同的通信架构选择出最好的协议种类，要考虑到路径的正确性、数据的安全性、数据传输的高效率等。在数量繁多的通信协议中进行最优选择，也是其中最为核心的部分。在拓扑连接的设计上，要考虑到的有信息的可达性、冗余性、安全性、高效率等。在硬件的选择上，不仅要满足基本的客户需求，也要尽量地满足扩展性、安全性、高效率。

综上所述、架构的设计是整个方案设计中最为关键的部分，需要做出客户需要的内容，也要尽可能地做出一些有特色的东西，在可靠性、安全性方面都要下功夫，有针对性地选择出协议、组网拓扑、设备型号，让这一切都能圆满地发挥出功效。架构设计是整个方案设计的核心点，也是方案中最为直观地给出解决办法的部分，客户最为关心的也就是架构，因此需要精益求精，千万不可草率。

【范例】　　狼狈的小李

这天，小李拿着一份方案给老张审核。老张看到方案后，责令小李对其中的架构部分进行整改。于是小李又加班进行修改，第二天早上交给老张，老张还是要小李修改。小李又仔细地进行了修改，下午交给老张，没想到老张又要小李加班再次修改。这下小李绷不住了，带着情绪对老张说：“师傅，为了这个方案我已经做了两天了。我觉得目前做的版本应该已经可以了。”老张看出小李的不高兴，拿着方案对小李说：“你的架构这部分写得很有问题，之前你的问题很多，协议选择不对，广播没做隔离，二层格式不对。硬件这边也有问题，接口的上联口选择不合要求，你这个架构设计是不能满足客户需求的。”几句话把小李说得哑口无言，灰溜溜地走了。后来又经过了三次修改，老张终于认可了小李的方案。事后老张找到小李说道：“小李啊，方案中最为核心的就是架构的设计，一切都是基于这个来做的。如果有一点差池都会给后续的施工人员带来极大的问题，造成的损失是巨大的，错误的架构设计很有可能使得公司在客户面前颜面尽失，给客户留下不好的印象。所以我对这部分的审查是非常严格的。”小李有点委屈地说：“我之前的方案也是这样做的，你并没有这么要求我啊。”老张笑着说：“那是之前的方案比较简单，更改的地方比较少。这次是新建项目，整体都需要做设计，你之前没有这方面的经验，其实这次也是给你一个大的挑战，很高兴你最终完成了这个挑战。”

小李这才突然醒悟过来，“对了，师傅，我之前写的方案在架构上的确都比较简单，网络架构基本没变，我这次做的方案套用了之前的架构，然后把硬件套上去，没想到还是有很多的问题，看来是我想得太简单了。”老张意味深长地对小李说道：“其实方案的核心价值就是架构，其他一切都是依附于这个的，你做的这个还属于小型方案，真正的大型方案的架构是需要一个工作组去完成的，是需要很长时间去做的，而且能做好方案架构的人也是售前中最为厉害的人才。IBM 公司就有专门给 ICT 厂商提供解决方案架构的，他们之前给建设银行总行改造做出来的方案卖到 200 多万哦。”小李听到这个顿时激动起来，连连对老张说：“师傅，下次有这种复杂的方案，还是让我来写吧，我也想赚到那 200 万。”老张被他逗得哈哈大笑。

**范例小结：**

就如同钻戒中的钻石一样，方案中的架构设计也是整个方案最为关键、最为耀眼的部分。如果架构设计得很精巧，很吸引人，那么就会像夺目的钻石一样，使得整个方案也能光彩夺目；可是如果架构设计得空洞，甚至是有漏洞，那么整个方案也就大为失色。

所以，通过认真研究客户需求，然后做出软件硬件都合情合理的设计是非常重要的。

## 【范例】　“山寨”的恶果

这天小李从销售部接到一个项目，是建设银行某支行办公楼的一个新建项目，客户提出了自己的需求。小李看完该需求，立马想到就在一个月之前做过的师范学院的办公室的改造，那个师范学院的网络结构就能满足银行的需要了。于是小李立刻找到之前的师范学院的项目，依葫芦画瓢，“山寨”出来一个几乎一样的方案。当小李拿着这份“山寨”的方案到了银行给客户讲解方案的时候，客户对该方案一直存疑，他们不断询问小李关于安全性和冗余性的设计，而小李在架构设计中却没有提到这两个因素。因此在紧张的环境中，小李在客户压制性的质疑中溃败了。此时小李万分沮丧，但是他最终还是克服了心理难关，努力地对客户提出的要求进行方案整改，特别是关于安全性和冗余性方面，最终通过设计出来的双冗余网关以及双上行的冗余协议满足了客户需求。可惜的是，最终由于竞争对手 R 公司在第一次和客户的接触过程中就设计出完美的架构，并一直和客户保持良好的沟通，最终该项目让 R 公司拿到。

**范例小结：**

不同类型的客户对方案的架构设计有着不同要求，不能简单地设计仅满足业务需求的架构。例如银行部门，对安全性、冗余性要求较高，政府部门对安全性要求高。不同客户对架构的要求如表 2－2－3 所示。

表 2－2－3　不同客户对架构的要求

| 项目 | 金融行业 | 政府部门 | 大型企业 | 中小企业 |
| --- | --- | --- | --- | --- |
| 安全性 | 要求非常高，要充分考虑信息的安全 | 要求非常高，要充分考虑信息的安全 | 要求较高，要尽可能地考虑到安全 | 要求一般，在成本可控范围内进行安全考虑 |
| 冗余性 | 要求非常高，必须有两条以上的可达路径 | 要求较高，尽可能地有多条路径 | 要求一般，在成本可控范围内考虑 | 不做要求 |
| 带宽速率 | 要求高，必须具有高带宽 | 要求较高，尽可能地提高带宽 | 要求较高，尽可能地提高带宽 | 要求一般，成本范围内考虑 |
| 成本 | 资金充裕，考虑成本因素较少 | 考虑较少 | 一般考虑 | 重要考虑因素 |

（范例出处：网络）

通过在工作中磨炼，对客户有了充分的认知，之后设计方案的架构时就能针对不同的客户设计出具有不同特性的架构。例如，对于金融行业和政府部门来说，设计架构首要考虑的是架构的安全性、冗余性；对于中小企业来说，就需要充分考虑成本问题。如果遇见的客户是在性能和成本上双重考虑的，则需要做出多套架构，让客户进行选择。只有让客户对架构真正满意，才能在复杂激烈的市场竞争中处于不败之地。

（3）设备选型

当做好了架构之后，就需要对涉及的设备进行选型了。设备选型往往不是只满足客户提出的纸面上的要求就好，而是通常会进行多个方面的考虑，是一个比较复杂的过程，需要从几个方面去考虑。

第一，需要充分满足客户需求。在这里重点指出的是，后期的投标过程要对客户提出的每一项技术参数进行应答，因此不能含糊过去，需要逐项去比对，必须完全达到。

第二，考虑设备的性能。在达到客户需求的基础上，需要考虑未来的扩展性以及备用等情况。

第三，考虑成本问题。如果客户成本考虑较多，则需要严格控制；如果客户成本考虑较少，则要尽可能地推出高性能、高品质的产品。

掌握好这几个大的方向，再对具体的网络设备选型做出分析。

如某企业需要采购一批网络设备，作为 ICT 营销人员，需要做以下考虑：

①选择交换机的基本原则：

a. 适用性与先进性相结合的原则。不同品牌的交换机产品价格差异较大，功能也不一样，因此选择时不能只看品牌或追求高价，也不能只看价钱低的，应该根据应用的实际情况，选择性能价格比高，既能满足目前需要，又能适应未来几年网络发展的交换机。

b. 选择市场主流产品的原则。选择交换机时，应选择在国内市场上有相当的份额，具有高性能、高可靠性、高安全性、高可扩展性、高可维护性的产品，如中兴、3Com、华为的产品市场份额较大。

c. 安全可靠的原则。交换机的安全决定了网络系统的安全，选择交换机时这一点是非常重要的。交换机的安全主要表现在 VLAN 的划分、交换机的过滤技术。

d. 产品与服务相结合的原则。选择交换机时，既要看产品的品牌，又要看生产厂商或经销商是否有强大的技术支持、良好的售后服务，否则买回的交换机出现故障时既没有技术支持又没有产品服务，使企业蒙受损失。

②选择路由器的基本原则：

a. 实用性原则：采用成熟的、经实践证明其实用性的技术，既能满足现行业务的管理，又能适应 3 ~5 年的业务发展的要求。

b. 可靠性原则：设计详细的故障处理及紧急事故处理方案，保证系统运行的稳定性和可靠性。

c. 标准性和开放性原则：网络系统的设计符合国际标准和工业标准，采用开放式系统体系结构。

d. 先进性原则：所使用的设备应支持 VLAN 划分技术、HSRP（热备份路由协议）技术、OSPF 等协议，保证网络的传输性能和路由快速收敛性，抑制局域网内广播风暴，减少数据传输延时。

e. 安全性原则：系统具有多层次的安全保护措施，可以满足客户身份鉴别、访问控制、数据完整性、可审核性和保密性传输等要求。

f. 扩展性原则：在业务不断发展的情况下，路由系统可以不断升级和扩充，并保证系统的稳定运行。

③选择防火墙的基本原则：

a. 总拥有成本和价格：防火墙产品作为网络系统的安全屏障，其总拥有成本不应该超过受保护网络系统可能遭受最大损失的成本。防火墙的最终功能将是管理的结果，而非工程上的决策。

b. 明确系统需求：即客户需要什么样的网络监视、冗余度以及控制水平。可以列出一个必须监测怎样的传输、必须允许怎样的传输流通行，以及应当拒绝什么传输的清单。

c. 应满足企业特殊要求：企业安全政策中的某些特殊需求并不是每种防火墙都能提供的，这常会成为选择防火墙时需考虑的因素之一，比如加密控制标准、访问控制、特殊防御功能等。

d. 防火墙的安全性：防火墙产品最难评估的方面是防火墙的安全性能，普通客户通常无法判断。在选择防火墙产品时，应该尽量选择占市场份额较大同时又通过了国家权威认证机构认证测试的产品。

e. 防火墙产品主要需求：企业级客户对防火墙产品的主要需求是内网安全性需求、细度访问控制能力需求、VPN 需求、统计与计费功能需求、带宽管理能力需求等，这些都是选择防火墙时侧重考虑的方面。

f. 管理与培训：管理和培训是评价一个防火墙好坏的重要方面。人员的培训和日常维护费用通常会占据较大的比例。一家优秀的安全产品供应商必须为其客户提供良好的培训和售后服务。

g. 可扩充性：网络的扩容和网络应用都有可能随着新技术的出现而增加，网络的风险成本也会急剧上升，因此需要增加具有更高安全性的防火墙产品。

④选择服务器的基本原则：

a. 稳定可靠原则：为了保证网络的正常运转，选择的服务器首先要确保稳定，特别是运行客户重要业务的服务器或存放核心信息的数据库服务器。

b. 合适够用原则：对于客户来说，最重要的是从当前实际情况以及将来的扩展出发，有针对性地选择满足当前的应用需要并适当超前，投入又不太高的解决方案，避免服务器采购走向追求性能、求高求好的误区。

c. 扩展性原则：为了减少升级服务器带来的额外开销和对业务的影响，服务器应当具有较高的可扩展性，可以及时调整配置来适应客户自身的发展。

d. 易于管理原则：所谓易于操作和管理主要是指用相应的技术来简化管理以降低维护费用成本，一般通过硬件与软件两方面来达到这个目标。

e. 售后服务原则：选择售后服务好的厂商的产品是明智的决定。在具体选购服务器时，应该考察生产厂商是否有一套面向客户的完善的服务体系及未来在该领域的发展计划。

f. 特殊需求原则：不同客户对信息资源的要求不同，要使服务器能够满足客户的特殊需求，选择服务器的时候也需要特别地考虑到。

⑤选择 UPS 电源的基本原则：

a. UPS 的容量：考虑到业务发展的可能，在不大量追加投资情况下，增加 UPS 输出容量，这可通过选择可以实现现场扩容的 UPS 产品，如现在的模块化 UPS 产品及提前购买大容量 UPS 来实现。

b. 电池供电时间：电池供电时间主要受负载大小、电池容量、环境温度、电池放电截止电压等因素影响。根据延时能力，确定所需电池的容量大小。

c. UPS 的输入电压范围：UPS 的输入电压范围，即 UPS 允许市电电压的变化范围，也就是保证 UPS 不转入电池逆变供电的市电电压范围。范围越大说明 UPS 适应性越好。

d. UPS 电源保护解决方案：应根据网络系统的实际需求，同 UPS 生产厂商或经销商讨论采用适合系统的 UPS 电源保护解决方案。一般有集中式保护、分布式保护、综合式保护等电源保护解决方案。

e. UPS 的外观、体积、重量及噪声等因素：在选购 UPS 时，还应考虑到 UPS 的外观、体积、重量及噪声等因素，尤其要注意 UPS 中电池组的摆放位置问题，要考虑楼板的负重。

通过以上的设备选型，可以看得出来要考虑的因素非常多，重点是抓住客户的需求，然后针对他们的特点进行设备选型。同时站在客户的角度去思考问题，真正把客户的问题解决掉。这样才是一个合理有效的设备选型过程。

（4）方案制作

完成前面的工作，就可以进行方案制作了。在方案制作中，要特别注意以下几点：

①体系：要把自己产品的来龙去脉、功能模块、适应领域、典型客户实施情况有一个全面的了解，这样才能建立一个完整的知识体系，然后逐步补充竞争对手知识和一些技术性知识，不断深化自己的知识体系。

②思路：写方案，特别是针对性方案，不仅要求了解企业的需求，而且要知道这些需求是在何种业务需求下产生的，客户提出这样的要求到底想解决什么问题，把这个问题找出来，一般针对性解决思路就有了。要写好方案，需要了解客户的业务，了解业务最有效的方法就是详尽的业务需求调研。

③素材：一般不经常写方案的人，在写一个方案的时候，即使有想法、有思路，也往往难以表述出来，这是因为缺少足够的素材。很多项目现在都需要投标，不同客户可能有不同投标的要求，这样很难用一个方案去适应所有的客户，因此需要准备各种类型的方案

素材。

④层次：其实方案编制在不同阶段有不同策略，提供的方案也不尽相同。刚开始接触客户时可以提供项目侧重技术介绍的方案书，类似可行性报告；项目需要论证立项时，可以提供标准的产品技术白皮书；经过售前需求调研到了演示前后阶段，和其他竞争对手竞争的时候，才在知己知彼的基础上提供切实客户的解决方案（或者投标书）。

综上所述，方案制作是检验前期方案设计的成果。只要严格按照设计步骤，合理有效地编写，就能够做出一份合格的方案，让自己满意，让客户满意。

（5）方案审核

方案审核在项目管理中是一个管理流程上的手段。方案常由编制人编制、审核人审核和批准人批准。未审核批准的方案是不能实施的，方案一旦批准就不能随意更改。

方案审核是指针对特定时间段所策划并具有特定目的的一组（一次或多次）审核。方案审核人员一般由资深 ICT 营销人员以及公司领导组成。不同公司有不同的一套审核标准，一般会从以下几个方面进行审核：

①可行性：也就是这个方案能不能完成后期实施。方案设计人员设计得过于完美，可能会给实施人员造成大的困难。比如，设计的拓扑为环路，则有可能引起数据的转发问题，从而引起业务上出现问题；设计的节点太多，则需要大量的人力去实施。

②利润：这个方案能不能收获合理利润点，不能做亏本的买卖。

③产品的推广性：在某个时期，公司可能需要推出自己具有特色的产品，这个时候就需要在方案中尽可能地将该产品加入其中。

**【范例】** **小李的烦恼**

小李这几天通宵达旦地加班，终于做出来一份自认为满意的方案。对于这次的项目小李显得非常有底气，因为他做足了准备，他的方案做得非常精细。第二天，他把方案交给了公司的经理，让公司的领导审核。首先由公司的资深技术人员做第一次审核，显然，技术人员对该方案非常满意，立即通过。然后由市场人员进行第二次审核，令人诧异的是，这次审核居然不通过。小李找到市场人员，市场人员反映这个方案在产品选型上有些问题，主要是没有把公司主打的新产品加入方案中。小李得到这个消息后，马上对方案中的产品进行修改，通过和市场部门的沟通，将公司新开发出的产品加入方案中。最终公司审核通过该方案。

**范例小结：**

通过对上述案例的分析，不难得出结论：公司内部进行方案审核的时候，会从多个方面进行，也许在某个方面来说，方案是合格的，但是从另一方面来说就不合格了。就如同上面的案例，技术方面是合格的，但是从市场的角度去考虑，该方案就做得不是很好。作为 ICT 营销人员，需要综合考虑多重因素，只有这样才能符合公司的发展需求，也才能使得方案审核通过。

（范例出处：网络）

### 2.2.3 任务分析：ICT 营销方案解读

营销方案具备鲜明的目的性和强烈的针对性，因此不同营销方案的组成架构不尽相同，这里仅对常用营销方案组成架构进行介绍。常用的营销方案主要包括公司介绍、方案概述、需求分析、解决方案和方案封装几个部分。

微课：解读营销方案之公司介绍

**1. 公司介绍**

为了让客户了解、认可公司，一份完整的营销方案中，首先需要对公司进行介绍，介绍内容通常包括：

①公司概况：这里面可以包括注册时间、注册资本、公司性质、技术力量、规模、员工人数、员工素质等；

PPT：解读营销方案之公司介绍

②公司发展状况：公司的发展速度、有何成绩、有何荣誉称号等；

③公司文化：公司的目标、理念、宗旨、使命、愿景、寄语等；

④公司主要产品：性能、特色、创新、超前；

⑤销售业绩及网络：销售量、各地销售点等；

⑥售后服务：主要是公司售后服务的承诺。

注意：要“三到”“三讲”。

- 三到

业务要讲到：要让客户清楚公司能为他提供什么、做什么，如何合作。

实力要谈到：要让客户明白和公司合作为什么可以放心。

案例要说到：要让客户知道公司不是在说大话，有很多客户和公司一起取得了成功，并有案可查。

- 三讲

讲故事：引出公司创业的历史，获取客户认可。

讲特色：多维度叙述亮点项目，得到客户关注。

讲文化：突显公司文化价值观，寻求客户共鸣。

**2. 方案概述**

方案概述即为方案背景，讲述当前与方案相关的社会、需求、技术等背景情况，国内外同类解决方案的情况等，可以是摘要或综述。背景描述需要符合国家政策的相关规定。一般来说，方案概述要和国家的相关政策相对应，同时也和具体的客户需求有很强的关联性。

方案概述可以采用两种写法：

①描述当前国家相关政策以及大的社会背景前提；

②描述技术本身。

下面以“×××国家信息网的网络改造”和“某小区接入网改造项目”的概述为范例，分别展示上述两种不同的写法。

【范例】　　×××国家信息网的网络改造

21 世纪是人类社会进入一个空前激烈竞争的年代，经济和科技竞争呈现全球化态势，决定这场竞争胜负的已不再是物力和财力资源，而是人才资源。人才资源是社会经济发展最为重要而稀缺的资源，这一认识已经被一些国家，尤其是西方经济发达国家的历史经验所证实。

党中央、国务院站在推进改革开放和全面建设小康社会的战略高度，做出了“人才资源是第一资源”的科学判断，提出了“人才强国”战略，确立了我国人才工作的基本思路和宏观布局。小康大业，人才为本，实施人才强国战略，大力培养造就各类高素质人才，是落实全面建设小康社会战略目标的重要保证，是实现中华民族伟大复兴、创建和谐社会的根本大计。当今世界，人才资源已成为最重要的战略资源，综合国力竞争说到底就是人才的竞争，谁拥有了人才优势，谁就拥有了竞争优势。要掌握人才竞争的主动权，就必须加强和改进××人才工作，进一步形成育才、聚才和用才的优势。实施人才强国战略，是全面建设小康社会、开创中国特色社会主义事业新局面的必然要求，是增强党的执政能力、巩固党的执政地位的必然要求。

为实施人才强国战略，人才资源管理部门必须从传统的××行政管理转变为战略性的人才资源开发，抓住培养、吸引、使用人才三个环节，努力营造人才辈出、人尽其才的良好环境。要实现这一转变，没有现代化的信息网络技术作支撑是不可能的。建设××人才管理信息系统是开发人才资源，实施人才强国战略的基础和保证。

×××作为国务院组成部门，担负着实施人才强国战略的重要使命，不仅要在宏观上负责研究制定××制度改革规划，拟定××人才管理政策法规，建立××人才管理制度，还要具体负责国家公务员、专业技术人员和流动人才的配置与开发，大中专应届毕业生和军队转业干部的分配和安置，留学回国人员和高级专家的服务管理，以及各类人员表彰奖励等工作。在市场经济条件下，要做好上述工作，面向社会和公众提供高效、便捷的管理服务，就必须实现××人才管理手段的现代化和信息化，没有强有力的信息网络技术的支持，政府便无法获得及时有效的信息，更无法面向社会发挥××人才工作应有的作用。因此，加快全国××人才管理信息系统建设，是实施人才强国战略的基础和保证。

×××全国信息化网络建设的目标是：首先，建设×××系统的内网；其次，依托国家政务外网，建成以×××办公局域网为核心，上联党中央、国务院，横向联接国务院各部委××部门，纵向联接各省、自治区、直辖市和新疆生产建设兵团××部门的××人才业务资源网（统称外网），以及面向公众提供服务的××人才公众信息服务网（统称门户网站）；最终，在以上三个网络平台上，健全安全保障体系，确保网络与信息的安全，加强××人才基础信息数据库和××信息标准体系等基础建设，加快公务员、军转干部和高校毕业生就业等急需应用系统建设，加强执政能力建设，最终提高全国××系统的工作效率和为公众服务的水平。

【范例】　　某小区接入网改造项目

随着社会经济迅速发展，互联网技术与无线通信技术相融合是现代网络的发展趋势。现有的有线网络已不能满足人们随时随地进行通信和信息服务的迫切需求，因此，以个性化、无线化、智能化的移动通信，快捷方便的无线接入，无线互联及无处不在的网络终端等众多适应人们上述需求的新概念和新产品已逐渐深入人们的工作和生活之中。WLAN（Wireless Local Area Network），中文全称为“无线局域网”，是一种结合射频（RF）技术及宽带技术的高速无线数据接入手段。WLAN 可以在地理条件有限制、通信不便利及要求移动通信的情况下与有线网络一起，构建灵活、高效、完善的宽带网络。目前，成熟、廉价、建网快捷的 WLAN 网络已无处不在。

本文通过百草园小区 WLAN 建设的实例，针对小区用户的具体需求，对小区覆盖、WLAN 组网、运营模式及实施过程中的经验总结和问题处理进行详细分析说明，全面展示华为公司 WLAN 产品性能及解决方案特性，与您携手共同建设“可运营、可管理、可盈利”的精品无线宽带网络。

**范例小结：**

通过上述案例，应该知道了两种不同方式的方案概述的写法。通常情况下，涉及国家单位特别是政府、军队等相关部门的项目要以第一种方式来进行概述，一般企事业单位则以第二种方式进行概述。

（范例出处：网络）

**微课：解读营销方案之需求分析**

### 3. 需求分析

需求是客户采购的核心要素，它决定产品对于客户是否有价值，价值又决定了价格，同样，企业也只会针对有需求的客户进行宣传和广告，而客户的体验才能够建立起长期的信赖关系。这就是客户采购的五要素，如图 2－2－2 所示，营销过程就是满足客户采购五要素的过程。

**PPT：解读营销方案之需求分析**

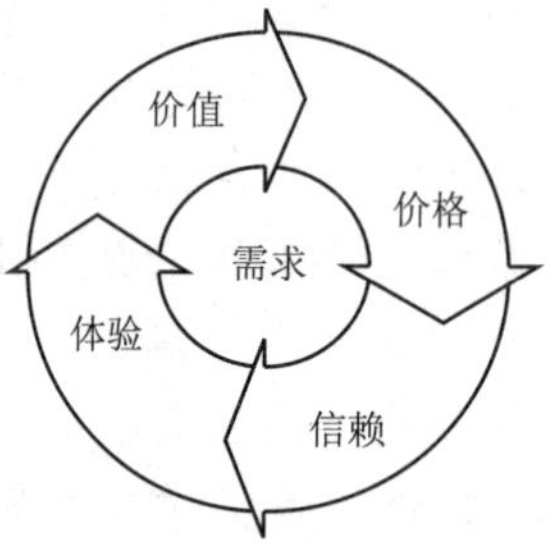


**图 2－2－2　客户采购五要素**

需求分析即问题所在或方案的目的，讲明这个方案要解决的问题是什么。需求分析的任务就是解决“做什么”的问题，这个方案要解决什么问题、有什么意义。

因此需要全面地理解客户的各项要求或现状，并准确地表达所接收的客户要求或现状，分析客户项目的需求、客户的关注点和兴趣点、客户当前的资源情况和存在的问题等。客户需求分析是客户解决方案的第一部分，是整个方案定基调的部分，为后面所描述的方案设定论点，并为提供论据奠定基础。需求分析过程如图 2－2－3 所示。

需要注意，客户的需求是多角度的。在进行需求分析描述时，各部分分类要清晰，多用条理性描述，少做长篇论述。各部分内容分量要均衡，要点要清晰准确，要体现全面、到位和重点突出。记住，这里每一部分的描述都将是后面相应内容的线索和论据，如下面这个范例所示。

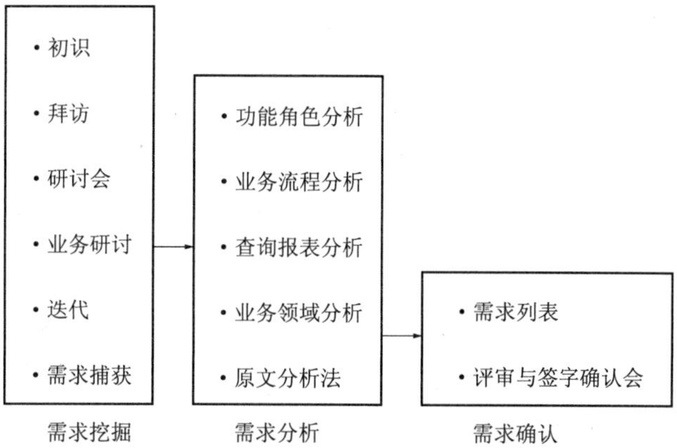


**图 2-2-3　需求分析过程**

## 【范例】　　银行网点提供的 WLAN 项目

加强互联网建设，毫无疑问能够解决当前内部员工、外部客户的各种上网需要，满足单位业务的发展要求。然而以银行为代表的各类金融机构，由于其社会职能和地位的特殊性，在实际建设过程中，却不像个人或家庭上网那么简简单单就能实现，需要关注许多方面的问题。

◇ 安全管理的需求

众所周知，互联网虽然能够给人们提供各种便利，然而互联网却是一个各种风险滋生的温床，互联网从来都是不受信任的网络。

中国人民银行和银保监会以及各银行的总部机构，早就有相关规定和通知，要求银行的内网（即内部生产运营和 OA 管理网络）必须与外网（即互联网）物理隔离，从根本上保障内网的安全。

即便单纯针对互联网，国家也有相关的法律法规要求确保安全。比如，根据互联网安全保护技术措施规定（公安部令第 82 号令）要求，互联网服务提供者和互联网使用单位，必须记录并留存用户登录和退出时间、登录号码、账号、互联网地址或域名、系统维护日志等信息，相关信息要有保留的日志可查。

从客户自身的角度来说，针对可能发生的安全风险制定各种管理措施，也是最大限度保障“互联网”这一应用的可用性、稳定性。试想，一个安全事件频发，攻击和病毒泛滥的网络，还谈什么正常使用？

◇ 运维管理的需求

银行是典型的垂直管理型机构，按照行政级别或地域划分，有总行、省分行、地市分行、县级支行或网点，每一个层级又有多个平行的机构。以一个省级规模的银行举例，其地市分行可能有十几个，每个地市又可能有数十家网点，这样全省范围内就有数百个分支机构。

银行外网（指用于上互联网的网络，下同）不同于银行的内部生产网络，往往由于在外网上承载的业务不重要，并且没有互联互通的需要，因此分支机构的外网基本上单独建设，网络分散、出口分散、设备类型杂乱、技术选型五花八门、安全管理措施各不相同。

以上现状，为银行从整体的高度对互联网的统一化、规范化管理带来了极大的麻烦，更不利于智能化的集中统一配置、管理网络设备和用户行为。

另外，近年来由于银行数据大集中和网络扁平化的建设，银行的科技人员呈上收集中的趋势，基层机构的科技力量越来越薄弱甚至没有。而基层机构的互联网分散独立，处在中心端的管理人员很难对这些分散的网络进行有效的管理，几乎无法使用有效的管理工具减轻运维保障的压力。

◇ 接入灵活的需求

随着时代的进步，当今用户所使用的终端，已不像早些年，局限在台式电脑和笔记本电脑两种类型。近几年，各种各样的智能终端如 WiFi 平板电脑、WiFi 智能手机、WiFi 数码相机如雨后春笋般涌现出来，普及程度越来越高，而且用户呈现手持终端活动的趋势，接入范围已不再固定在某个区域或位置。对客户而言，银行外网传统的有线接入模式已无法很好满足灵活接入的需求。

◇ 营销增值的需求

针对银行为外部人员提供互联网访问服务这个环节，由于互联网的建设和运营都是有成本的，银行大都不太愿意将这种有成本的服务提供给一个无关且不会带来价值的外部人员。因此，在对外提供互联网服务时，如何鉴别、区分有效客户，如何根据客户的等级提供有差异的服务，甚至如何利用互联网接入平台，向客户推送广告、提供增值的营销机会，都是在这个环节需要去考虑的需求。

◇ 建设成本的需求

对于银行来说，互联网应用始终是一种补充手段而非主要工具，因此银行对互联网建设成本的考虑会比较谨慎。建设互联网络所需要的设备，要求高度集成化、多功能化，尽量减少设备的种类，避免重复投资；建设互联网所需要的运营商通信线路，则尽量要求是低成本，高性价比，并且一次性带宽投入上，要做到精打细算，保障充足而又要避免浪费。

**范例小结：**

通过上述案例，能够直观地了解到客户对于需求会有一些详细的说明，这些重点的内容都需要在方案中有条理地一一列出来，并在后期的方案设计中做出应对。

（范例出处：网络）

**4. 解决方案**

解决方案作为营销方案中的核心内容，通常包括总体方案、实施方案、安全方案、维护方案、培训方案和方案预算等内容。

总体方案：设计原则、功能设计、系统架构、网络拓扑。

实施方案：详细原则、系统软件、服务理念、项目组织、工作职责、实施流程。

安全方案：产品安全、运输安全、运行安全、机制安全。

维护方案：维护周期、维护方法。

培训方案：培训计划、培训内容、培训考核。

方案预算：设备明细、价格预算。

下面以总体方案和实施方案为例进行介绍。

**微课：解读营销方案之解决方案**

(1) 总体设计

从大的方向对项目进行总体设计，根据客户提出的需求做出相应方案，具体包含的内容有：技术方面的协议、网络结构、相关产品型号和设计能够解决的问题。

PPT：解读营销方案之解决方案

【范例】　　某集团的 WLAN 项目总体设计

WLAN：无线局域网（Wireless Local Area Networks），是通过无线通信技术将计算机设备互联起来，构成可以互相通信和实现资源共享的网络体系。

无线客户端：也称作无线终端、移动终端、WLAN 终端等，表示具有 WLAN 接入能力的设备，如笔记本电脑、平板电脑、智能手机等。

AP：无线接入点（Access Point），无线客户端访问有线网络的接入点，通过无线射频信号跟无线终端通信，是无线客户端与有线网络通信的桥梁。AP 分为“胖 AP”和“瘦 AP”两种模式，“胖 AP”可独立处理和转发数据，而“瘦 AP”必须依靠无线控制器进行集中管理，且由无线控制器进行数据处理和转发。我集团的 WLAN 采用“瘦 AP”模式。

AC：无线控制器（Access Controller），通过有线网络与 AP 相连，用于集中管理 AP。

网络规划如图 2－2－4 所示。

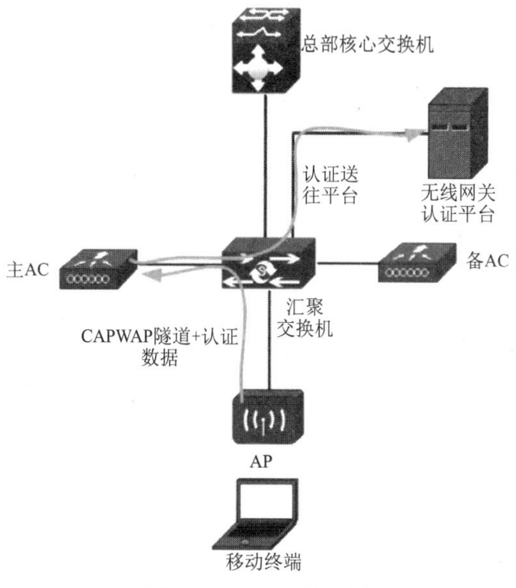


**图 2－2－4　网络规划**

当客户端通过认证服务器的认证后，传输数据时直接通过网关路由，不再将数据先发送给 AC 再由 AC 发送出去，减轻 AC 的负担。

（范例出处：网络）

通过对以上案例的分析，能够清楚地明白，总体设计就是一个方案的灵魂，最核心的内容。只有将总体设计做到最好，才能真正解决客户的问题。

（2）实施方案

①详细设计。详细设计是对总体设计的一种细化过程。详细设计是根据项目设施中需要考虑的各个问题进行描述。售后工程人员能够根据方案的详细设计作为指导完成工程实施。

按照上面的总体设计来设计详细设计就应该包含布线的设计、设备部署规划、网络安全的规划、路由协议的规划实施几个方面。只有通过对每个涉及的问题描述清楚，才能够真正给予实施的可能性。

**【范例】　　某集团的 WLAN 项目详细设计**

**A：布线的设计**

本工程中桥架用来铺设光缆，安装比较简单，维修改造也很方便。桥架由直线段（长 1 ~4m 不等）、三通、四通、弯头、支架、引下装置和连接片等组成。桥架一般分为梯形、槽式、托盘式三种形式。本工程桥架全部选用槽式桥架。桥架内、外表面全部采用镀锌处理。

- **安装前准备工作**

准备好升降梯和桥架安装工具。

桥架安装位置应保持和原有电缆桥架保持 20mm 以上距离，避免电流干扰光缆的传输信号。

- **定型支架安装**

定型支架由主柱和托臂两部分组成，主柱采用钢膨胀螺栓固定在梁或顶板上，托臂挂固在立柱上面。立柱由角钢加工而成，上面有成排的长方形孔，可以调整托臂的标高。

托臂的长度与桥架的宽度相等。托臂选用立柱上安装。

- **桥架的支撑要求**

桥架水平敷设时，支撑间距一般为 1.5 ~3m，垂直敷设时固定在建筑物构体上的间距宜小于 2m。

金属线槽敷设时，在下列情况下设置支架或吊架：线槽接头处；间距 3m；离开线槽两端口 0.5m 处；转弯处。

塑料线槽底固定点间距一般为 1m。

沟槽和格形线槽必须沟通。

沟槽盖板可开启，并与地面齐平，盖板和插座出口处应采取防水措施。

沟槽的宽度宜小于 600 mm。

**B：设备使用规划**

基于原有网络全部为有线网络，当厂区生产线搬动位置时，线路都需要重新铺设，移动性比较差，每次搬迁需要花费一定的费用来对有线网络进行改造，未来智能化生产会有更多的移动终端，要保证当终端移动时业务不间断，提高生产效率，减少有线网络铺设的费用，提出了对无线网络覆盖的需求，无线网络需要覆盖所有的厂区及一些特殊区域，厂房内部区域覆盖设计图如图 2 -2 -5 所示。

每个厂房内部部署 19 个 AP 布点，其他特殊区域无线设计如表 2 -2 -4 所示。

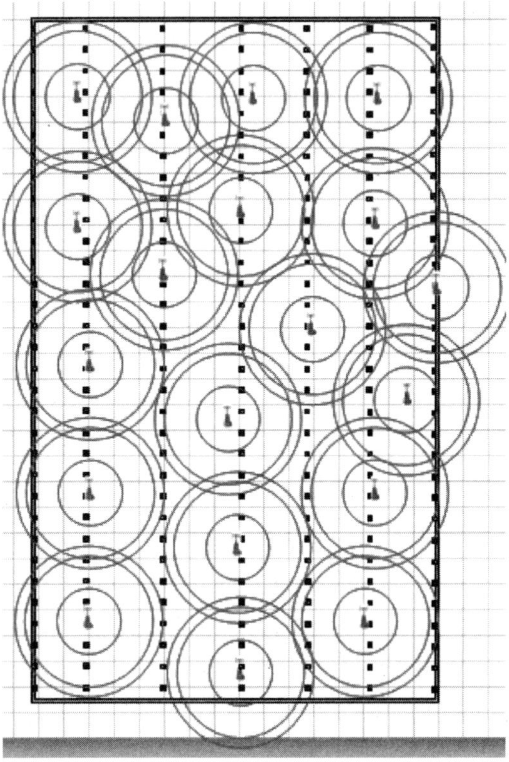

图 2-2-5　厂房内部区域覆盖设计图

表 2-2-4　特殊区域无线设计表

| 序号 | 厂房 | 区域 | 无线部署数量 | 备注 |
|---|---|---|---|---|
| 1 | 1 号厂房 | 厂房内部 | 20 | 预留一个 AP |
| 2 | | 1#到 2#之间第一个雨棚范围 | 1 | |
| 3 | | 1#到 2#之间第二个雨棚范围 | 1 | |
| 4 | | 1#厂房出货区域 | 0 | 由厂房边缘 AP 覆盖 |
| 5 | | 1#厂房边板存放区域 | 1 | |
| 6 | | 合计 | 23 | |
| 7 | 2 号厂房 | 厂房内部 | 20 | 预留一个 AP |
| 8 | | 2#厂房与 5 号厂房雨棚区域，其中靠近 2#厂房，以铁链为分界线 | 2 | |
| 9 | | 合计 | 22 | |
| 10 | 3 号厂房 | 厂房内部 | 21 | 预留一个 AP |
| 11 | | 3#厂房电子车间上下层 | 8 | |
| 12 | | 3#厂房靠近压缩机存放，两个区域需要无线扩展 10m 范围 | 0 | 由厂房边缘 AP 覆盖 |
| 13 | | 合计 | 29 | |
| 14 | 4 号厂房 | 厂房内部 | 20 | 预留一个 AP |

续表

| 序号 | 厂房 | 区域 | 无线部署数量 | 备注 |
|---|---|---|---|---|
| 15 | 5号厂房 | 厂房内部 | 24 | 预留一个AP |
| 16 | | 连接柜内成品区域1楼 | 2 | |
| 17 | | 合计 | 26 | |
| 18 | 6号厂房 | 厂房内部 | 20 | 预留一个AP |
| 19 | | 阁楼上下 | 1 | 楼下由厂房内部覆盖 |
| 20 | | 厂区外成品存放区域与成品预留区域 | 4 | |
| 21 | | 合计 | 25 | |

**C：网络协议和流量优化：采用静态路由**

基于网络中路由条目不是很多，采用静态路由的方式更加稳定，后期维护也更加方便，双线4M上行到总部机房，可以在汇聚交换机上对不同业务进行分流，在做VRRP网关冗余时，可以将X业务网关指向1号汇聚交换机，Y业务网关指向2号汇聚交换机。

NQA（Network Quality Analyzer，网络质量分析）检测技术，快速检测网络中链路连通状况，并关联上层路由协议（静态路由）实现收敛。

（范例出处：网络）

②产品选型。介绍方案中涉及的设备，通过产品彩页以及相关参数来说明产品型号。注意：所选产品的参数需要满足客户的需求，同时也需要和公司的营销策略相对应。

**【范例】　　某企业的视频会议项目**

×××ME 5000视频会议多点控制单元是某通讯公司推出的一款为行业客户定制的视讯会议产品，其外观如图2－2－6所示。该产品支持高达16个多画面分屏和切换控制，支持业界标准H.264视频编码协议。产品采用先进的工艺流程制作完成，性能卓越、稳定，满足视频会议实时、稳定、安全的要求，适用于政府、企业、教育、医疗等行业客户的视讯系统建设需求。

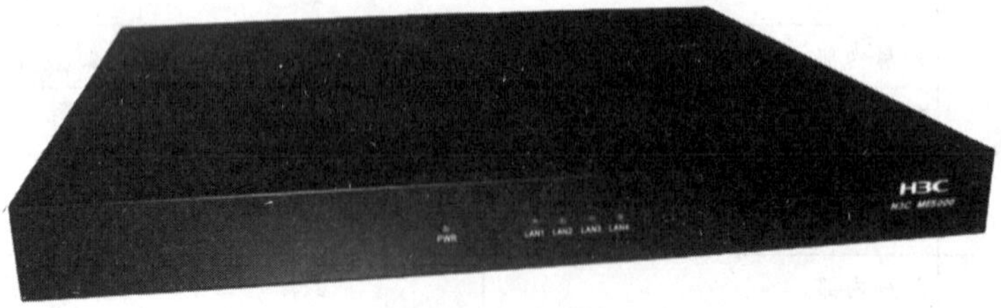


**图2－2－6　×××ME 5000视频会议多点控制单元**

➢ 超大容量

单台MCU能够支持高达56路4M或112路2M或256路768K的终端同时接入会议。

➢ 电信级双机热备技术

采用双机热备技术，支持2台MCU备份。当管理人员误操作、病毒的攻击、非正常断电、设备意外故障等情况发生时，备份 MCU 将及时接替原 MCU 将会议继续召开，保证了重大会议的持续、稳定的召开，减轻了会议组织人员的负担。

➢ 先进的系统管理模式

支持多角色管理模式，多级密码保护使系统维护安全无忧；支持终端的管理权限，实现更加科学合理的使用终端资源；支持模板的权限管理，实现了模板的高效科学管理。

➢ 支持 16 分屏

MCU 内置 16 分屏能力，支持 2，3，4，5 +1，3 +4，7 +1，9，8 +2，12 +1，16 多种动态分屏切换，同时支持 H. 264 下的四分屏。

➢ 多种级联方式

在大型视讯系统内，支持多台 MCU 的互控级联功能和任意级联功能，支持无限级级联，满足各种组网需求和会议组织控制需求。

（范例出处：网络）

③设备清单。设备清单是方案中用来向客户报价的清单。在这里特别要注意的是，报价一定要和销售部门进行协商。报价需要符合客户的成本需求和公司的利润需求。

【范例】　　某工厂的 WLAN 项目设备详单

第一部分：网络设备（如表 2 –2 –5 所示）

表 2 –2 –5　网络设备列表

| 序号 | 产品名称 | 品牌 | 型号 | 单位 | 数量 | 单价（元） | 金额（元） | 备注 |
|---|---|---|---|---|---|---|---|---|
| 1 | 无线控制器 | H3C | EWP – WX5004 – H3 | 台 | 2 | 37350 | 74700 | |
| 2 | 无线控制器授权 | H3C | LIS – WX – 128 – A | 个 | 2 | 28550 | 57100 | |
| 3 | 交换机 | H3C | LS – 5560 – 30F – EI | 台 | 2 | 9500 | 19000 | H3CS 5560 – 30F – EI L3 以太网交换机主机（24SFP + 8GE Combo + 4SFP Plus + 1Slot），无电源 |
| 4 | | H3C | LSPM2150A | 个 | 4 | 931 | 3724 | 150W 资产管理交流电源模块 |
| 5 | | H3C | LSPM1FANSB | 个 | 4 | 570 | 2280 | S5560 以太网交换机风扇模块（电源侧出风） |
| 6 | | H3C | LSWM3STK | 个 | 2 | 1092. 5 | 2185 | SFP + 电缆 3 m |
| 7 | 交换机 | H3C | LS – 5500 – 28C – EI | 台 | 2 | 8550 | 17100 | |
| 8 | 交换机 | H3C | LS – S5110 – 28P – PWR | 台 | 46 | 5700 | 262200 | 预留 3 台交换机备件 |
| 9 | 交换机 | H3C | LS – 3600V2 – 28TP – EI | 台 | 5 | 4750 | 23750 | 预留 1 台交换机备件 |

续表

| 序号 | 产品名称 | 品牌 | 型号 | 单位 | 数量 | 单价（元） | 金额（元） | 备注 |
|---|---|---|---|---|---|---|---|---|
| 10 | 交换机 | H3C | LS-3600V2-52TP-EI | 台 | 2 | 7980 | 15960 | 预留 1 台交换机备件 |
| 11 | 光模块 | H3C | SFP-GE-LX-SM1310 | 个 | 140 | 1881 | 263340 | 预留 6 个备件 |
| 12 | 室内无线 AP | H3C | EWP-WA2620i-AGN-FIT | 台 | 145 | 1900 | 275500 | 预留 6 个无线 AP |
| 13 | 天线馈线 | H3C | CAB-RF-1.2m-(N50SM+RSMA50SF) | 条 | 290 | 166 | 48140 | |
| 14 | 全向天线 | H3C | ANT-2503C-M2 | 个 | 145 | 255 | 36975 | |
| A | 设备总价 | | | | | | 1101954 | |
| B | 施工费 | | A×6% | | | | 66117.24 | |
| C | 税金 | | (A+B)×17% | | | | 198572.1 | |
| D | 合计 | | A+B+C | | | | 1366643.34 | |

第二部分：综合布线（如图 2-2-6 所示）

**表 2-2-6　综合布线**

| 序号 | 产品名称 | 品牌 | 型号 | 单位 | 数量 | 单价（元） | 金额（元） | 备注 |
|---|---|---|---|---|---|---|---|---|
| 1 | 6U 机柜 | 略 | W26406 | 个 | 139 | 245 | 34055 | |
| 2 | 22U 机柜 | 略 | A26822 | 个 | 43 | 1550 | 66650 | 1.2 m 机柜为 22U |
| 3 | 47U 机柜 | 略 | A26847 | 个 | 1 | 2400 | 2400 | 无 48U 标准 |
| 4 | 六类非屏蔽管理区跳线，原厂原装，5FT | 略 | NPL3.695.2020 | 条 | 582 | 21 | 12222 | |
| 5 | 六类非屏蔽网络模块 | 略 | NPL5.566.2002 | 个 | 391 | 23 | 8993 | |
| 6 | 六类非屏蔽网线，305 m/箱 | 略 | HSYZ-6　4×2×0.57 | 箱 | 98 | 620 | 60760 | |
| 7 | 理线架 | 略 | NPL4.431.157 | 个 | 55 | 75 | 4125 | |
| 8 | 通用 48 口配线架 | 略 | FA3-08/F1B | 个 | 4 | 1200 | 4800 | 48 口配线架没有空架子，只有满配的 |
| 9 | 通用 24 口空配线架 | 略 | FA3-08/F1B | 个 | 105 | 110 | 11550 | |
| 10 | 12 芯单模铠装 | 略 | GYTA-12B1.3 | 米 | 13200 | 4.25 | 56100 | |
| 11 | FC 单模光纤耦盒器 | 略 | GSP-FC | 个 | 1008 | 4.5 | 4536 | |
| 12 | FC 单模光纤尾纤 | 略 | GWQ-FC/PC-1×2.0-SM-1 | 条 | 1008 | 9.5 | 9576 | |

续表

| 序号 | 产品名称 | 品牌 | 型号 | 单位 | 数量 | 单价（元） | 金额（元） | 备注 |
|---|---|---|---|---|---|---|---|---|
| 13 | 单模光纤跳线 FC－FC 3 米 | 略 | GTX－FC/PC－LC/PC－2×2.0－SM－3 | 条 | 130 | 35 | 4550 | |
| 14 | 单模光纤跳线 FC－LC 3 米 | 略 | GTX－FC/PC－LC/PC－2×2.0－SM－3 | 条 | 130 | 35 | 4550 | |
| 15 | 电源线 | 略 | rw3×2 | 米 | 4800 | 5.85 | 28080 | |
| 16 | 光纤配线箱 12 口 LC 全密封机架式 单模 | 略 | GP11H | 个 | 84 | 125 | 10500 | |
| 17 | 光纤配线箱 24 口 LC 全密封机架式 单模 | 略 | GP11F | 个 | 3 | 750 | 2250 | |
| 18 | 电源插板 6 孔 | 略 | | 个 | 42 | 65 | 2730 | |
| 19 | 镀锌桥架 | 略 | 镀锌桥架 100×60（1.0） | 米 | 5780 | 48 | 277440 | |
| 20 | 弯管、直通 | 略 | ϕ25，1.2 mm 厚 | 个 | 600 | 6.5 | 3900 | |
| 21 | 镀锌铁管 | 略 | 镀锌铁管 ϕ25，1.2 mm 厚 | 米 | 7800 | 11.5 | 89700 | |
| 22 | 明装墙盒 | 略 | 86 型 | 个 | 300 | 21 | 6300 | |
| A | 设备总价 | | | | | | 705767 | |
| B | 施工费 | | | | | | 377576 | |
| C | 税金 | | （A＋B）×17% | | | | 184168.31 | |
| D | 合计 | | A＋B＋C | | | | 1267511.31 | |

（范例出处：网络）

### 5. 方案封装

方案就是一个公司的脸面，虽然不能说一份方案可以决定项目，但一份不好看的方案一定会让人怀疑公司的能力。很多人看过外企的方案，一看就外观精美，排版漂亮，就让客户觉得是专业人士所为。而很多国产公司方案装订简陋，排版单调，文字密密麻麻，成本是节约了，但给人的第一印象就很差。

微课：解读营销方案之客户收益

所以方案一定要注意排版，印刷要利落，封面要好看，装订要精美。如果有条件，最好请专业人士设计一套标准的排版规范和模板体系，对方案视觉效果会起到极大促进作用。方案排版的细节要求如表 2－2－7 所示。

PPT：解读营销方案之客户收益

表 2-2-7　方案排版的细节要求

| 建议 | 说明 |
| --- | --- |
| 封面排版 | 1. 重要的方案应该请美工设计一个有视觉冲击力的封面<br>2. 别在封面包装上省钱 |
| 目录排版 | 1. 清晰的目录比清晰的正文还重要<br>2. 目录的逻辑性比格式的正确更重要 |
| 页面排版 | 1. 文字的可读性第一<br>2. 节约纸张的方法不是把字变密，而是设计图表说话 |
| 标题排版 | 1. 标题和正文相比应用强调字体突出<br>2. 同级标题格式应统一，上级标题应比下级标题字体大<br>3. 不同 Word 版本存在标题兼容性问题，每次打印都要检查 |
| 段落排版 | 段落间距要统一，不要用过密的行间距 |
| 字体排版 | 注意英文和数字的字体是否协调 |
| 图片排版 | 1. 排版往往不是问题，风格不协调才是问题<br>2. 图片最好全部居中<br>3. 说明功能的界面图片不如说明业务流程的框图效果好<br>4. 图片要有编号，位置在图的正下方 |
| 表格排版 | 1. 表格可以通过边框和颜色变化调整显示效果<br>2. 特别要注意跨页的表格显示<br>3. 表格要有标号，位置在表的上方 |
| 装订提交 | 1. 不要提交不受保护的电子版本<br>2. 重要方案请专业公司装订<br>3. 控制好方案提交份数 |

因此对于一份完整的营销方案来说，封装主要体现在：

①视觉冲击力的封面。

②封面排版要美观。

③封面字体要统一。

④装订精美。

营销方案编写结束后的方案封装等于包装，要求：

①包装本身要符合营销方案类型，可以起到保护商品的作用。

②包装的时候要考虑到运输要素和成本要素。

③商品的包装要美观大方，可以起到商品宣传的作用。

## 2.2.4　案例解析

### 案例 01：人人都能写出好方案

**【案例描述】**

小李所在的项目组最近有了新的烦恼。不同于之前做的营销方案，这次客户提出新的要求：要求产品的文化色彩或情感色彩；要求本次营销提供的产品数量丰富，供大于求，可以让消费者在众多的同类产品中随意挑选。

传统的目标市场营销能满足不同消费者的不同需求，但它主要看中统一消费群体对某一商品属性的共同要求，而不是每个消费者与众不同的特殊要求。这意味着本次的营销方案是个性化的营销，不能复制之前的营销方案范本，这可怎么下笔呢？

**【案例分析】**

很多公司的营销方案要么是迷信少数权威顾问的手笔，要么只会拿一个范本复制，万一企业要求提供个性化方案，而顾问们忙不过来，就束手无策，到处求人。

越是市场能力强的公司，由于定制化的客户方案的所提需求太多，套用通用模板的情况就越严重。模板固然可以缩短编写方案的时间，但也造成缺少个性的毛病，对现在越来越理性的客户，通用化的方案可能适得其反。

**【案例启示】**

随着社会经济的发展，市场进一步细分化和个性化的自然需求，更加强调当今企业须满足客户个性化的需求，这是当前企业营销的理论和实践发展趋势。其实每个人经过训练，都可以写出好的方案，之所以写不出好方案，往往有四类原因，如表2-2-8所示。

**表2-2-8 提升方案编制能力对策**

| 原因 | 现象 | 对策 |
|---|---|---|
| 没有体系 | 写得出厚厚的方案，却谈不出主要的设计思想，方案中功能点罗列，结构混乱 | 1. 把自己公司的简历、目标客户的开发由来、开发历史、技术架构、典型客户、获奖情况、价格体系、常见接口、主要对手做全面系统调研<br>2. 找一个比较好的模板进行修改 |
| 没有个性 | 不了解企业需要的业务背景，对企业所属行业不熟悉，个性化内容埋没在厚厚的方案中 | 1. 进行业务调研<br>2. 恶补行业背景知识<br>3. 把个性化内容在方案中单独成节突出 |
| 没有素材 | 1. 有想法和思路，但找不到合适的材料印证<br>2. 要花费很多时间找合适的材料 | 建立企业级素材库，平时注意积累各项素材，建立目录管理 |
| 没有时间 | 1. 为了表现能力过快或过早承诺提供方案<br>2. 平时以码字速度太慢为由依赖别人写方案<br>3. 缺少写作技巧 | 1. 承诺提交方案一定要考虑方案编制工作量和其他工作时间冲突<br>2. 坚持自己写方案，写到第七次，再写方案就是轻车熟路 |

## 案例02：不良方案制造方法

**【案例描述】**

最近小李接到一个方案编写的任务，客户希望通过实施新的云计算设备来改善现有的网络管理水平。小李认为企业上云计算设备最终价值体现在三个方面：降低成本、提高网络性能、降低网络管理难度。因此在方案中提出实施云计算设备可以对以上三个价值有帮助，然后列举了一些目前在网络管理中的问题现象，最后小李详细陈列了云计算设备的功能说明。

客户看了方案后表示很不满意，小李感到很苦恼，他该如何改进呢？

【案例分析】

这个解决方案有论点（上云计算设备可以实现更好的网络管理）、有论据（企业业务数据与云计算设备的关联），但是没有解释为什么这些功能组合可以解决现有问题，进而实现企业的价值目标，没有解释为什么企业用了云计算设备问题就得以改善。客户读到这个方案的时候，就觉得被硬塞给了一堆东西，但是也不知道缘由。这种感觉客户是不接受的。客户需要从方案中找到为什么要采用你的方案，而不是别人的。所以，方案如果没有被客户理解，一定不会达到好的效果。

【案例启示】

其实在项目中不缺方案，缺的是好方案。这个世界上无数顾问每天的工作就是制造劣质方案，让我们看看不良方案都是怎么造出来的。

1. 只有厚度，没有质量

现在的解决方案有一个不好的倾向是“长、厚、全”，看起来面面俱到，其实都是功能罗列和套路大全，像产品功能手册简化版，有价值的观念淹没在一大堆功能列表里面。

这种方案对企业决策者没有帮助。所有的方案无差异性，每家供货商都说自己能解决这些问题，而且都有成功案例。客户感觉每家方案内容都差不多，无从判断优劣，不得不花费更大力气去做产品演示和用户考察。

真正好的方案，不一定厚，但要能看出“用心、专业、认真”，厚方案瘦身办法如表 2-2-9 所示。

**表 2-2-9　厚方案瘦身办法**

| 厚方案现状 | 瘦身对策 |
|---|---|
| 大量复制业务调研报告内容 | 不写大家都知道的业务现状，只谈业务中需要改进的问题 |
| 将产品功能手册作为技术方案内容进行罗列 | 不写功能清单，按企业业务写应用模式和效益，将功能清单和相关介绍作为单独的附件提供 |
| 列举过于详细的实施计划 | 花两页纸谈清楚实施思路和策略，不要花十多页漂亮的模板炫耀做文档的技能 |
| 列举大量的典型客户 | 重点介绍一两个接近的客户资料 |

2. 只有论点，没有论证

写方案就像写一篇议论文，应该是观点鲜明、论证清晰、有理有据、有血有肉。

很多方案能够发现问题、提供答案，但是没有论证（为什么新的网络结构能够改善企业的当前问题）。

好的营销方案要充分建立客户的利益和产品特性之间的逻辑性关联。营销方案要研究为什么企业需要解决当前问题，这些问题的产生原因（用户增长、需求提升），如何解决这些问题，而不是不断重复地宣示“选我，我能！我能，选我”！

3. 只有自己，没有客户

很多人写方案大量出现“某某公司”名称，甚至每个产品都恨不得加上自家标志，行文造句都是“我能，我行，我有”等语气。

这种方案很容易给客户造成过度掌握营销的感觉。给客户写营销方案的时候，建议尽量用客户做前缀，例如说某某企业的某某项目，让客户感觉到针对性，认为这个方案的确是为客户准备的。大部分方案中公司中名字只需要出现几次，不需要反复出现；可以制作一个好的方案模板，通过页面标志突出公司名字的存在。

有些企业内部关系比较复杂，一些提法，特别是一些有新意的提法可能对某些人比较敏感，那么在方案中就要中性化处理，要仔细斟酌是否合适，必要时可以询问商务人员的意见。例如提到该设备采用最先进的技术平台，有的企业主管就会认为先进的技术平台不稳定，那么这个提法就会很危险，不如更换成系统技术平台成熟、可靠性高的说法。

此外，如果是给政府申报或提交专家评审的方案，就必须侧重逻辑图、原理图或业务图等思路性内容，少用接口等成果性内容，文字也要专业化术语化，少用企业易于理解的大白话，这样的方案才受认可。这些都是要学会换位思考，从客户的角度去看问题，写方案。

## 案例 03：如何扬长避短

**【案例描述】**

随着时间的推移，小李对于写方案这项技能越来越得心应手了。有一天他接到一个需求，是对省政府的办公网络进行改造，同时销售部门告诉小李，竞争对手还有 S 公司和 L 公司。小李顿时就觉得压力山大，因为小李深深地明白，政府最要求的就是信息安全，其次才是网络带宽性能方面，而在这方面国内做得最好的两家公司就是 S 公司和 L 公司。对此，小李显得很为难，坐在工位上不知所措，迟迟没有着手写方案。

两个小时过去了，小李还是没有找到思路。实在没有办法了，小李给师傅老张打了电话。老张也显得比较无奈，他缓缓地对小李说道："这次面对的情况确实特殊，很显然，对方在专业领域上很精通，这次需要避开他们的锋芒，从另外的角度出发。"思考良久，老张从对小李说："你可以把方案中的案例多引用一些，特别是银行的项目，对于产品的性能因素要弱化。"后来小李在方案中大量引用了之前做过的很多银行的典型项目，果然引起了客户的兴趣。虽然最终项目没有拿下来，但是客户对小李公司的产品和技术能力给予了充分的认可，并且在后来的项目中与小李有了合作。

**【案例分析】**

在方案的编写过程中，需要做到的就是扬长避短。每一家公司在项目上都有各自的优势以及劣势，作为 ICT 营销人员，要做的就是尽量将自己的优势表现给客户看，尽量将自己的劣势隐藏起来。比如在产品性能上面，就需要将自己的优势部分充分显示出来，对于自己的短板则需要尽可能地回避，实在回避不了也只能简单谈及，切记不可将短板显示给客户。

**【案例启示】**

写方案有什么技巧没有？能不能做到事半功倍？这里有 9 个关于如何写出好方案的建议，如表 2-2-10 所示，大家可以结合实际工作去体会。

**表 2-2-10 写出好方案的建议**

| 建议 | 说明 |
|---|---|
| 动笔前先打一个电话 | 听听客户的想法和要求，可以启发大量写好方案的线索 |

续表

| 建议 | 说明 |
|---|---|
| 找一个好的标准模板 | 站在巨人的肩膀上，就算没有提高也是个巨人 |
| 先构思提纲，再讨论，最后动笔 | 1. 没有结构化的思维，写出来的也是一盘散沙；<br>2. 结构化的思维得到认可后再写就不会遇到写好被推翻的尴尬，可以用思维导图来协助自己写方案 |
| 在规定的时间和安静的地方写 | 1. 处理掉小事情才有功夫写大文章；<br>2. 不写到一个阶段不要中断，不连续的写作会导致不连续的思维 |
| 按客户业务逻辑写 | 一切以客户为中心，客户会回报给你的 |
| 认真准备目录阅读提示和摘要 | 领导不爱厚方案 |
| 随时积累素材 | 不同的项目至少 80% 的素材是相同的，所以写得最好的人往往是素材最全的人 |
| 多写，然后熟能生巧 | 别觉得写方案吃亏，把每次写方案当作一次免费自我练笔提高的机会 |
| 寻求回馈意见持续改进 | 每次进步一点点，半年必成方案高手 |

顺便谈一下收集方案素材的方法：

①现场初步需求调研与交流；

②客户提供的企业材料；

③与熟悉类似项目的销售经理、技术支持工程师、实施顾问沟通了解；

④与营销人员沟通；

⑤可收集的同行方案；

⑥企业网站；

⑦相关行业的资料介绍；

⑧行业书刊和报告。

这些资料平时就可以收集，融合在自己的知识体系里，用到的时候自然得心应手。

正式方案建议做一页方案内容摘要，以方便客户高层阅读，内容摘要须体现客户的核心需求、方案思路、方案价值、与其他方案的差异等。方案中的每一章也必须有内容摘要或导读，须简要概述本章要点，以方便不同的方案受众阅读。

（案例出处：网络）

## 2.2.5 技能训练

**1. 训练任务**

编制某学院信息化教室建设营销方案。

**2. 任务说明**

根据技能训练 2.1.5 中的商务拜访分析结果，编制某学院信息化教室建设营销方案。

**3. 任务要求**

营销方案中应至少包含公司介绍、需求分析、解决方案和最后的方案封装。具体每项中包含的内容可参考图 2－2－7。

注：以上架构仅为参考。

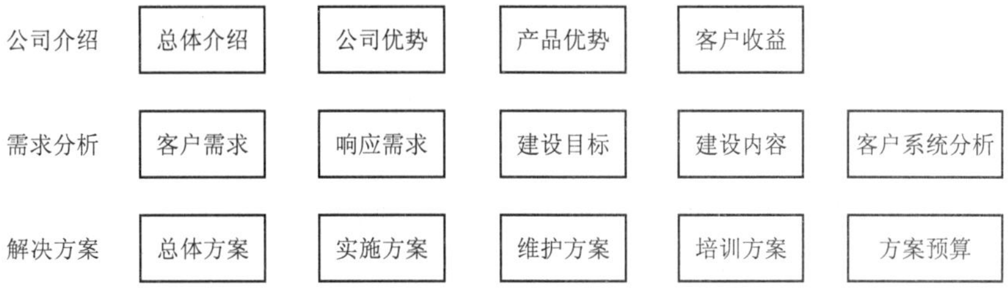


**图 2-2-7 营销方案内容参与**

方案内容格式要求如下：

（1）封面

各小组自行设计。

（2）目录

目录中每章及每节的标题用小四号宋体，1.5 倍行距，并注明各章节起始页码，标题和页码用“……”相连，如图 2-2-8 所示。

**目 录**

1 公司介绍 ………………………………………………………… 页码

1.1 ×××× ……………………………………………………… 页码

1.2 ×××× ……………………………………………………… 页码

**图 2-2-8 目录字体设计**

（3）正文文字的要求

①正文文字内容一律采用小四号宋体，正文段落和标题一律取“1.5 倍行距”，不设段前与段后间距。

②章节标题间，每节标题设置为段前、段后均为 0.5 行。

③页面设置：使用 A4 纸，采用单面打印，上边距 2.2 cm，下边距 2.2 cm，左边距 2.5 cm，右边距 2 cm，页眉 1.8 cm，页脚 1.5 cm。

④页脚设置：插入页码，居中，宋体 5 号字。把摘要页设为开始第一页，即此页为第 1 页。

⑤全文中的英文字符均采用 Times New Roman 字体，字号与所在的文字段对应。

（4）正文标题层次

①章节编号方法采用分级阿拉伯数字编号方法：

a. 一级标题为“第 1 章”“第 2 章”“第 3 章”等；

b. 二级标题为“2.1”“2.2”“2.3”等；

c. 三级标题为“2.2.1”“2.2.2”“2.2.3”等。

分级阿拉伯数字的编号一般不超过三级，两级之间用下脚圆点隔开，每一级的末尾不加标点。

②各层标题均单独占行书写。

a. 第一级标题，居中书写，三号黑体。

b. 第二级标题，居行首，四号黑体。第二级标题序号顶格书写，后空一格书写标题，末尾不加标点。

c. 第三级标题，居行首，小四号黑体。第三级标题序号顶格书写，后空一格书写标题，末尾不加标点。

（5）公式、图与表

①公式号以章分组编号，如“（2－4）”表示第 2 章的第 4 个公式。

②公式应尽量采用公式编辑应用程序编入，选择默认格式，公式号右对齐，公式调整至基本居中。

③图与表也以章分组编号，如“图 3－5”表示第 3 章的第 5 幅图。

④图与表应有相应的名称，如“实验系统流程示意图”。

⑤图与表应设置在方案中首次提到处的附近。

**4. 任务考核**

（1）小组成绩评定由自评成绩、互评成绩和师评成绩组成

①各小组进行自评，小组间进行互评，教师进行综合评分，如表 2－2－11 所示。

②小组成绩＝自评（30%）＋互评（30%）＋师评（40%）。

（2）个人成绩＝小组成绩×任务参与度

注：表中的任务参与度根据任务实施过程，由组长在小组分工记录表（如表 2－2－12 所示）中赋予（取值范围 0～100%）。

**表 2－2－11　任务考核评价表**

<table>
<tr><td colspan="4">任务名称：</td><td colspan="3">完成日期：</td></tr>
<tr><td colspan="2">小组：</td><td colspan="2">组号：</td><td colspan="2">班级：</td><td rowspan="2">成绩：<br>教师签字：</td></tr>
<tr><td colspan="2">自评成绩：</td><td colspan="2">互评成绩：</td><td colspan="2">师评成绩：</td></tr>
<tr><td>序号</td><td>评分项</td><td>分数</td><td>评分要求</td><td>自评</td><td>互评</td><td>师评</td></tr>
<tr><td>1</td><td>任务完成情况</td><td>50 分</td><td>1. 格式符合要求（20%）<br>2. 方案内容全面（40%）<br>3. 方案可行性（40%）</td><td></td><td></td><td></td></tr>
<tr><td>2</td><td>小组协作</td><td>40 分</td><td>1. 全员参与度（40%）<br>2. 分工合理性（20%）<br>3. 成员积极性（40%）</td><td></td><td></td><td></td></tr>
<tr><td>3</td><td>加分项</td><td>10 分</td><td>1. 方案亮点突出（50%）<br>2. 最佳方案（50%）</td><td></td><td></td><td></td></tr>
</table>

**表 2-2-12　小组分工记录表**

| 班级 | | 小组 | |
| --- | --- | --- | --- |
| 任务名称 | | 组长 | |
| 成员 | 任务分工 | | 任务参与度（%） |
| | | | |
| | | | |
| | | | |
| | | | |
| | | | |
| | | | |

# 模块三
## ICT 项目招投标篇

随着法律法规的完善健全，招标投标在当今社会中对于企业和政府来说必不可少。

越来越多的企业注重售前招标投标人员的吸收与培养，在此需求之下，高职教育需要培养具备熟悉招标投标流程，掌握招标文件、投标文件的编制方法，能够在招标投标工作中贯彻“公平、公开、公正”“诚实信用”等原则的复合型人才。本模块依据ICT项目招标投标流程，侧重从ICT项目招标、ICT项目投标、ICT项目评标等方面开展ICT招标投标知识技能的综合训练。

## 学习目标

- 了解 ICT 招标投标的定义
- 了解 ICT 招标投标的意义
- 熟悉招标投标的流程
- 掌握 ICT 招标文件的编制原则及方法
- 掌握 ICT 投标文件的编制原则及方法

## 内容架构

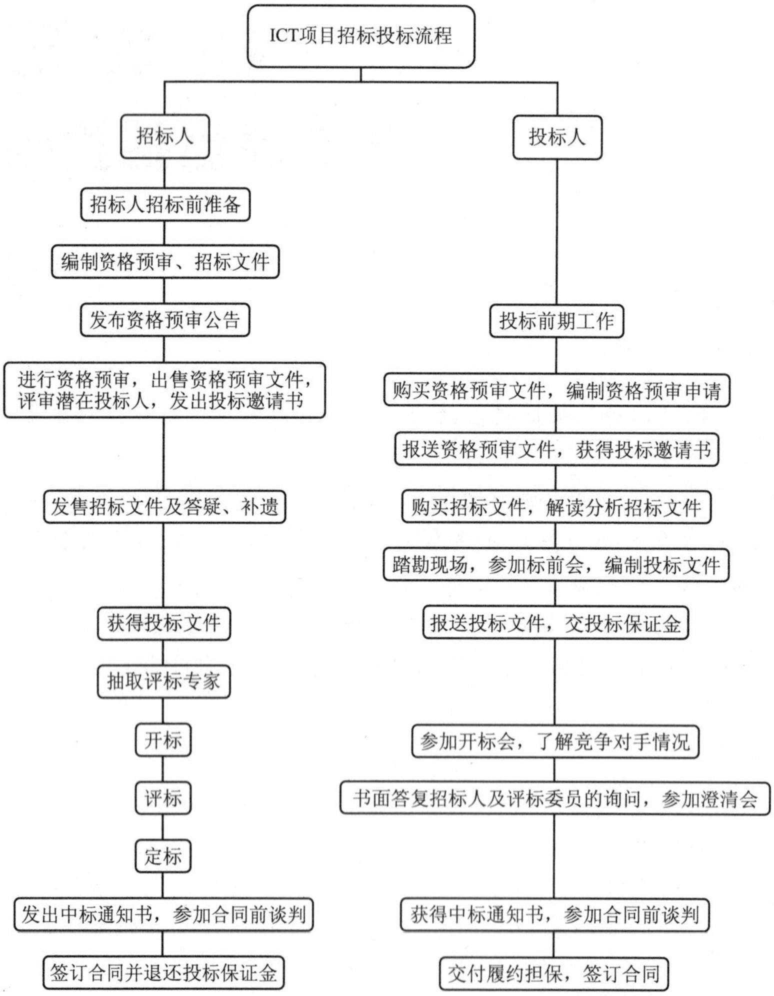

# 项目 1

# ICT 项目招标

## 3.1.1 任务引入：什么是招标

微课：什么是招标

PPT：什么是招标

招标投标，是在市场经济条件下进行的大宗货物的买卖、工程建设项目的发包与承包，以及服务项目的采购与提供时，所采用的一种交易方式。在这种交易方式下，通常是由采购（包括货物的购买、工程的发包和服务的采购）项目的采购方作为招标方，通过发布招标公告或者向一定数量的特定供应商、承包商发出招标邀请等方式发出招标采购的信息，提出采购项目的性质及其所需数量、质量、技术要求，交货期、竣工期或提供服务的时间，以及其他供应商、承包商的资格要求等招标采购条件，表明将选择最能够满足采购要求的供应商、承包商与之签订采购合同的意向，由各有意提供采购所需货物、工程或服务的报价及其他响应招标要求的条件的投标者，参加投标竞争。经招标方对各投标者的报价及其他条件进行审查比较后，从中择优选定中标者，并与其签订采购合同。

招标最早起源于英国。对于政府工程采购，英国财政部颁布了一系列相关文件和操作规程，既有法规性的，也有一般指导性文件，作为政府机构验收工程时的参考依据。其主要意义在于：

①工期普遍缩短；

②工程造价普遍有效合理下降，有效防止不正当竞争；

③促进了工程质量不断提高，使企业不断提高管理水平，增加管理储备；

④简化了工程结算手续，减少扯皮现象，密切了承发包双方协作关系；

⑤促进了施工企业内部经济责任制落实，调动了企业内部的积极性。

据记载，我国最早采用招商比价（招标投标）方式承包工程的是 1902 年张之洞创办的湖北制革厂，五家营造商参加开价比价，结果张同升以 1270. 1 两白银的开价中标，并签订了以质量保证、施工工期、付款办法为主要内容的承包合同。之后，1918 年汉阳铁厂的两项扩建工程曾在汉口《新闻报》刊登广告，公开招标。1929 年，当时的武汉市采办委员会曾公布招标规则，规定公有建筑或一次采购物料大于 3000 元以上者，均须通过招标决定承办厂商。

党的十一届三中全会之后，经济改革和对外开放揭开了我国招标发展历史的新篇章。1979 年，我国土木建筑企业最先参与国际市场竞争，以投标方式在中东、亚洲、非洲和港澳地区开展国际承包工程业务，取得了国际工程投标的经验与信誉。国务院在 1980 年 10 月颁布了《关于开展和保护社会主义竞争的暂行规定》，指出“对一些适宜于承包的生产建设项目和经营项目，可以试行招标、投标的办法”。世界银行在 1980 年提供给我国的第一笔贷款，即第一个大学发展项目时，便以国际竞争性招标方式在我国（委托）开展其项目采购与建设活动。自此之后，招标活动在我国得到了重视，并获得了广泛的应用与推广。国内建筑业招标于 1981 年首先在深圳试行，进而推广至全国各地。国内机电设备采购招标于 1983 年首先在武汉试行，继而在上海等地广泛推广。1985 年，国务院决定成立中国机电设备招标中心，并在主要城市建立招标机构，招标投标工作正式纳入政府职能。从那时起，招标投标方式就迅速在各个行业发展起来。2000 年 1 月 1 日，《中华人民共和国招标投标法》（以下简称《招标投标法》）正式施行，招标投标进入了一个新的发展阶段。

微课：工程招标的方式

PPT：工程招标的方式

### 3.1.2 任务分析：认识 ICT 招标

招标是一个招标投标行业术语，指招标人（买方）事先发出招标通告或招标单，提出品种、数量、技术要求和有关的交易条件，在规定的时间、地点，邀请投标人（卖方）参加投标的行为。招标现场如图 3－1－1 所示。

**图 3－1－1　招标现场**

在货物、工程和服务的采购行为中，招标人通过事先公布的采购信息，吸引众多的投标人按照同等条件进行平等竞争，按照规定程序并组织技术、经济和法律等方面专家对众多的投标人进行综合评审，从中择优选定项目的中标人，其实质是以较低的价格获得最优的货物、工程和服务。

**1. 招标信息**

招标信息是招标公告、招标预告、中标公示、招标变更等公开招投标行为的总称。招标信息是指招标人或招标代理机构发布在报纸、电台、电视广播和网络媒体的项目公开招投标信息，主要是为了说明招标的工程、货物、服务的范围，标段划分、数量、投标人的资格要求等，邀请特定或不特定的投标人在规定的时间、地点按照一定的程序进行投标。

### 2. 招标公告

招标公告是指招标人在进行工程建设、货物采购、服务需求、合作经营或大宗商品交易时，公布交易标准和条件，提出价格和要求等项目内容，以期从中选择承包单位或承包人的一种文书，如图 3－1－2 所示。

**江苏省人民医院虚拟化服务器扩容项目公开招标采购公告 JSZC－G2021－222**

发布：江苏政府采购网　发布时间：2021－08－27

受江苏省人民医院的委托，江苏省政府采购中心就江苏省人民医院虚拟化服务器扩容项目（JSZC－G2021－222）进行公开招标采购，欢迎符合条件的供应商投标。

项目概况

（江苏省人民医院虚拟化服务器扩容项目）招标项目的潜在投标人可在“江苏政府采购网”自行免费下载招标文件，并于2021 年 9 月 17 日 9 点 30 分（北京时间）前递交投标文件。

**一、项目基本情况**

1. 项目编号：JSZC－G2021－222
2. 项目名称：江苏省人民医院虚拟化服务器扩容项目
3. 预算金额：300 万元。
4. 本项目设定最高限价，最高限价 300 万元。
5. 采购需求：江苏省人民医院虚拟化服务器扩容项目所需设备的采购、安装集成、维护等。
6. 合同履行期限：详见项目需求

**二、申请人的资格要求**

（一）通用资格要求

1. 满足《中华人民共和国政府采购法》第二十二条规定，并提供下列材料；

1.1 法人或者其他组织的营业执照等证明文件，自然人的身份证明；

1.2 上一年度的财务状况报告（成立不满一年不需提供）；

1.3 依法缴纳税收和社会保障资金的相关材料（提供提交投标文件截止时间前一年内至少一个月依法缴纳税收及缴纳社会保障资金的证明材料。投标人依法享受缓缴、免缴税收、社会保障资金的提供证明材料）；

1.4 具备履行合同所必需的设备和专业技术能力的书面声明；

1.5 参加政府采购活动前 3 年内在经营活动中没有重大违法记录的书面声明。

**图 3－1－2　招标公告**

招标公告内容包括招标人、项目名称、招标时间、报名时间和开标时间以及招标代理机构或招标人联系方式等，以吸引投标人参加投标。招标公告通常由标题、标号、正文和联系方式四部分组成。

在市场经济条件下，招标有利于促进竞争，加强横向经济联系，提高经济效益。对于招标人来说，通过招标公告择善而从，可以节约成本或投资，降低造价，缩短工期或交货期，确保工程或商品项目质量，促进经济效益的提高。

### 3. 招标方式

《招标投标法》规定，招标方式分为公开招标、邀请招标。

（1）公开招标

公开投标是指招标人以招标公告的方式邀请不特定的法人或者其他组织投标。公开招标，又叫竞争性招标，即由招标人在报刊、电子网络

微课：购领招标文件

或其他媒体上刊登招标公告，吸引众多单位参加投标竞争，招标人从中择优选择中标单位的招标方式。按照竞争程度，公开招标可分为国际竞争性招标和国内竞争性招标。公开招标现场如图 3－1－3 所示。

PPT：购领招标文件

**图 3－1－3　公开招标现场**

公开招标的法律要素是：招标人是以招标公告的方式邀请投标；邀请投标对象是不特定的法人或者其他组织。

（2）邀请招标

邀请招标是指招标人以投标邀请的方式邀请特定的法人或者其他组织投标。邀请招标，也称有限竞争招标，是一种由招标人选择若干供应商或承包商，向其发出投标邀请，由被邀请的供应商、承包商投标竞争，从中选定中标人的招标方式。邀请招标的特点是：

①邀请投标不使用公开的公告形式；

②接受邀请的单位才是合格投标人；

③投标人的数量有限。

邀请投标的法律要素是：招标人是以投标邀请的方式邀请投标；邀请投标对象是特定的法人或者其他组织。

（3）邀请招标的限制

为保证投标方式以公开招标为主，并防止和减少招标中的不正当交易和腐败现象的发生，《投标招标法》第十一条作了限制邀请招标的规定："国务院发展计划部门确定的国家重点项目和省、自治区、直辖市人民政府确定的地方重点项目不适宜公开招标的，经国务院发展计划部门或者省、自治区、直辖市人民政府批准，可以进行邀请招标。"一般不适宜公开招标的项目有：

①招标采购的技术要求高度复杂或有专门性质，只能由少数单位完成的；

②招标采购价格低，为提高效益和降低费用；

③有其他不宜进行公开招标的原因。

此外，国际上常采用的招标方式还有第三种：议标。

议标也称为非竞争性招标或指定性招标。这种方式是招标人邀请一家，最多不超过两家承包商来直接协商谈判，实际上是一种合同谈判的形式。这种方式适用于工程造价较低、工期紧、专业性强或军事保密工程。其优点是可以节省时间，容易达成协议，迅速展开工作；缺点是无法获得有竞争力的报价。

我国主要采用的招标方式是公开招标、邀请招标两种方式，无特殊情况，应尽量避免议标方式。

**4. 招标特点**

招标与一般的交易方式相比，主要有以下 3 个特点：

①招标是由参加投标的企业按照招标人所提出的条件，一次性递价成交的贸易方式，双方无须进行反复磋商。

②招标是一种竞卖的贸易方式。

③招标是在指定的时间和指定的地点进行的，并事先规定了一些具体的条件，因此，投标必须根据其规定的条件进行，如不符合条件，则难以中标。

**5. 招标程序**

招标程序如图 3－1－4 所示。

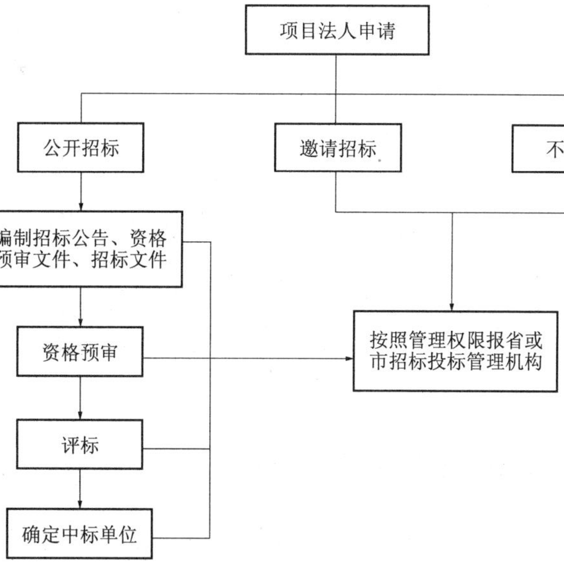


**图 3－1－4　招标程序**

（1）编制计划，上报审核

由招标人编制采购计划，上报给财政厅政府采购办审核采购计划是否符合要求，如符合采购计划要求，则审批通过；如不符合，则需招标人修订采购计划后再次上报审核。

（2）确定招标方式

采购办与招标代理机构办理招标委托手续，并确定招标方式为公开招标或邀请招标。

（3）编制招标文件

依据采购项目的相关资料，编制招标文件。

(4) 发布招标公告

在官方平台上发布招标公告，招标公告内容一般包括：招标项目名称、招标条件、项目概况、招标内容、投标人资格要求、招标文件的获取时间和方式、投标文件的递交时间和方式。

(5) 接收投标文件

投标文件的接收一般分为直接接收和在线接收。

①直接接收。传统纸质招标方式，投标人采用直接送达方式提交纸质投标文件。招标人应安排专人在招标文件指定地点接收投标文件（包括投标保证金），并详细记录投标文件的送达人、送达时间、份数，以及包装密封、标识等检查情况，经投标人确认后，向其出具接收投标文件和投标保证金的凭证。

②在线接收。电子招标投标活动中，投标人在电子招标投标交易平台在线提交投标文件。招标人通过交易平台收到电子投标文件后，应当即时向投标人发出确认回执通知，并妥善保存投标文件。在投标截止时间前，除投标人补充、修改或者撤回投标文件外，任何单位和个人不得解密、提取投标文件。

(6) 开标

开标是指在投标人提交投标文件后，招标人依据招标文件规定的时间和地点，开启投标人提交的投标文件，公开宣布投标人的名称、投标价格及其他主要内容的行为。

(7) 评标

评标是评标委员会和招标人依据招标文件规定的评标标准和方法对投标文件进行审查、评审和比较的行为。评标要做到公开、公平、公正。

(8) 中标

中标是指招标人向经评选的投标人发出中标通知书，并在规定的时间内与之签订书面合同的行为。中标人的投标应当符合下列条件之一：

①能够最大限度地满足招标文件中规定的各项综合评价标准；

②能够满足招标文件的实质性要求，并且经评审的投标价格最低，但是投标价格低于成本的除外。

微课：认识 ICT 招标文件

## 3.1.3 任务分析：认识 ICT 招标文件

PPT：认识 ICT 招标文件

ICT 项目招标文件是 ICT 招标项目实施建设的大纲，是建设单位实施工程建设的工作依据，是向投标单位提供参加投标所需要的一切情况。因此，招标文件的编制质量和深度，关系着整个招标工作的成败。招标文件的繁简程度，要视招标工程项目的性质和规模而定。建设项目复杂、规模庞大的招标文件要力求精练、准确、清楚；建设项目简单、规模小的招标文件可以尽量简约，但要把主要问题交代清楚。招标文件内容，应根据招标方式和范围的不同而异，从实际需要出发，分别提出不同内容要求。

招标文件是招标人向潜在投标人发出并告知项目需求、招标投标活动规则和合同条件等信息的要约邀请文件，对招标投标活动各方均具有法律约束力。图 3-1-5 为招标文件示例。

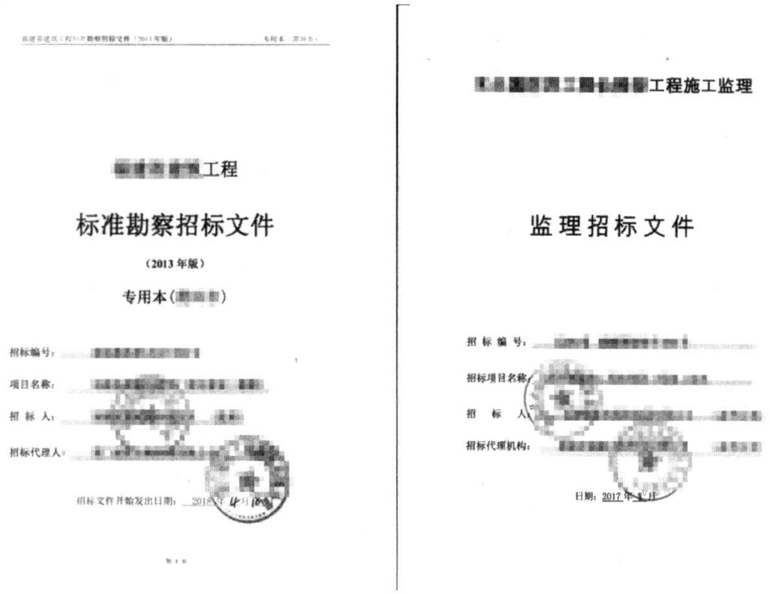


**图 3－1－5　招标文件示例**

招标文件在整个采购过程中起着至关重要的作用，具体体现在以下几点：

①阐明需要采购货物或工程的性质；

②通报招标程序将依据的规则和程序，告知订立合同的条件；

③既是投标人编制投标文件的依据，又是招标人与中标人签订合同的基础。

微课：招标文件的定义及组成

招标人应重视招标文件的编制工作，并本着“公平、公开、公正”“诚实信用”等原则，务必使招标文件严密、周到、细致、内容正确。

招标文件的组成要素，按功能作用可分为以下几个部分：

第一部分，包括招标公告或投标邀请书、投标人须知、评标办法、投标文件格式等，主要阐述招标项目需求概况和招标投标活动规则，对参与项目招标投标活动各方均有约束力，但一般不构成合同文件。

PPT：招标文件的定义及组成

第二部分，包括工程量清单、设计图纸、技术标准和要求、合同条款等，全面描述招标项目需求，既是招标活动的主要依据，也是合同文件构成的重要内容，对招标人和中标人具有约束力。

第三部分，包括参考资料和供投标人了解分析与招标项目相关的参考信息，如项目地址、水文、地质、气象、交通等参考资料。

招标文件的基本架构，应包括：

①投标邀请书；

②投标人须知；

③合同主要条款；

微课：招标文件的作用及目的

④投标文件格式；
⑤工程量清单；
⑥技术条款；
⑦设计图纸；
⑧评标标准和方法；
⑨投标辅助材料。

PPT：招标文件的作用及目的

### 3.1.4　任务分析：某 ICT 项目招标文件解读

规范的招标文件内容主要包括招标公告、投标人须知、合同条款及格式、项目需求、评标方法与评标标准、投标文件格式等六个部分。图 3－1－6 为某 ICT 项目招标文件封面。下面以此招标文件为例逐条进行解析。

微课：招标文件解读 01

PPT：招标文件解读 01

**1. 招标公告解析**

招标公告主要包括项目名称及编号、采购需求、合格的投标人必须符合下列条件，招标文件获取的时间、地点、方式，投标文件递交、开标有关信息、本次招标联系事项、招标代理机构信息、公告发布媒体、其他等内容。

某ICT项目采购

# 招标文件

**招标编号：JIIC-8888CI0808**

招标人：XXXXXX

招标代理机构：XXXXXX招标公司

2020 年 10 月

图 3－1－6　某 ICT 项目招标文件封面

①项目名称及编号。主要阐述了项目由来、项目名称、项目编号等信息，如图 3－1－7 所示。

②采购需求，主要阐述了采购的货物名称、技术参数、数量、采购预算、超过预算的处理方式等信息，如图 3－1－8 所示。

③合格的投标人必须符合下列条件，主要阐述了所需相关材料，包括营业执照、上一年度财务报告、纳税依据等，还需要提供“信用中国”证明，并提出是否接受联合体投标，中标后是否允许分包、转包，是否接受进口产品投标，如图 3－1－9 所示。

第一章　招标公告

（招标编号：JIIC－8888CI0808）

江苏省国际招标公司受×××单位委托，就×××ICT 产品采购进行公开招标采购，兹邀请合格投标人投标。

**一、项目名称及编号**

项目名称：×××单位×××ICT 产品采购

招标编号：JIIC－8888CI0808

**图 3－1－7　项目名称及编号**

**二、采购需求**

| 品目号 | 货物名称 | 技术参数 | 数量 |
|---|---|---|---|
| 1 | ×××ICT 产品 | 详见招标文件 | ××套 |

采购预算为人民币××万元。投标人的投标报价不得超过该预算，否则作无效投标处理。

**图 3－1－8　采购需求**

微课：招标文件解读 02

**三、合格的投标人必须符合下列条件**

（一）符合政府采购法第二十二条规定的条件，并提供下列材料：

1. 法人或者其他组织的营业执照等证明文件；
2. 上一年度的财务状况报告（成立不满一年不需提供）；
3. 依法缴纳税收和社会保障资金的相关材料；
4. 具备履行合同所必需的设备和专业技术能力的证明材料；
5. 参加政府采购活动前 3 年内在经营活动中没有重大违法记录的书面声明。

（二）其他资格要求：

1. 未被“信用中国”网站（www.creditchina.gov.cn）列入失信被执行人、重大税收违法案件当事人名单、政府采购严重失信行为记录名单。

（三）本项目不接受联合体投标，中标后不允许分包、转包（不分包、转包的承诺）；

（四）本项目不接受进口产品投标。

**图 3－1－9　合格的投标人必须符合下列条件**

PPT：招标文件解读 02

④招标文件获取的时间、地点、方式，主要阐述了具体招标文件获取时间、获取地点、获取方式，明确表明招标文件售价及购买所需携带材料，如图 3－1－10 所示。

**四、招标文件获取的时间、地点、方式**

1. 获取招标文件时间：20××年××月××日起至 20××年××月××日（节假日除外），上午 8：30～11：30，下午 2：00～5：00（北京时间）。
2. 获取招标文件地点：江苏省南京市××路×××号×××室。
3. 招标文件售价：人民币××元；若邮购，邮费自理，招标文件售后不退。
4. 购买招标文件须携带的材料：由法定代表人签字并盖有公章的授权委托书原件（或单位介绍信原件），经办人的身份证原件及复印件。

**图 3－1－10　招标文件获取的时间、地点、方式**

⑤投标文件递交，主要阐述了投标文件接收时间、截止时间及接收地点，如图 3－1－11 所示。

**五、投标文件递交**

投标文件接收时间：20××年××月××日下午 1：30～2：00（北京时间）。

投标截止时间：20××年××月××日下午 2：00（北京时间），过时拒收。请各投标人于开标当天投标截止时间前将投标文件送至开标现场。

投标文件接收地点：江苏省南京市××路×号××楼×××室开标大厅。

**图 3－1－11　投标文件递交**

微课：招标文件解读 03

⑥开标有关信息，主要阐述了开标时间及开标地点，如图 3－1－12 所示。

**六、开标有关信息**

开标时间：20××年××月××日下午 2：00（北京时间）。

开标地点：江苏省南京市××路××号××楼×××室开标大厅。

**图 3－1－12　开标相关信息**

PPT：招标文件解读 03

⑦本次招标联系事项，主要阐述了招标人信息、地址及联系人电话，如有疑问，可电话问询，如图 3－1－13 所示。

**七、本次招标联系事项**

招标人：×××（单位名称）

地址：×××××××

联系人：××

电话：025－××××××××

**图 3－1－13　本次招标联系事项**

⑧招标代理机构信息（如若有招标代理机构，会有这部分内容），主要阐述了代理人单位、地址、联系人、户名、开户行等信息，如图 3－1－14 所示。

微课：招标文件解读 04

**八、招标代理机构信息**

单位名称：×××（单位名称）

地址：×××××××

联系人：××

联系电话：025－××××××××

传真：025－××××××××

电子邮箱：××××××××

户名：×××（单位名称）

开户银行：×××××（具体到开户行地址）

人民币账号：732××××××××××××××

**图 3－1－14　招标代理机构信息**

PPT：招标文件解读 04

⑨公告发布媒体，主要阐述了公告发布媒体，按实际情况填写，如图 3－1－15 所示。

**九、公告发布媒体**

中国政府采购网（http：//www.ccgp.gov.cn）；

江苏政府采购网（http：//www.ccgp-jiangsu.gov.cn）。

**图 3－1－15　公告发布媒体**

⑩其他，主要阐述了上述内容的补充内容，如公告期限、采购要求的环保产品和节能产品等，如图 3－1－16 所示。

**十、其他**

公告期限：5 个工作日。

本采购项目执行中小企业、环保产品、节能产品的政府采购政策。

**图 3－1－16　其他**

### 2. 投标人须知解析

投标人须知前附表如表 3－1－1 所示。

**表 3－1－1　投标人须知前附表**

| 序号 | 主要内容 |
|---|---|
| 1 | 项目名称：×××三网融合规划部署仿真教学软件采购<br>招标人：×××<br>联系人：××<br>电话：025－×××××××× |
| 2 | 招标代理机构：×××（单位名称）<br>联系人：××<br>电话：025－××××××××<br>传真：025－×××××××× |
| 3 | 招标方式：公开招标 |
| 4 | 招标内容：按照招标人需求及目标，提供相关货物及服务 |
| 5 | 标前会及现场踏勘：不组织，投标人可自行前往踏勘 |
| 6 | 投标货币：本次招标只接受人民币报价。投标语言：中文 |
| 7 | 投标保证金：本项目不需要投标保证金 |
| 8 | 投标有效期：投标截止日后 90 天内 |
| 9 | 递交投标文件的数量：正本一份，副本四份，电子版本一份；投标文件需标注连续页码 |
| 10 | 投标文件递交截止时间及开标时间：××年××月××日下午 2：00 时（北京时间）；<br>投标文件递交及开标地点：××（详细地址，具体到楼层及房间） |
| 11 | 资格审查方式：资格后审，开标后根据招标文件中要求的资格条件对各投标人进行资格审查，不符合招标文件要求的投标人作投标无效处理 |
| 12 | 采购预算：采购预算为人民币××万元。投标人的投标报价不得超过该预算，否则作无效投标处理 |
| 13 | 评标和定标：本项目采用综合评分法 |
| 14 | 每包中标候选人：按最终得分由高到低排序，推荐前 3 名；<br>每包中标人：1 名 |
| 15 | 合同签订时间：在中标通知书发出后 30 日之内 |
| 16 | 招标代理服务费及专家评审费：中标人在收到中标通知书之后及与招标人签订合同前，参照原计价格〔2002〕1980 号文中的货物类标准 80% 计取，向招标代理机构一次性交纳招标代理服务费；同时中标人还需承担并支付专家评审费用现金××元整 |

①总则，包括适用范围、招标文件相关定义、适用法律、政策功能、投标费用、招标文件约束力等。招标文件适用范围会在招标公告中有明确说明。定义主要包括对招标人、招标代理机构、投标人、中标人、服务的明确定义，如图 3－1－17 和图 3－1－18 所示。

②招标文件，涵盖三个部分内容，分别是招标文件构成、招标文件澄清及招标文件修改，如图 3－1－19 ~ 图 3－1－21 所示。

1 适用范围

1.1 本次招标采取公开招标方式，本招标文件仅适用于招标公告中所述项目。

2 定义

2.1 招标人：指南京信息职业技术学院，包括其承继者和经许可的受让人。

2.2 招标代理机构：指江苏省国际招标公司，受招标人委托，在招标过程中负有相应责任的法人或组织。

2.3 投标人：指响应招标，参加投标竞争的法人或组织。

2.4 中标人：指经过招标、评标并最终被授予合同的投标人。

2.5 服务：指招标文件中所述相关服务。

**图 3-1-17　适用范围及定义**

3 适用法律

3.1《中华人民共和国政府采购法》《中华人民共和国政府采购法实施条例》《政府采购货物和服务招标投标管理办法》及有关法律、规章和规定等。

4 政策功能

5 投标费用

5.1 投标人应自行承担所有与参加投标有关的费用，无论投标过程中的做法和结果如何，招标人或招标代理机构在任何情况下均无义务和责任承担这些费用。

6 招标文件的约束力

6.1 投标人一旦购买了本招标文件并决定参加投标，即被认为接受了本招标文件的规定和约束，并且视为自招标公告发布之日起已经知道或应当知道自身权益是否受到了损害。

**图 3-1-18　适用法律、政策功能、投标费用及约束力**

7.1 招标文件由以下部分组成：

（1）招标公告

（2）投标人须知

（3）合同条款及格式

（4）项目需求

（5）评标方法与评标标准

（6）招标文件格式

请仔细检查招标文件是否齐全，如有缺漏请立即与招标代理机构联系解决。

7.2 投标人应认真阅读招标文件中所有的事项、格式、条款和规范等要求。按招标文件要求和规定编制投标文件，并保证所提供的全部资料的真实性，以使其投标文件对招标文件作出实质性响应，否则其风险由投标人自行承担。

**图 3-1-19　招标文件构成**

8.1 任何要求对招标文件进行澄清的投标人，均应在投标截止日十天前按招标公告中的通信地址，以书面形式（如信件、传真、电报等）向招标代理机构提出。招标代理机构将以书面形式向所有获得招标文件的投标人澄清答复（但不说明问题的来源）。

**图 3-1-20　招标文件澄清**

9.1 在投标截止时间三天前，招标代机构均可以以补充文件的方式对招标文件进行修改。

9.2 为了给投标人合理的时间准备投标文件，招标代理机构按照法定的要求推迟投标截止日期和开标日期。

9.3 招标文件的修改将在江苏政府采购网公布，补充文件将作为招标文件的组成部分。

9.4 招标代理机构同时将以传真等书面形式通知所有购买招标文件的投标人，并对投标人具有约束力。投标人收到上述通知后，应在一个工作日内以传真等书面形式回复招标代理机构确认。一个工作日内不回复的，视作确认。

**图 3-1-21　招标文件修改**

③投标文件的编制，分别描述了投标语言及度量衡单位、投标文件构成、编制内容、有效期、份数及签署，如图 3-1-22～图 3-1-27 所示。

10 投标语言及度量衡单位

10.1 投标人提交的投标文件以及投标人与招标人就有关投标的所有来往通知、函件和文件均应使用简体中文。

10.2 除技术性能另有规定外，投标文件所使用的度量衡单位，均须采用国家法定计量单位。

**图 3－1－22　投标语言及度量衡单位**

11 投标文件构成

11.1 投标文件应包括下列部分（目录及有关格式按招标文件第六章“投标文件格式”要求）：

11.1.1 投标函、投标报价及相关文件。

11.1.2 供应商资格证明文件。

11.1.3 其他相关文件。

11.1.4 政府采购政策。

11.2 招标文件第四章中指出的工艺、材料和货物的标准，以及商标、牌号或其目录编号，仅起说明作用并非进行限制。

11.3 若供应商未按招标文件的要求提供资料，或未对招标文件作出实质性响应，将导致投标文件被视为无效。

**图 3－1－23　投标文件构成**

12 投标文件编制

12.1 投标人应当根据招标文件要求编制投标文件，并根据自己的商务能力、技术水平对招标文件提出的要求和条件逐条标明是否响应。投标人应保证其在投标文件中所提供的全部资料的真实性。

12.2 投标人提交的投标文件和资料，以及投标人与招标代理机构就有关投标的所有来往函电均应使用中文。

12.3 投标人所使用的计量单位应为国家法定计量单位。报价应用人民币报价。

12.4 投标文件应按照招标文件规定的顺序，统一用 A4 规格幅面打印、装订成册并编制目录，由于编排混乱导致投标文件被误读或查找不到，责任由投标人承担。

**图 3－1－24　投标文件编制**

13 投标保证金（本项目不需要）

13.1 投标人提交的投标保证金必须在投标截止时间前汇达，并作为其投标的组成部分。

13.2 投标保证金是为了保护招标人或招标代理机构免遭因投标人的行为而蒙受的损失，招标人或招标代理机构在因投标人的行为遭受损失时，可根据规定没收投标人的投标保证金。

13.3 投标保证金作为招标文件的一部分，供应商应提供足额保证金。投标保证金有效期应当与招标文件有效期一致。

保证金缴纳形式：银行电汇、网银转账

保证金收款单位、开户银行及账号：

收款单位：××××招标公司

开户行：××××××××××

账号：××××××××××

13.4 保证金以银行电汇、网银转账的形式递交的，请在汇款的附言中注明“项目编号”及汇款用途：并把汇款凭证的复印件做进投标文件中。

13.5 未中标人的投标保证金，将在中标通知发出后五个工作日内无息退还，未中标的供应商应主动与招标代理机构联系办理投标保证金退还事宜，以及办理退还手续，由于供应商的自身原因未联系办理保证金退还的，其责任和由此造成的后果由供应商自行承担。

13.6 中标人的投标保证金，在扣除招标服务费后，将在签订合同后五个工作日内无息退还。

13.7 下列任何情况发生时，投标保证金将被没收：

（1）投标人在投标有效期内撤回其投标；

（2）投标人提供的有关资料、资格证明文件被确认是不真实的；

（3）投标人之间被证实有串通（统一哄抬价格）、欺诈行为；

（4）投标人被证明有妨碍其他人公平竞争、损害招标人或者其他投标人合法权益的；

（5）中标人在规定期限内未能根据规定签订合同的；

（6）中标人在规定期限内不同意交纳履约保证金的。

**图 3－1－25　投标保证金**

14 投标有效期

14.1 投标有效期为开标之日后九十（90）天。投标有效期比规定短的将被视为非响应性投标而予以拒绝。

14.2 在特殊情况下，在原投标有效期截止之前，招标人可要求投标人同意延长投标有效期，这种要求与答复均以书面形式提交。投标人可拒绝这种要求，并且不影响保证金退还。接受延长投标有效期的投标人将不会要求和允许修正其投标，而只会被要求相应地延长其投标保证金的有效期。在这种情况下，有关投标保证金的退还规定在延长了的有效期内继续有效。

**图 3－1－26　投标有效期**

15 投标文件份数和签署

15.1 投标人应严格按照招标文件要求的份数准备投标文件，每份投标文件须清楚地标明“正本”或“副本”字样。一旦正本和副本不符，以正本为准。

15.2 投标文件的正本和所有的副本均需打印或复印，正本由投标人法定代表人或其授权代表签字。授权代表须将法定代表人以书面形式出具的“法定代表人授权书”（原件）附在正本投标文件中。

15.3 除投标人对错处做必要修改外，投标文件不得行间插字、涂改或增删。如有修改错漏处，必须由投标文件签署人签字或盖章。

**图 3－1－27　投标文件份数和签署**

④递交投标文件时，需要密封和标记，在投标截止时间前，将文件递交，文件迟交，招标代理机构将拒绝并退回投标文件，如图 3－1－28 和图 3－1－29 所示。

16 投标文件的密封和标记

16.1 投标人的投标文件正本和所有副本均须密封（U 盘封在正本里），并加盖投标人公章。不论投标人中标与否，投标文件均不退回。

16.2 为方便开标时唱标，投标人还应将“开标一览表”（一式两份）单独用封套加以密封。

16.3 封套上均应写明：招标人名称、招标代理机构名称、招标项目名称、投标人的全称、地址、邮编、电话和传真。

16.4 投标文件的封套未按第 15.1 条至 15.3 条规定书写者，招标代理机构不对投标文件被错放或先期启封负责。

**图 3－1－28　投标文件的密封和标记**

17 投标截止日期

17.1 投标文件须在招标文件载明的投标截止时间前，派人递交到招标文件载明的地点。

17.2 招标代理机构可以按照规定，通过修改招标文件有权酌情延长投标截止日期，在此情况下，投标人的所有权利和义务以及投标人受制的截止日期均应以延长后新的截止日期为准。

18 迟交的投标文件

18.1 招标代理机构将拒绝并原封退回在其规定的投标截止时间后收到的任何投标文件。

**图 3－1－29　投标截止日期及迟交的投标文件**

⑤投标文件的修改及撤回，需要以书面形式进行，并明确标注修改及撤回字样，如图 3－1－30 所示。

19 投标文件的修改和撤回

19.1 投标人在递交投标文件后，可以修改或撤回其投标文件，但这种修改和撤回，必须在规定的投标截止时间前，以书面形式通知招标代理机构。

19.2 投标人的修改或撤回文件应按规定进行编制、密封、标记和发送，并应在封套上加注“修改”和“撤回”字样。修改文件必须在投标截止时间前送达招标代理机构。

19.3 在投标截止时间之后，投标人不得对其投标文件作任何修改。

19.4 在投标截止时间至招标文件中规定的投标有效期满之间的这段时间内，投标人不得撤回其投标，否则其投标保证金将被没收。

**图 3－1－30　投标文件的修改和撤回**

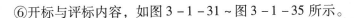

⑥开标与评标内容，如图 3－1－31～图 3－1－35 所示。

20 开标

20.1 招标代理机构将在招标文件中规定的时间和地点组织公开开标。投标人应委派携带有效证件的代表准时参加，参加开标的代表需签名以证明其出席。

20.2 开标仪式由招标代理机构主持，招标人代表、投标人代表以及有关工作人员参加。

20.3 按照规定同意撤回的投标将不予开封。

20.4 开标时由投标人或其推选的代表查验投标文件密封情况，确认无误后，招标代理机构当众拆封宣读每份投标文件中“开标一览表”的各项内容，未列入开标一览表的内容一律不在开标时宣读。开标时未宣读的投标报价信息，不得在评标时采用。

20.5 招标代理机构将指定专人负责做开标记录并存档备查，开标记录包括在开标时宣读的全部内容。

20.6 投标人在报价时不允许采用选择性报价，否则将被视为无效投标。

**图 3－1－31　开标**

21 评标委员会、评标过程的保密与公正

21.1 开标后，招标代理机构将立即组织评标委员会（以下简称评委会）进行评标。

21.2 评委会由行业专家、招标人代表组成，且人员构成符合政府采购有关规定。

21.3 评委会应以科学、公正的态度参加评审工作并推荐中标候选人。评审专家在评审过程中不受任何干扰，独立、负责地提出评审意见，并对自己的评审意见承担责任。

21.4 评委会将对投标人的商业、技术秘密予以保密。

21.5 最低投标价等任何单项因素的最优不能作为中标的保证。

21.6 公开开标后，直至向中标的投标人授予合同时止，凡是与审查、澄清、评价和比较投标的有关资料以及授标建议等，均不得向投标人或与评标无关的其他人员透露。

21.7 在评标过程中，如果投标人试图向招标代理机构、招标人和参与评标的人员施加任何影响，都将会导致其投标被拒绝。

**图 3－1－32　评标**

22 投标的澄清

22.1 评标期间，为有助于对投标文件的审查、评价和比较，评委会有权要求投标人对其投标文件进行澄清，但并非对每个投标人都作澄清要求。

22.2 评标委员会有权要求投标人对其投标文件中含义不明确、同类问题表述不一致或者有明显文字和计算错误的内容进行澄清。

22.3 接到评委会澄清要求的投标人应派人按评委会通知的时间和地点作出书面澄清，书面澄清的内容须由投标人法定代表人或授权代表签署，并作为投标文件的补充部分，但投标的价格和实质性的内容不得做任何更改。

22.4 接到评委会澄清要求的投标人如未按规定作出澄清，其风险由投标人自行承担。

**图 3－1－33　投标的澄清**

23 对投标文件的初审

23.1 投标文件初审分为资格性检查和符合性检查。

资格性检查：依据法律法规和招标文件的规定，对投标文件中的资格证明文件、投标保证金等进行审查，以确定投标供应商是否具备投标资格。

评委会在进行资格性审查的同时，将在“信用中国”网站（www.creditchina.gov.cn）对投标人是否被列入失信被执行人、重大税收违法案件当事人名单、政府采购严重失信行为记录名单情况进行查询，以确定投标供应商是否具备投标资格。查询结果将以网页打印的形式留存并归档。

接受联合体的项目，两个以上的自然人、法人或者其他组织组成一个联合体，以一个供应商的身份共同参加政府采购活动的，联合体成员存在不良信用记录的，视同联合体存在不良应用记录。

符合性检查：依据招标文件的规定，从投标文件的有效性、完整性和对招标文件的响应程度进行审查以确定是否对招标文件的实质性要求作出响应。

**图 3－1－34　对投标文件的初审**

23.2 在详细评标之前，评委会将首先审查每份投标文件是否实质性响应了招标文件的要求。实质性响应的投标应该是与招标文件要求的全部条款、条件和规格相符，没有重大偏离或保留的投标。

所谓重大偏离或保留是指与招标文件规定的实质性要求存在负偏离，或者在实质上与招标文件不一致，而且限制了合同中买方和见证方的权利或投标人的义务，纠正这些偏离或保留将会对其他实质性响应要求的投标人的竞争地位产生不公正的影响。重大偏离的认定需经过评委会三分之二及以上成员的认定。评委决定投标文件的响应性只根据投标文件本身的内容，而不寻求外部的证据。

23.3 如果投标文件实质上没有响应招标文件的要求，评委会将予以拒绝，投标人不得通过修改或撤销不合要求的偏离或保留而使其投标成为实质性响应的投标。

23.4 评委会将对确定为实质性响应的投标进行进一步审核，看其是否有计算上或累加上的算术错误，修正错误的原则如下：

（1）开标一览表（报价表）内容与投标文件中明细表内容不一致的，以开标一览表（报价表）为准；

（2）投标文件的大写金额和小写金额不一致的，以大写金额为准；

（3）总价金额与按单价汇总金额不一致的，以单价金额计算结果为准；

（4）单价金额小数点有明显错位的，以总价为准并修改单价；

（5）若投标人不同意以上修正，投标文件将视为无效。

**图 3-1-34　对投标文件的初审（续）**

24 无效投标条款和废标条款

24.1 无效投标条款

（1）未按照招标文件的规定提交投标保证金的（不适用）；

（2）投标文件未按照招标文件规定要求签署、盖章的；

（3）不具备招标文件中规定资格要求的；

（4）报价超过招标文件中规定的预算金额或者最高限价的；

（5）投标文件含有采购人不能接受的附件条件的；

（6）不符合法律、法规和招标文件中规定的其他实质性要求的；

（7）其他法律、法规和招标文件规定的其他无效情形。

24.2 废标条款

（1）符合专业条件的投标人或者对招标文件作实质响应的投标人不足三家的；

（2）出现影响采购公正的违法、违规行为的；

（3）投标人的报价均超过了采购预算，招标人不能支付的；

（4）因重大变故，采购任务取消的。

24.3 投标截止时间结束后参加投标的投标人不足三家的处理：

24.3.1 如出现投标截止时间结束后参加投标的供应商不足三家的情况，将重新招标或按照相关规定采用其他采购方式采购。

24.3.2 在评标期间，出现符合专业条件的供应商或者对招标文件作出实质响应的供应商不足三家情形的，比照前款规定执行。

24.3.3 供应商若不接受采购方式的改变，应在规定的时间内书面向评标委员会说明，未在规定时间内提交书面说明的视为接受采购方式的改变。

**图 3-1-35　无效投标条款和废标条款**

⑦定标内容，如图 3-1-36 和图 3-1-37 所示。

25 确定中标单位

25.1 评委会根据本招标文件规定的评分办法与评分标准独立打分，取评委的算术平均数为投标人的最终得分，按最终得分由高到低顺序对投标人进行排列。得分相同的，按投标报价由低到高顺序排列。得分且投标报价相同的并列。根据招标过程和结果编写评标报告。向招标人推荐出 3 名中标候选人。

25.2 招标人根据评委会推荐的中标候选人确定中标人。

25.3 评审结束后，在“中国政府采购网”“江苏政府采购网”进行中标公示。

**图 3-1-36　确定中标单位**

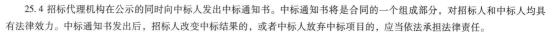

25.4 招标代理机构在公示的同时向中标人发出中标通知书。中标通知书将是合同的一个组成部分，对招标人和中标人均具有法律效力。中标通知书发出后，招标人改变中标结果的，或者中标人放弃中标项目的，应当依法承担法律责任。

25.5 若有充分证据证明，中标候选人出现下列情况之一的，一经查实，将被取消中标资格：

（1）提供虚假材料谋取中标的；

（2）向招标人、招标代理机构行贿或者提供其他不正当利益的；

（3）恶意竞争，投标总报价明显低于其自身合理成本且又无法提供证明的；

（4）属于本文件规定的无效条件，但在评标过程中又未被评委会发现的；

（5）不符合法律、法规的规定的。

25.6 招标代理机构对未中标的投标人不作未中标原因的解释。

25.7 所有投标文件不论中标与否，招标代理机构均不退回。

**图 3－1－36 确定中标单位（续）**

26 质疑处理

26.1 参加投标的投标人认为采购过程和采购结果使自己的权益受到损害的，可以从采购结果公布之日起七个工作日内，以书面形式向招标代理机构质疑。非书面形式、七个工作日之外提交以及匿名的质疑将不予受理。

26.2 质疑必须以参加投标的法定代表人或授权代表（投标文件中所确定的）送达的方式提交，未按上述要求提交的质疑函（含传真、电子邮件等）招标代理机构有权不予受理。

26.3 未参加投标活动的投标人或在投标活动本身权益未受到损害或从投标活动中受益的投标人的质疑也不予受理。

26.4 招标代理机构应当在收到投标人的书面质疑后七个工作日内作出答复，并以书面形式通知质疑投标人和其他有关投标人，但答复的内容不得涉及商业秘密。

26.5 投标人书面质疑必须有理、有据，不得恶意质疑或虚假质疑。否则，一经查实，招标代理机构有权依据政府采购的有关规定，报请政府采购监管部门对该投标人进行相应的行政处罚。

**图 3－1－37 质疑处理**

⑧授予合同，如图 3－1－38～图 3－1－40 所示。

27 签订合同

27.1 中标人应按中标通知书规定的时间、地点，按照招标文件确定的事项与招标人签订政府采购合同，且不得迟于中标通知书发出之日起三十日内，否则投标保证金将不予退还，由此给招标人造成损失的，中标人还应承担赔偿责任。

27.2 招标文件、中标人的投标文件及招标过程中有关澄清、承诺文件均应作为合同附件。

27.3 招标人不得向中标人提出任何不合理的要求作为签订合同的条件，不得与中标人私下订立背离合同实质性内容的协议。

27.4 中标人因不可抗力或者自身原因不能履行合同的，招标人可以视情况与排位在中标人之后第一位的中标候选人签订合同，以此类推。

27.5 签订合同后，中标人不得将保安服务进行转包。未经招标人同意，中标人也不得采用分包的形式履行合同，否则招标人有权终止合同，中标人的履约保证金将不予退还。转包或分包造成招标人损失的，中标人应承担相应赔偿责任。

**图 3－1－38 签订合同**

28 服务的追加、减少和添购

28.1 政府采购合同履行中，需追加与合同标的相同的服务，在不改变价格水平、合同及其他条款的前提下，招标人可以与中标人协商签订补充合同。

**图 3－1－39 服务的追加、减少和添购**

29 履约保证金

29.1 中标人在签订合同时，应向招标人缴纳合同总额 10% 的履约保证金，其形式为银行本票、汇票或支票。

29.2 履约保证金用以约束投标人在合同履行中的行为，弥补合同执行中由于自身行为可能给招标人带来的各种损失。如果中标人不同意按照相关规定去做，招标人有权没收其履约保证金。

**图 3－1－40 履约保证金**

⑨投标纪律，如图 3－1－41 所示。

30.1 投标人之间不得相互串通报价，不得妨碍其他投标人的公平竞争，不得损害招标人和其他投标人的合法权益。

30.2 投标人不得以向招标代理机构工作人员、评委会成员行贿或者采取其他不正当手段谋取中标。

30.3 投标人不得虚假质疑和恶意质疑，并对质疑内容的真实性承担责任。投标人或者其他利害关系人通过捏造事实、伪造证明材料等方式提出异议或投诉，阻碍采购活动正常进行的，属于严重不良行为，将提请财政部门将其列入不良行为记录名单，并依法予以处罚。

30.4 投标人不得虚假承诺，否则，按照提供虚假材料谋取中标处理。

**图 3－1－41　投标纪律**

### 3. 合同条款及格式解析

（1）第一部分合同通用条款（货物和服务）

合同通用条款在各个投标文件中基本相同。本部分内容包括定义、技术规范、知识产权、包装要求、装运标志、交货方式、装运通知、保险、技术资料、质量保证、检验及安装、索赔、拖延交货、违约赔偿、不可抗力、税费、仲裁、违约解除合同、破产终止合同、转让与分包、适用法律、合同生效及其他、合同适用，如图 3－1－42～图 3－1－64 所示。

1 定义

本合同下列术语应解释为：

1.1“合同”系指甲方和乙方（以下简称合同双方）签署的、合同格式中列明的合同双方所达成的协议，包括所有的附件、附录和构成合同的所有文件。

1.2“合同价”系指根据合同规定，乙方在完全履行合同义务后甲方应付给乙方的价格。

1.3“货物（含软件及相关服务）”系指乙方按合同要求，须向甲方提供的一切设备，机械、仪器、备件、工具、技术及手册等有关资料。

1.4“服务”系指根据合同规定乙方承担与供货有关的所有辅助服务，如运输、保险以及其他的服务，如安装、调试、提供技术援助、培训及其他类似的义务。

1.5“甲方”系指购买货物（含软件及相关服务）的单位。

1.6“乙方”系指根据合同规定提供货物（含软件及相关服务）和服务的制造商或代理商。

1.7“现场”系指将要进行货物（含软件及相关服务）安装和调试的地点。

**图 3－1－42　定义**

2 技术规范

提交货物（含软件及相关服务）的技术规范应与采购文件的技术规范和技术规范附件（如有）及其投标（响应）文件的规格响应表（如果被甲方接受）相一致。若技术规范中无相应说明，则以国家有关部门最新颁布的相应标准及规范为准。

**图 3－1－43　技术规范**

3 知识产权

乙方须保障甲方在使用该货物（含软件及相关服务）或其任何一部分时不受到第三方关于侵犯专利权、商标权、著作权、专有技术等权利的指控，如果任何第三方提出侵权指控，乙方须与第三方交涉并承担可能发生的一切损失和费用。

**图 3－1－44　知识产权**

4 包装要求

4.1 除合同另有规定外，乙方提供的全部货物（含软件及相关服务），均应采用相应的标准保护措施进行包装，使包装适应于远距离运输、防潮、防震、防锈和防粗暴装卸，确保货物（含软件及相关服务）安全无损运抵现场。由于包装不善所引起的货物（含软件及相关服务）锈蚀、损坏、损失、灭失均由乙方承担。

4.2 每件包装箱内应附一份详细装箱单和质量合格证。

**图 3－1－45　包装要求**

5 装运标志

5.1 乙方应在每一包装箱邻接的四侧用不褪色的油漆以醒目的中文字样做出下列标记：

（1）收货人；

（2）合同号；

（3）装运标志；

（4）收货人代号；

（5）目的地；

（6）货物（含软件及相关服务）名称、品目号和箱号；

（7）毛重/净重；

（8）尺寸（长×宽×高，以厘米计）。

5.2 根据货物（含软件及相关服务）的特点和运输的不同要求，乙方应在包装箱上清楚地标有“小心轻放”“勿倒置”“防潮”等字样和其他适当的标记。如果货物（含软件及相关服务）单件重量在两吨或两吨以上，乙方应在每件包装箱的两侧用中文和适当的运输标志标明“重心”和“吊装点”，以便装卸和搬运。

5.3 因缺少装运标志或者装运标志不明确导致货物在运输、装卸过程中产生的损失，乙方应承担相应责任。

**图 3-1-46　装运标志**

6 交货方式

6.1 交货方式一般为下列其中一种，具体在合同专用条款中规定。

6.1.1 现场交货：乙方负责办理运输和保险，将货物（含软件及相关服务）运抵现场。有关运输和保险的一切费用由乙方承担。所有货物（含软件及相关服务）运抵现场的日期为交货日期。

6.1.2 工厂交货：由乙方负责办理运输和保险事宜。运输费和保险费由甲方承担。运输部门出具收据的日期为交货日期。

6.1.3 甲方自提货物（含软件及相关服务）：由甲方在合同规定地点自行办理提货。提单日期为交货日期。

6.2 乙方应在合同规定的交货期前三十天以电报、传真或电传形式将合同号、货物（含软件及相关服务）名称、数量、包装箱件数、总毛重、总体积（立方米）和备妥交货日期通知甲方。同时乙方应用挂号信将详细交货清单一式六份包括合同号、货物（含软件及相关服务）名称、规格、数量、总毛重、总体积（立方米）、包装箱件数和每个包装箱的尺寸（长×宽×高）、单价、总价和备妥待交日期以及对货物（含软件及相关服务）在运输和仓储的特殊要求和注意事项通知甲方。

6.3 在现场交货和工厂交货条件下，乙方装运的货物（含软件及相关服务）不应超过合同规定的数量或重量。否则，乙方应对超运部分的数量或重量而引起的一切后果负责。

**图 3-1-47　交货方式**

7 装运通知

现场交货或工厂交货条件下的货物（含软件及相关服务），在乙方已通知甲方货物（含软件及相关服务）已备妥待运输后二十四小时之内，乙方应将合同号、货名、数量、毛重、总体积（立方米）、发票金额、运输工具名称及启运日期，以电报、传真或电传通知甲方。如因乙方延误将上述内容用电报、传真或电传通知甲方，由此引起的一切损失应由乙方负担。

**图 3-1-48　装运通知**

8 保险

如果货物（含软件及相关服务）是按现场交货方式报价的，由乙方办理货物（含软件及相关服务）运抵现场这一段的保险，保险以人民币按照发票金额的 110% 投保“一切险”，保险范围包括乙方承诺装运的货物（含软件及相关服务）；如果货物（含软件及相关服务）是按工厂交货或甲方自提货物（含软件及相关服务）方式报价的，其保险由甲方办理。

**图 3-1-49　保险**

9 付款方式

付款方式见合同专用条款。

10 技术资料

合同项下技术资料（除合同专用条款规定外）将以下列方式交付：

**图 3-1-50　付款方式及技术资料**

10.1 合同生效后六十天之内，乙方应将每台设备和仪器的中文技术资料一套，如目录索引、图纸、操作手册、使用指南、维修指南和服务手册等交给甲方。

10.2 另外一套完整的上述资料应包装好随每批货物（含软件及相关服务）一起交付。

10.3 如果甲方确认乙方提供的技术资料不完整或在运输过程中丢失，乙方将在收到甲方通知后三天内将这些资料免费交给甲方。

**图 3-1-50　付款方式及技术资料（续）**

11 质量保证

11.1 乙方应保证货物（含软件及相关服务）是全新的，未使用过的，按照合同约定的工艺和材料制造而成的，并完全符合合同约定的质量、规格和性能要求。乙方应保证所提供的货物（含软件及相关服务）经正确安装、正常运转和保养在其使用寿命期内符合合同约定的性能。在货物（含软件及相关服务）质量保证期内，乙方应对由于设计、工艺或材料的缺陷而造成的任何不足或故障负责。

11.2 在合同约定的检验期内根据甲方按检验标准自己检验的结果或当地商检部门检验结果，或者在质量保证期内，如果货物（含软件及相关服务）的数量、质量或规格与合同不符，或证实货物（含软件及相关服务）是有缺陷的，包括潜在缺陷或使用不符合要求的材料等，甲方应在知道或应当知道上述情形后一个月内以书面形式通知乙方，提出索赔。

11.3 乙方在收到通知后三十天内应免费维修或更换有缺陷的货物（含软件及相关服务）或部件。

11.4 如果乙方在收到通知后三十天内没有弥补缺陷，甲方可采取必要的补救措施，但风险和费用将由乙方承担。

11.5 除合同专用条款规定外，合同项下货物（含软件及相关服务）的质量保证期为自货物（含软件及相关服务）通过最终验收起十二个月，如国家及其政府相关部门有关规定长于上述保证期的，以该规定为准。

**图 3-1-51　质量保证**

12 检验及安装

12.1 在交货前，乙方应当确保制造商对货物（含软件及相关服务）的质量、规格、性能、数量和重量等进行详细而全面的检验，并出具一份证明货物（含软件及相关服务）符合合同规定的证书。该证书将作为申请付款单据的一部分，但有关质量、规格、性能、数量或重量的检验不应视为最终检验。制造商检验的结果和细节应在证书中加以说明。

12.2 货物（含软件及相关服务）运抵现场后，甲方将合理期限内（通常不超过两年）对货物（含软件及相关服务）的质量、规格、数量和重量进行检验，并出具检验证书。如发现货物（含软件及相关服务）的质量或规格或数量或重量与合同不符，甲方有权在货物（含软件及相关服务）知道或应当知道上述情形后一个月内，根据甲方按检验标准自己检验的结果或当地商检部门出具的检验证书向乙方提出索赔。

12.3 如果货物（含软件及相关服务）的质量或规格或数量或重量与合同不符，或在第 11 条规定的质量保证期内证实货物（含软件及相关服务）是有缺陷的，包括潜在的缺陷或使用不符合要求的材料，甲方将有权向乙方提出索赔。

12.4 甲方有权提出在货物（含软件及相关服务）制造过程中派人到制造厂进行监造，乙方有义务为甲方监造人员提供方便。

12.5 制造厂对所供货物（含软件及相关服务）进行机械运转试验和性能试验时，必须提前通知甲方。

12.6 货物（含软件及相关服务）的安装按采购文件第六章要求进行。

**图 3-1-52　检验及安装**

13 索赔

13.1 甲方有权根据甲方按检验标准自己检验的结果或当地商检部门出具的商检证书向乙方提出索赔。

13.2 在第 11 条和第 12 条规定的检验期和质量保证期内，如果乙方对甲方提出的索赔和差异负有责任，乙方应按照甲方同意的下列一种或多种方式解决索赔事宜：

（1）乙方同意退货，并按合同规定的同种货币将货款退还给甲方，并承担由此发生的一切损失和费用，包括但不限于利息、银行手续费、律师费、运费、保险费、检验费、仓储费、装卸费以及为保护退回货物（含软件及相关服务）所需的其他必要费用。

（2）根据货物（含软件及相关服务）的低劣程度、损坏程度以及甲方遭受损失的数额，经甲乙双方商定降低货物（含软件及相关服务）的价格，并承担由此发生的一切损失和费用，包括但不限于利息、银行手续费、律师费、运费、保险费、检验费、仓储费、装卸费以及其他必要费用。

**图 3-1-53　索赔**

(3) 用符合规格、质量和性能要求的新零件、部件或货物（含软件及相关服务）来更换有缺陷的部分或修补缺陷部分，并承担由此发生的一切损失和费用，包括但不限于利息、银行手续费、律师费、运费、保险费、检验费、仓储费、装卸费、安装费、调试费以及其他必要费用。同时，乙方应按合同第 11 条规定，相应延长修补或被更换部件或货物（含软件及相关服务）的质量保证期。

13.3 如果在甲方发出索赔通知后三十天内，乙方未能答复，上述索赔应视为已被乙方接受。若乙方未能在甲方提出索赔通知后三十天内或甲方同意的更长时间内，按照第 13.2 条规定的任何一种方法解决索赔事宜，甲方将从应付款或从乙方开具的履约保证金中扣回索赔费用。如果应付款及履约保证金不足以补偿索赔费用，甲方有权向乙方提出不足部分的补偿。

**图 3-1-53　索赔（续）**

14 拖延交货

14.1 乙方应按照合同专用条款中规定的交货期交货和提供服务。

14.2 如果乙方毫无理由地拖延交货，将受到以下制裁：没收履约保证金，加收违约损失赔偿和（或）终止合同。

14.3 在履行合同过程中，如果乙方遇到不能时交货和提供服务的情况，应及时以书面形式将不能按时交货的理由、延误时间通知甲方。甲方在收到乙方通知后，应进行分析，必要时可通过修改合同，酌情延长交货时间。

**图 3-1-54　拖延交货**

15 违约赔偿

除第 16 条规定的不可抗力外，如果乙方没有按照合同规定的时间交货和提供服务，甲方可从货款中扣除违约赔偿费，赔偿费应按每周迟交货物（含软件及相关服务）或未提供服务交货价的 1% 计收（本合同专用条款另有规定的从其规定）。但违约损失赔偿费的最高限额为迟交货物（含软件及相关服务）或没有提供服务的合同价的 5%。一周按七天计算，不足七天按一周计算。甲方有权终止合同，并按合同约定及法律规定追究乙方的违约责任。

**图 3-1-55　违约赔偿**

16 不可抗力

16.1 如果双方中任何一方由于战争、严重火灾、水灾、台风和地震以及其他经双方同意属于不可抗力的事故，致使合同履行受阻时，履行合同的期限应予以延长，延长的期限应当等于事故所影响的时间。

16.2 受事故影响的一方应在不可抗力事故发生后尽快以电报、传真或电传通知另一方，并在事故发生后十四天内，将有关部门出具的证明文件用特快专递寄给或送给另一方。如果不可抗力影响时间延续一百二十天以上，双方应通过友好协商在合理的时间内达成进一步履行合同的协议。

**图 3-1-56　不可抗力**

17 税费

17.1 中国政府根据现行税法对甲方征收的与本合同有关的一切税费均由甲方承担。

17.2 中国政府根据现行税法对乙方征收的与本合同有关的一切税费均由乙方承担。

17.3 在中国境外发生的与执行本合同有关的一切税费均由乙方承担。

**图 3-1-57　税费**

18 仲裁

18.1 甲乙双方应通过友好协商，解决在执行本合同中所发生的或与本合同有关的一切争端，如果协商仍得不到解决，任何一方均可提交仲裁委员会仲裁。

18.2 仲裁裁决应为终局裁决，对双方均具有约束力。

18.3 败诉方除应承担仲裁费以外，还应承担对方支付的律师费，仲裁机构另有裁决的除外。

18.4 在仲裁期间，除正在进行仲裁的部分外，合同其他部分继续执行。

**图 3-1-58　仲裁**

19 违约解除合同

19.1 乙方有下列违约情况之一，并在收到甲方违约通知后的合理时间内，或经甲方书面认可延长的时间内未能纠正其过错，甲方可向乙方发出书面通知，解除部分或全部合同。在这种情况下，并不影响甲方向乙方提出索赔：

（1）如果乙方未能在合同规定的期限或甲方同意延期的限期内提供全部或部分货物（含软件及相关服务）；

（2）如果乙方未能履行合同规定的其他义务。

19.2 在甲方根据第 20.1 条规定，解除了全部或部分合同时，甲方可以依其认为适当的条件和方式购买与未交货物（含软件及相关服务）类似的货物（含软件及相关服务），乙方应对购买类似货物（含软件及相关服务）的费用负责。而且乙方还应继续执行合同中未终止的部分。

**图 3-1-59　违约解除合同**

20 破产终止合同

20.1 如果乙方破产或无清偿能力，甲方可在任何时候以书面通知乙方解除合同，该解除合同将不损害或影响甲方已经采取或将采取补救措施的权利。

**图 3-1-60　破产终止合同**

21 转让与分包

21.1 未经甲方事先书面同意，乙方不得部分转让或全部转让其应履行的合同义务。

21.2 对投标（响应）文件中没有明确分包内容的合同，乙方如果分包应书面通知甲方并须获得甲方同意，但无论有否分包均不能免除乙方履行本合同的义务。

**图 3-1-61　转让与分包**

22 适用法律

本合同应按中华人民共和国的法律进行解释。

**图 3-1-62　适用法律**

23 合同生效及其他

23.1 合同在双方签字盖章后生效。

23.2 如需修改或补充合同内容，经协商，双方应签署书面修改意见或补充协议，该协议将作为本合同的一个组成部分。

**图 3-1-63　合同生效及其他**

24 合同适用

本合同通用条款适用货物和服务类采购项目，工程类项目的合同通用条款按建设部门颁发的有关标准通用合同执行。

**图 3-1-64　合同适用**

（2）第二部分合同专用条款

合同专用条款具备个体差异性，不同的项目，内容会完全不同。其基本内容包括工程概况、工程承包范围、合同工期，货物及其数量、金额等，组成合同的有关文件、质量标准、质保期、项目服务、产品交货要求、货物的验收、培训、付款条件、履约保证金、售后服务、违约责任、解决争议的方法、合同生效，如图 3-1-65 ~ 图 3-1-74 所示。

甲方：××××××××××

乙方：

甲乙双方根据××××年××月××日招标编号＿＿＿＿＿＿的××××××××三网融合规划部署仿真教学软件采购招标结果及招标文件的要求，依照《中华人民共和国民法典》及其他法律、行政法规，遵循平等、自愿、公平和诚实信用的原则，经协商一致，达成如下货物购销合同：

**图 3-1-65　工程概况、工程承包范围及合同工期**

一、工程概况
项目名称：××××××××××三网融合规划部署仿真教学软件采购项目
项目地点：×××××××××××××××××
二、工程承包范围
承包范围：三网融合规划部署仿真教学软件供应、安装、调试、验收及维保。
三、合同工期
交付时间：合同签订后××天交付至采购人使用现场

**图 3-1-65　工程概况、工程承包范围及合同工期（续）**

四、货物及其数量、金额等

<table>
<tr><td>序号</td><td>采购货物名称</td><td>规格型号</td><td>数量</td><td>单价</td><td>总价</td><td>免费质保期</td><td>交货时间</td></tr>
<tr><td></td><td></td><td></td><td></td><td></td><td></td><td></td><td></td></tr>
<tr><td></td><td></td><td></td><td></td><td></td><td></td><td></td><td></td></tr>
<tr><td colspan="8">合同总金额：人民币（大写）　　　　　　元整。<br>￥：　　　　　　元整</td></tr>
<tr><td>甲方</td><td colspan="7">联系人：<br>固定电话：　　　　　移动电话：</td></tr>
<tr><td>乙方</td><td colspan="7">联系人：<br>固定电话：　　　　　移动电话：</td></tr>
</table>

1. 合同总价包括了货物的设计、制造、包装、运输、保险、装卸、安装、调试、验收（含第三方测试、验收）、技术服务、培训、质保期服务、所有税费和其他服务以及合同实施过程中应预见和不可预见的一切费用。甲方无须向乙方另行支付任何费用。
2. 本合同为固定不变价。

**图 3-1-66　货物及其数量、金额等**

五、组成合同的有关文件
招标文件、投标文件、中标通知书和有关附件是本合同不可分割的组成部分，与本合同具有同等法律效力。
六、质量标准
1. 货物为______全新（原装）产品。
2. 满足招标文件技术要求、符合中华人民共和国国家标准或行业标准；如果中华人民共和国没有相关标准的，则采用货物来源国适用的官方标准。这些标准必须是有关机构发布的最新版本的标准。乙方标准高于上述标准、规范，按较高标准执行。
3. 货物必须具备出厂合格证。

**图 3-1-67　组成合同的有关文件及质量标准**

七、质保期
1. 免费保修期______年，在产品的质保期内如出现产品质量问题必须免费更换，派专人负责对产品使用情况进行定期回访。
2. 设售后服务机构，配备售后服务人员，必须 24 小时应答处理。两个工作日内解决问题。
八、项目服务
1. 货物到达交货地点后，乙方即按合同执行时间进度计划派出有经验的技术人员到项目现场进行安装。
2. 甲方应当提供符合合同货物安装条件的场所和提供必要的配合。

**图 3-1-68　质保期及项目服务**

九、产品交货要求

1. 乙方交货时应向甲方提供货物经国家有关部门颁发的产品鉴定证书、使用许可证，用户手册、产品合格证、保修手册、有关图纸、资料及配件、随机工具、设备制造商供货证明以及售后服务承诺书。

2. 乙方供货时所提供的货物，如配件有更新而导致型号更新，供货时应提供最新的取代型号；软件有最新版本，供货时应提供最新版本。并附设备生产商的证明，其他服务条款不变。

十、货物的验收

1. 采购软件及配套教材数量按照合同采购清单清点并符合要求。

2. 平台软件提供的各项技术参数和配置功能，通过现场验收符合技术参数指标及配置要求。

**图 3－1－69　产品交货要求及货物验收**

十一、培训

详见招标文件第四章《项目需求》。

十二、付款条件

设备在甲方调试验收合格后，乙方向甲方出具增值税发票并提供合同总额的 5% 作为质保金，甲方支付乙方合同总价的 100%。在项目交付终验收合格十二个月后，甲方无息归还乙方 5% 的质保金。

十三、履约保证金

1. 乙方在签订合同时，应向甲方缴纳合同总额 10% 的履约保证金，其形式为银行本票、汇票或支票。

2. 履约保证金用以约束乙方在合同履行中的行为，弥补合同执行中由于自身行为可能给甲方带来的各种损失。如果乙方不同意按照相关规定去做，甲方有权没收其履约保证金。

3. 乙方的履约保证金在货物安装调试后的一个月内，由甲方无息退还。

**图 3－1－70　培训及履约保证金**

十四、售后服务

合同履行完毕在使用过程中发生质量问题，卖方在接到买方电话后______小时服务到位，在合同时间内解决故障，承担所有质保期内的故障费用。

**图 3－1－71　售后服务**

十五、违约责任

1. 甲方无正当理由拒绝货物，拒付货款的，甲方向乙方偿付货款总额 10% 的违约金。

2. 乙方所交付的品种、型号、规格、数量、质量不符合合同规定标准的，甲方有权拒绝。乙方向甲方偿付货款总额 20% 的违约金。

3. 乙方逾期交货的，乙方向甲方每日偿付货款总额 2‰的违约金。

**图 3－1－72　违约责任**

十六、解决争议的方法

甲、乙双方在履行本合同过程中发生争议，双方应协商解决，或向有关部门申请调解解决；协商或调解不成的，按下列第______种方式解决：

（一）提交仲裁委员会仲裁；

（二）依法向甲方所在地人民法院提起诉讼。

**图 3－1－73　解决争议的方法**

十七、合同生效

1. 合同订立时间：××××年××月××日；合同订立地点：××××××××××。

2. 本合同一式四份，中文书写。甲、乙双方各执两份。

3. 双方约定本合同自签字盖章之日起生效。

**图 3－1－74　合同生效**

| | |
|---|---|
| 甲方：××××××××××××××××××× | 乙方： |
| 授权代表： | 授权代表： |
| 地　址： | 地　址： |
| 开户银行： | 开户银行： |
| 账　号： | 账　号： |
| 电　话： | 电　话： |
| 日　期： | 日　期： |

**图 3－1－74　合同生效（续）**

### 4. 项目需求解析

项目需求是根据商务拜访及招标文件分析出来的，包括需求产品类型、数量、优势及后期延展性等。

①项目需求概述，如图 3－1－75 所示。

一、概述

结合分院实际教学需求及国家和教育部关于促进虚拟仿真教学的政策，为了满足 ICT 行业综合型人才培养的需要，提升我校毕业学生的综合竞争力，采购“三网融合规划部署类仿真教学软件”合计 30 套，用于建设包括 PON/WLAN 接入、AAA 认证系统、软交换、IPTV 系统、IP 承载网、光传送网的三网融合全网虚拟仿真实训室，通过互联网打破时间和空间的限制，将产业和教学有机地连接起来，配套优秀的人机交互体验，融入丰富的教育教学管理功能，实现包含用户侧、接入层、汇聚层、核心层、业务层的综合型实训，在提高实训设备的利用率的同时，增加学生的学习兴趣和动手能力，让学生对目前运营商的三网融合能够具有深刻理解，提升学生网络排障和问题分析能力，为学生顺利找到相关的技术岗位工作，乃至未来的工作晋升提供能力支撑。

**图 3－1－75　项目需求概述**

②货物清单，如图 3－1－76 所示。

二、货物清单

| 品目号 | 货物名称 | 数量 | 备注 |
|---|---|---|---|
| 1 | 软件 | 30 套 | |

**图 3－1－76　货物清单**

③技术参数及其他要求，如图 3－1－77 所示。

三、技术参数及其他要求

| 构成项 | 子功能 | 功能描述 |
|---|---|---|
| 统一管理平台 | 二级管理员权限 | 用来对自己所属二级虚拟仿真的用户进行管理，包括学习圈子小组的建立，班级管理，添加除用户，确定其他角色权限等功能 |
| | 老师权限 | 用于跟进每个学生的学习情况，组织比赛，查阅学生使用情况，自己出题，推送试题等 |
| | 竞技比赛/测评功能 | 可单独组织比赛和竞技，设定任务书和试题，明确比赛开始和结束时间，比赛过程监控。支持多人组队 |
| | 比赛监控台 | 用来在比赛和考试过程中监控关键节点，并记录关键操作日志，方便裁判员进行监控比赛过程，追溯比赛结果 |

**图 3－1－77　技术参数及其他要求**

| 构成项 | 子功能 | 功能描述 |
|---|---|---|
| 三网融合实训应用 | 综合接入 + AAA + 承载 + VoIP + IPTV 网络拓扑结构规划 | 通过网元的拖动连线完成对应的网络拓扑设计，并在此基础上完成对应的网络拓扑整网 IP 规划，是后续整个实训过程的基础，网元涵盖整个三网融合城市级部署的拓扑规划，包括接入层 xPON 和 WLAN 接入网，业务控制层 BERAS 和 AC，城域网汇聚，核心层的路由器、交换机、OTN，业务应用层的语音与视频服务器、AAA 服务器等的拓扑规划。结合网络拓扑结构，可以预先规划对接参数和 IP 地址，便于后续的数据配置 |
| | 综合接入 + AAA + 承载 + VoIP + IPTV 容量规划 | 以国内城市场景为原型，进行三网融合业务在接入网中的容量计算，测算和规划网络容量，以便指导后期的工程建设。实训从 WLAN 接入网做起，可根据城市规模选择项目模型，根据项目模型对应的业务参数输入，站型选择，明确需要多少个 AP，以及 AP 的吞吐量，以此为基础，估算 xPON 接入网的容量，计算 ONU 数量和 PON 需求量，进而进一步规划 OLT 对汇聚带宽的总容量需求 |
| | 综合接入 + AAA + 承载 + VoIP + IPTV 设备配置 | 根据容量的规划选择合适容量的设备，在虚拟城市建设不少于 9 个机房，用合适的设备完成对应的网络部署，对接和硬件连线，保证机房和设备之间互联互通。所选设备包括 xPON 的 OLT 和 ONU 设备，WLAN 的 AC 和 AP 设备，光传输的 OTN 设备，数通网络的交换机、路由器设备，AAA 系统的 BRAS、AAA 服务器、Portal 服务器设备，VoIP 的 SS 设备、IPTV 的视频服务器等 |
| | 综合接入 + AAA + 承载 + VoIP + IPTV 数据配置 | 能够结合网络拓扑结构的预先对接参数的规划，结合所选择的设备配置，进行软件配置，完成数据调测，保证设备软件调测正确。根据前期的拓扑结构和设备配置的不同，对应的数据配置也有所不同 |
| | 综合接入 + AAA + 承载 + VoIP + IPTV 业务调试 | 能够运用常用的网络故障排查工具对网络进行调测，排查故障，检测问题，确保网络正常运行。调测工具包含常用的告警工具、业务验证工具、状态查询工具、光路检测工具、ping 工具、trace 工具。通过这些工具定位配置的问题，确保系统正常运行 |
| 配套教学资源 | 教学资料 | 与三网融合实训应用相对应的教学用教材，带有相对应的原理知识 |
| | 实训手册 | 与三网融合实训应用相对应的实训手册，涵盖内容包含产品的多个经典实训场景案例 |
| | 配套多媒体 | 提供官方多媒体课程，用于老师的学习和能力提升 |

**图 3-1-77　技术参数（续）**

④交付时间和地点等要求，如图 3-1-78 所示。

四、交付时间和地点

合同签订后 1 个月交付至采购人使用现场。

五、质保期

3 年免费升级，终生维护。

六、验收标准及方法

（1）采购软件及配套教材数量按照合同采购清单清点并符合要求；

（2）平台软件提供的各项技术参数和配置功能，通过现场验收符合技术参数指标及配置要求。

七、使用培训周期

提供 4 名教师免费培训服务，培训时间不少于 40 学时。

**图 3-1-78　交付时间及地点等要求**

### 5. 评标方法与评标标准解析

评标方法与评标标准解析包括评标方法与定标原则、评标标准、评分标准等。

①评标方法与定标原则，如图 3-1-79 所示。

一、评标方法与定标原则

评委会将对确定为实质性响应招标文件要求的投标文件进行评价和比较，评标采用综合评分法。

**图 3－1－79　评标方法与定标原则**

②评标标准，如图 3－1－80 所示。

二、评标标准

本项目采用综合打分法，总分为 100 分，按评委评审后的算术平均数得分由高到低顺序排列，得分相同的，按投标报价由低到高顺序排列，得分且投标报价相同的并列，由评标委员会推荐三名中标候选供应商。

**图 3－1－80　评标标准**

③评分标准，如图 3－1－81 所示。

具体打分方法如下：

（一）价格分（40 分）

价格分采用低价优先法计算，即满足招标文件要求且报价最低的供应商报价为评标基准价，其价格分为满分 40 分，其他供应商的价格分统一按照以下公式计算：

投标报价得分 =（评标基准价/该供应商的投标报价）×40 分

（二）技术分（60 分）

| 序号 | 评分因素及权重 | 分值 | 评分标准 | 说明 |
|---|---|---|---|---|
| 1 | 技术要求及其他要求 | 40 | 招标文件第四章项目需求中的条款，*斜体且有下划线部分为实质性要求和条件，*有任何负偏离将做无效投标处理；打▲条款为重要条款，每负偏离一项扣 3 分；其他条款每负偏离一项扣 2 分；扣完为止 | 提供相关证明材料 |
| 2 | 认证及证书 | 5 | 投标人通过 ISO 9001 质量管理体系认证的得 2 分，投标人具备双软资质（软件企业和软件产品登记证书）的得 3 分 | 需提供证明材料 |
| 3 | 业绩 | 10 | 自 2014 年 7 月至今，投标人已完成的类似项目合同业绩，每份得 2 分 | 提供合同或中标通知书；未提供者，不得分。原件备查 |
| 4 | 售后服务 | 3 | 投标人在南京地区注册或有分公司或有办事处的得 3 分；没有不得分 | 提供相关证明材料 |
| 5 | 投标文件的规范性 | 2 | 投标文件制作规范，没有细微偏差情形的得 2 分；有一项细微偏差的扣 0.5 分，直至该项分值扣完为止 | |

注：原件备查。

**图 3－1－81　评分标准**

④相关政策，如图 3－1－82 所示。

1. 促进中小企业发展政策。本项目非专门面向中小企业采购，根据财政部发布的《政府采购促进中小企业发展暂行办法》规定，对小型和微型企业产品的价格给予 6% 的扣除，用扣除后的价格参与评审。以上所述投标报价，均为对小微企业产品进行价格扣除后的报价（提供小微企业声明函，格式见投标文件格式部分）。供应商应出具有关的证明文件，否则不考虑价格扣除。

评标委员会根据供应商填制的《小微企业产品报价表》，计算其所投产品（最小计算单位为品目）享受价格折扣部分的多少。

**图 3－1－82　相关政策**

2. 根据财政部、国家发改委《节能产品政府采购实施意见》，投标产品属于《节能产品政府采购清单》（最新一期）内的政府采购的节能产品（最小计算单位为品目），对相应产品的价格给予1%的扣除，用扣除后的价格参与评审。

评标委员会根据供应商填制的《节能产品报价表》，计算其所投节能产品（最小计算单位为品目）享受价格折扣部分的多少。

投标产品（最小计算单位为品目）如为节能产品的，供应商需提供产品及型号所在清单页的复印件并用标识标明，如未提供，将不做价格扣除。

3. 根据财政部、生态环境部《关于环境标志产品政府采购实施的意见》，投标产品属于《环境标志产品政府采购清单》（最新一期）内的产品（最小计算单位为品目），对相应产品的价格给予1%的扣除，用扣除后的价格参与评审。

评标委员会根据供应商填制的《环境标志产品报价表》，计算其所投环境标志产品（最小计算单位为品目）享受价格折扣部分的多少。

投标产品（最小计算单位为品目）如为环境标志产品的，供应商需提供产品及型号所在清单页的复印件并用标识标明，如未提供，将不做价格扣除。

**图 3-1-82　相关政策（续）**

### 6. 投标文件格式解析

供应商应按照以下文件要求的格式、内容、顺序制作投标文件，并编制目录及页码，否则可能将影响对投标文件的评价。

①投标函、投标报价及项目相关文件，如图 3-1-83～图 3-1-87 所示。

**投标函**

××××××××招标公司：

你们____号招标文件（包括更正通知，如果有的话）收悉，我们经详细审阅和研究，现决定参加投标。

1. 我们郑重承诺：我们是符合《中华人民共和国政府采购法》第二十二条规定的供应商，并严格遵守《中华人民共和国政府采购法》的规定。

2. 我们接受招标文件的所有的条款和规定。

3. 我们同意按照招标文件第一章“供应商须知”第 14 条的规定，本投标文件的有效期为从投标截止日期起计算的九十天，在此期间，本投标文件将始终对我们具有约束力，并可随时被接受。如果我们中标，本投标文件在此期间之后将继续保持有效。

4. 我们同意提供采购人要求的有关本次招标的所有资料。

5. 我们理解，你们无义务必须接受投标价最低的投标，并有权拒绝所有的投标。同时也理解你们不承担我们本次投标的费用。

6. 如果我们中标，我们将按照招标文件的规定向贵公司支付招标代理服务费；为执行合同，我们将按供应商须知有关要求提供必要的履约保证。

供应商名称：____________（公章）
地址：__________邮编：__________
电话：__________传真：__________
授权代表签字：________________
职务：______________________
日期：______________________

**图 3-1-83　投标函**

开标一览表

| | |
|---|---|
| 项目名称 | |
| 招标编号 | |
| 投标报价 | 小写：　　　　　　　大写： |
| 工期 | |
| 备注 | |

投标人（盖章）：________
法定代表人或授权代表（签名）：________
日期：______年____月____日

注：
1. 投标报价应为完成本项目要求的所有工作的费用。
2. 本项目仅接受一个价格，不接受选择性报价方案。

**图 3－1－84　开标一览表**

分项报价表
（格式自拟）

按品目分项报价，并列出制造商、产地、型号等

**图 3－1－85　分项报价表**

商务条款偏离表

招标编号：________

| 序号 | 招标文件条目号 | 招标文件的商务条款 | 投标文件的商务条款 | 说明 |
|---|---|---|---|---|
| | | | | |
| | | | | |
| | | | | |
| | | | | |
| | | | | |
| | | | | |
| | | | | |
| | | | | |
| | | | | |

供应商名称（公章）：________________
法定代表人或授权代表（签字）：________
日期：________年______月______日
注：
1. 如供应商无任何偏离，也需在响应表中注明并在投标文件中递交此表。
2. 偏离包括正、负偏离，正偏离指供应商的响应高于招标文件要求，负偏离指供应商的响应低于招标文件要求。

**图 3－1－86　商务条款偏离表**

**技术需求偏离表**

招标编号：________

| 序号 | 招标文件技术规格及要求 | 投标文件技术指标情况 | 具体说明 |
| --- | --- | --- | --- |
| | | | |
| | | | |
| | | | |
| | | | |
| | | | |
| | | | |
| | | | |
| | | | |
| | | | |

供应商名称（公章）：______________

法定代表人或授权代表（签字）：_______

日期：_______年_____月_____日

注：

1. 对于某项指标的数据存在证明文件内容不一致的情况，以指标较低的为准，对于可以用量化形式表示的条款，供应商必须明确回答，或以功能描述回答。

2. 作为投标文件重要的组成部分，不能通过简单拷贝招标文件技术要求或简单标注“符合”“满足”。

3. 偏离包括正、负偏离，正偏离指供应商的响应高于招标文件要求，负偏离指供应商的响应低于招标文件要求。

**图 3－1－87　技术需求偏离表**

②资格证明文件，如图 3－1－88 所示。

**二、资格证明文件**

1. 法人或者其他组织的营业执照等证明文件（复印件）；
2. 上一年度财务状况报告（复印件，成立不满一年不需提供）；
3. 依法缴纳税收和社会保障资金的相关材料（复印件）；
4. 具备履行合同所必需的设备和专业技术能力的书面声明：

**具备履行合同所必需的设备和专业技术能力的书面声明**

我公司郑重声明：我公司具备履行本项采购合同所必需的设备和专业技术能力，为履行本项采购合同我公司具备如下主要设备和主要专业技术能力：

主要设备有：

主要专业技术能力有：

供应商名称（公章）：

法定代表人或授权代表（签字）：

日期：

**图 3－1－88　资格证明文件**

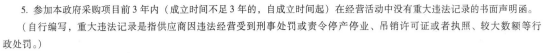

5. 参加本政府采购项目前 3 年内（成立时间不足 3 年的，自成立时间起）在经营活动中没有重大违法记录的书面声明函。（自行编写，重大违法记录是指供应商因违法经营受到刑事处罚或责令停产停业、吊销许可证或者执照、较大数额等行政处罚。）

**参加政府采购活动前 3 年内在经营活动中**
**没有重大违法记录的书面声明（参考格式）**

我公司郑重声明：参加本次政府采购活动前 3 年内，我公司在经营活动中没有因违法经营受到刑事处罚或者责令停产停业、吊销许可证或者执照、较大数额罚款等行政处罚。

供应商名称（公章）：

法定代表人或授权代表（签字）：

日期：

6. 中标后，绝不分包、转包的承诺。

**图 3－1－88 资格证明文件（续）**

③其他文件，如图 3－1－89 ~ 图 3－1－91 所示。

1. **法人授权委托书**

**法人授权委托书**

致××××××招标公司：

本授权书宣告：

委托人：______________________________

地 址：____________________ 法定代表人：__________

受托人：姓名________ 性别：____ 出生日期：______年____月____日

所在单位：______________________________ 职务：______________

身 份 证：____________________ 联系方式：____________________

兹委托受托人__________合法地代表我单位参加×××××招标公司组织的（招标编号为：JITC－ ）____________的招标活动，受托人有权在该投标活动中，以我单位的名义签署投标书和投标文件，与采购人协商、澄清、解释，签订合同书并执行一切与此有关的事项。

受托人在办理上述事宜过程中以其自己的名义所签署的所有文件我均予以承认。受托人无转委托权。

委托期限：至上述事宜处理完毕止。

委托单位：（公章）____________________

法定代表人：（签名或印章）____________

受托人：（签名）______________________

______年____月____日

附：法定代表人和受托人身份证复印件。

**图 3－1－89 法人授权委托书**

2. **其他文件资料**

投标人针对招标文件和评标办法，认为应该列入的材料。

注：上述复印件加盖公章，原件备查。

**图 3－1－90 其他文件资料**

3. **投标保证金**

1. 投标保证金收款说明：

投标人交纳的投标保证金形式为银行电汇、网银转账，收款单位不开收据，投标人凭汇款底单的复印件即可办理结算。

2. 投标保证金转账退还信息函

××××××招标公司：

我公司参加贵公司代理的(项目名称) 招标（招标编号 JITC -　　　　）的投标，投标保证金请退还至：

投标单位名称：

开户银行：×××××银行×××××分行××××××支行（若因投标人提供的退还银行信息不详造成的延误或错误责任由投标人自负）

银行账号：

汇入地点：____省（市、区）____市（县）

联系人：

联系电话：

传真：

特此函告。

投标人（公章）：

年　月　日

3. 附投标保证金交纳证明

（附汇款底单的复印件或扫描件或截图，要求必须完整且清晰）

**图 3－1－91　投标保证金**

④政府采购政策，如图 3－1－92～图 3－1－96 所示。

**四、政府采购政策**

（一）政府采购促进中小企业发展政策

1. 企业声明函

本公司郑重声明，根据《政府采购促进中小企业发展暂行办法》（财库〔2011〕181 号）的规定，本公司为______（请填写：大型、中型、小型、微型）企业。

一、根据《工业和信息化部、国家统计局、国家发展和改革委员会、财政部关于印发中小企业划型标准规定的通知》（工信部联企业〔2011〕300 号）规定的划分标准，本公司为______（请填写：大型、中型、小型、微型）企业。

二、本公司参加采购编号为____的____单位的____项目采购活动，提供本企业制造的货物，由本企业承担工程、提供服务，或者提供其他____（请填写：小型、微型）企业制造的货物。本条所称货物不包括使用大型企业注册商标的货物。

本公司对上述声明的真实性负责。如有虚假，将依法承担相应责任。

企业名称（盖章）：

日　　期：

注：

1. 投标供应商为小微型企业或大中型企业使用小微型企业制造的货物（最小计算单位为品目）参加本次政府采购项目需提供此声明函，其他情况无须提供此声明函。

2. 投标供应商如不提供此声明函，价格将不做相应扣除。

**图 3－1－92　企业声明函**

2. 小微企业声明函

本公司郑重声明，根据《政府采购促进中小企业发展暂行办法》（财库〔2011〕181 号）的规定，本公司为______（请填写：小型、微型）企业。

一、根据《工业和信息化部、国家统计局、国家发展和改革委员会、财政部关于印发中小企业划型标准规定的通知》（工信部联企业〔2011〕300 号）规定的划分标准，本公司为______（请填写：小型、微型）企业。

二、______（投标供应商名称）参加采购编号为______的______单位的______项目采购活动提供的______（投标货物名称、型号）为本企业制造的货物。

本公司对上述声明的真实性负责。如有虚假，将依法承担相应责任。

货物制造企业名称（盖章）：

日期：

注：

1. 投标供应商使用其他小微型企业制造的货物（最小计算单位为品目）参加本次政府采购项目，需由货物制造企业提供此声明函。

2. 货物制造企业如不提供此声明函，价格将不做相应扣除。

**图 3－1－93　小微企业声明函**

3. 小微企业产品报价表

采购编号：

| 品目序号 | 名称 | 型号和规格 | 数量 | 原产地和制造商名称 | 制造商企业类型（小型、微型） | 单价（元人民币） | 总价（元人民币） |
|---|---|---|---|---|---|---|---|
| | | | | | | | |
| | | | | | | | |
| 其中，小微企业产品总计： | | | | | | | |

供应商名称（公章）：

法定代表人或其委托代理人（签字）：

注：

1. 投标供应商使用小微型企业产品参加投标的（最小计算单位为品目），必须填写此表。

2. 投标供应商必须保证承诺使用小微型企业产品参加投标的真实性，如出现虚假响应，一经查实，将按照采购文件具体规定进行处理。

3. 评审委员会将就此表对照供应商提供的《企业声明函》《小微企业声明函》进行审核，如产品未提供相应的《企业声明函》《小微企业声明函》，将不做价格扣除。

**图 3－1－94　小微企业产品报价表**

（二）政府采购节能产品政策

1. 根据财政部、国家发改委《节能产品政府采购实施意见》，报价产品属于《节能产品政府采购清单》（最新一期）内的政府采购的节能产品（最小计算单位为品目），对相应产品的价格给予 1% 的扣除，用扣除后的价格参与评审。

2. 谈判小组根据供应商填制的《节能产品报价表》，计算其所报价节能产品（最小计算单位为品目）享受价格折扣部分的多少。

3. 报价产品（最小计算单位为品目）如为节能产品的，供应商需提供产品及型号所在清单页的复印件并用标识标明，如未提供，将不做价格扣除。

4. 供应商必须保证使用节能产品参加谈判的真实性，如出现虚假响应，一经查实，将按照采购文件具体规定进行处理。

**图 3－1－95　政府采购节能产品政策**

5. 节能产品报价表

采购编号：

| 品目序号 | 名称 | 型号和规格 | 数量 | 原产地和制造商名称 | 节字标志认证证书号 | 单价（元人民币） | 总价（元人民币） |
|---|---|---|---|---|---|---|---|
| | | | | | | | |
| | | | | | | | |
| 其中，节能产品总计： | | | | | | | |

供应商名称（公章）：

法定代表人或授权代表（签字）：

日期：

**图 3－1－95　政府采购节能产品政策（续）**

（三）政府采购环境标志产品政策

1. 根据财政部、生态环境部《关于环境标志产品政府采购实施的意见》，报价产品属于《环境标志产品政府采购清单》（最新一期）内的产品（最小计算单位为品目），对相应产品的价格给予1%的扣除，用扣除后的价格参与评审。

2. 谈判小组根据供应商填制的《环境标志产品报价表》，计算其所报价环境标志产品（最小计算单位为品目）享受价格折扣部分的多少。

3. 报价产品（最小计算单位为品目）如为环境标志产品的，供应商需提供产品及型号所在清单页的复印件并用标识标明，如未提供，将不做价格扣除。

4. 供应商必须保证使用环境标志产品参加谈判的真实性，如出现虚假响应，一经查实，将按照采购文件具体规定进行处理。

5. 环境标志产品报价表

采购编号：

| 品目序号 | 名称 | 型号和规格 | 数量 | 原产地和制造商名称 | 中国环境标志认证证书编号 | 单价（元人民币） | 总价（元人民币） |
|---|---|---|---|---|---|---|---|
| | | | | | | | |
| | | | | | | | |
| 其中，环境标志产品总计： | | | | | | | |

供应商名称（公章）：

法定代表人或授权代表（签字）：

日期：

**图 3－1－96　政府采购环境标志产品政策**

## 3.1.5　案例解析

### 案例 01：依法必须招标项目未招标先签合同无效

**【案例描述】**

2011 年 4 月 21 日，某县人民政府与某实业集团达成合作协议，同意由该实业集团代建廉租住房、公共租赁住房和限价商品住房，该实业集团将其作为国际时代项目工程组织开发。

2011 年 6 月 1 日，某建筑公司给该实业集团出具投标保证金约定确认书，载明建筑公司就国际时代项目工程施工投标并交纳投标保证金 10 万元。6 月 17 日，双方签订《工程施工协议书》，约定：实业集团确保将其开发的国际时代项目 5 标段 6 栋楼施工工程承包给建筑公司；建筑公司支付给实业集团履约保证金 500 万元，如实业集团不能让建筑公司在 8 月 15 日前正式开工建设，则无条件退还 500 万元，如不能按期返还则按每日万分之六支付违约金；若实业集团收到保证金后无法提供本项目工程给建筑公司承包施工或由第三方施工，视为严重违约，则返还建筑公司履约保证金并支付履约保证金 10% 的罚金。施工协议签订后，建筑公司向实业集团支付了 500 万元，后实业集团因故未能进行协议所涉工程项目的开发，建筑公司也未能施工，实业集团将该 500 万元退还给建筑公司。建筑公司起诉，要求实业集团支付违约金。

法院认为：（一）关于工程施工协议书的效力问题。根据双方所签施工协议约定的工程内容及规模，该建设工程项目属于必须招投标的工程范围。案涉工程公开招标，发布了招标公告，建筑公司交纳了投标保证金，但是无证据表明其提交了投标文件，也没有开标、评标等程序，没有发出中标通知书，签订的工程施工协议书也没有在相关部门备案，由此分析案涉工程实质上并未进行招投标。此外，工程施工协议书有实业集团“确保”建筑公司承包工程、“甲方无法提供本工程给乙方承包施工或发生本项目工程及所属地块由第三方施工……”的约定，也说明没有进行招投标即签订施工协议。综上，案涉工程为必须进行招投标的工程，但双方未经过招投标程序即签订了工程施工协议书，违反了法律强制性规定中的效力性规定，协议应为无效。

（二）关于建筑公司要求实业集团支付违约金的请求能否成立的问题。因工程施工协议书无效，导致违约条款亦无效，其后果是在当事人之间产生返还财产及赔偿损失的请求权，不存在追究违约责任的问题，建筑公司不能主张违约金。协议无效后实业集团已经返还了 500 万元保证金，但其自 2011 年 6 月即占用建筑公司 500 万元至 2012 年 9 月才陆续还清，由此确实会导致建筑公司产生占用资金的损失，且实业集团在协议无效的问题上有较大过错，由其赔偿一定的费用较为合理，故酌情认定实业集团赔偿建筑公司占用资金的经济损失 20 万元。

综上，法院判决实业集团赔偿建筑公司经济损失 20 万元，驳回其他诉讼请求。

**【案例分析】**

1. 如果属于依法必须进行招标的项目，应当招标。《中华人民共和国招标投标法》（简称《招标投标法》）确立了特定项目实行强制招标制度，《工程建设项目招标范围和规模标准规定》对工程建设项目必须进行招标的范围和规模标准作了具体规定，其中第三条规定：“关系社会公共利益、公众安全的公用事业项目的范围包括：……（五）商品住宅，包括经济适用住房”。第四条规定：“使用国有资金投资项目的范围包括：（一）使用各级财政预算资金的项目；（二）使用纳入财政管理的各种政府性专项建设基金的项目；（三）使用国有企业事业单位自有资金，并且国有资产投资者实际拥有控制权的项目。”第七条规定：“本规定第二条至第六条规定范围内的各类工程建设项目，包括项目的勘察、设计、施工、监理以及与工程建设有关的重要设备、材料等的采购，达到下列标准之一的，必须进行招标：（一）施工单项合同估算价在 200 万元人民币以上的……（四）单项合同估算价低于第（一）、（二）、（三）项规定的标准，但项目总投资额在3000万元人民币以上的。”从本案来看，涉案工程施工从工程性质及规模来看，都属于依法必须进行招标的项目（亦简称为“强制招标项目”），应当通过招标投标方式进行工程发包。

2. 依法必须招标项目未经过招标签订的合同无效。《招标投标法》第四条规定：“任何单位和个人不得将依法必须进行招标的项目化整为零或者以其他任何方式规避招标。”

第四十九条规定：“将必须进行招标的项目化整为零或者以其他任何方式规避招标的，将依法追究其相应的法律责任。”

《中华人民共和国合同法》（简称《合同法》）第五十二条（五）项规定：“有下列情形之一的，合同无效：……（五）违反法律、行政法规的强制性规定。”

《最高人民法院关于适用〈中华人民共和国合同法〉若干问题的解释（二）》第十四条规定：“合同法第五十二条第（五）项规定的‘强制性规定’，是指效力性强制性规定。”

《最高人民法院关于审理建设工程施工合同纠纷案件适用法律问题的解释》第一条规定：“建设工程施工合同具有下列情形之一的，应当根据合同法第五十二条第（五）项的规定，认定无效：……（三）建设工程必须进行招标而未招标或者中标无效的。”

结合本案来看涉案工程项目属于依法必须招标的项目，未经招标即发包，该施工合同无效。

3. 合同无效，违约责任条款自然无效。《合同法》第五十六条规定：“无效的合同或者被撤销的合同自始没有法律约束力。合同部分无效，不影响其他部分效力的，其他部分仍然有效。”

第五十八条规定：“合同无效或者被撤销后，因该合同取得的财产，应当予以返还：不能返还或者没有必要返还的，应当折价补偿。有过错的一方应当赔偿对方因此所受到的损失，双方都有过错的，应当各自承担相应的责任。”

结合本案，工程施工协议无效，包含其中的违约责任自然无效，当事人一方无权要求对方承担违约责任，其诉请支付违约金无法律依据。鉴于协议双方对于未经招标即签署合同都存在过错，由过错较大的一方适当赔偿过错较小一方所受损失是适当的。

**【案例启示】**

1. 招标人对于依法必须招标的项目，必须实施招标，不得以任何理由规避招标。招标投标活动必须依照法定程序规范操作。评标尚未进行，“中标人”即已经确定，属于明招暗定或规避招标的典型表现，为法律所禁止。

2. 承揽合同项目的合同当事人应当审慎审查所承担项目是否属于依法必须招标的项目，是否履行了招标程序或者不招标的审批手续。依法必须招标项目未实施招标即签订合同的，即为规避招标行为，存在合同无效及后续自行承担损失的风险。

## 案例02：公开招标项目如邀请招标必须经过审批

**【案例描述】**

2003年4月26日，某市计委向某实业公司、某燃气公司等13家企业发出邀请招标函件，组织列入省级重点工程的市接轨“西气东输”工程天然气城市管网项目法人招标。5月2日向各企业发送招标文件。5月12日开标。经评标，市计委向实业公司下发了中标通知书，随后市政府发文同意由实业公司独家经营本市城市天然气管网工程。实业公司遂办理了项目用地手续，购置了管网设施，并开始动工建设管网。

燃气公司认为，市建设局2000年已发文批准其为“城市管道燃气专营单位”，取得本市燃气站《建设用地规划许可证》、燃气管网《建设工程规划许可证》和《建设工程施工许可证》等批准文件，也铺设了一些燃气管道。市计委作出的招标文件、中标通知书和市政府授予实业公司独家经营权的文件侵犯了其管道燃气经营权，向法院提起行政诉讼。

另，2003年11月9日，市建设局发文，以其2000年7月7日授予燃气公司管道燃气专营单位资格缺少法律依据，属越权审批为由废止了该文。

法院认为：本案焦点是招标文件、中标通知书和授予实业公司独家经营权的文件是否具有合法性。

市建设局于2000年发文批准燃气公司为管道燃气专营单位，据此燃气公司已取得了燃气专营权，且在招标活动开始之前，前述文件仍然有效，这显然对招标文件、中标通知书的作出构成障碍。市计委应在依法先行修正、废止或者撤销该文件，并对燃气公司基于信赖该批准行为的合法投入给予合理弥补之后，方可编制发布招标文件，但市计委置当时仍然有效的授权文件于不顾，径行发布招标文件，违反了法定程序，亦损害了燃气公司的信赖利益。同理，由于市建设局文件对整个招标活动始终构成法律上的障碍，故市计委、市政府未对前述文件作出处理以排除法律上障碍，径行对实业公司发出中标通知书及授予实业公司城市天然气管网项目经营权的文件，违反了法定程序，且损害了燃气公司的信赖利益。

再者，按照《招标投标法》第十一条规定，案涉招标项目是省重点项目，原则上应当公开招标。根据相关法律规定，本项目须符合如下两个条件才能采用邀请招标方式：

一是本项目应属于法定邀请招标情形；

二是本项目邀请招标须经省、自治区、直辖市人民政府批准。

而市计委在没有依法办理批准手续的情况下，径行采用邀请招标方式，违反法定程序。

因此，市计委作出招标文件、发出中标通知书及市政府作出授权文件的行为违反法定程序，且影响了燃气公司的信赖利益，但是如果判决撤销上述行政行为，将使公共利益受到以下损害：

一是招标活动须重新开始，如此则市“西气东输”利用工作的进程必然受到延误。

二是由于具有经营能力的投标人可能不止实业公司一家，因此重新招标的结果具有不确定性，如果实业公司不能中标，则其基于对被诉行政行为的信赖而进行的合法投入将转化为损失，该损失虽然可由政府予以弥补，但最终亦必将转化为公共利益的损失。根据《最高人民法院关于执行〈中华人民共和国行政诉讼法〉若干问题的解释》第五十八条关于“被诉具体行政行为违法，但撤销该具体行政行为将会给国家利益或者公共利益造成重大损失的，人民法院应当作出确认被诉具体行政行为违法的判决，并责令被诉行政机关采取相应的补救措施”之规定，应当判决确认被诉具体行政行为违法，同时责令市政府和市计委采取相应的补救措施，以实现公共利益和个体利益的平衡。

综上，法院判决：确认市计委作出的招标文件、中标通知书和市政府授权文件违法，责令市政府、市计委采取相应补救措施，对燃气公司的合法投入予以合理弥补，并驳回燃气公司的赔偿请求。

【案例分析】

1. 应当公开招标的项目如有特殊情形可以采用邀请招标方式，但必须履行批准程序。《招标投标法》第十一条规定："国务院发展计划部门确定的国家重点项目和省、自治区、直辖市人民政府确定的地方重点项目不适宜公开招标的，经国务院发展计划部门或者省、自治区、直辖市人民政府批准，可以进行邀请招标。"《工程建设项目施工招标投标办法》第十一条规定："国务院发展计划部门确定的国家重点建设项目和各省、自治区、直辖市人民政府确定的地方重点建设项目，以及全部使用国有资金投资或者国有资金投资占控股或者主导地位的工程建设项目，应当公开招标；有下列情形之一的，经批准可以进行邀请招标：

（一）项目技术复杂或有特殊要求，只有少量几家潜在投标人可供选择的；

（二）受自然地域环境限制的；

（三）涉及国家安全、国家秘密或者抢险救灾，适宜招标但不宜公开招标的；

（四）拟公开招标的费用与项目的价值相比，不值得的；

（五）法律、法规规定不宜公开招标的。国家重点建设项目的邀请招标，应当经国务院发展计划部门批准；地方重点建设项目的邀请招标，应当经各省、自治区、直辖市人民政府批准……"（注：1. 该办法已于2013年3月1日被国家发展改革委等九部委令第23号修订，修订后的第十一条与文本引用的有所不同。本案发生在该办法修订之前，故适用修订前的相关表述。2.《招标投标法实施条例》自2012年2月1日起施行，在该日期之后发生的案例，应适用该条例的相关规定。）

也就是说，国家发展改革委确定的国家重点项目和省级政府确定的地方重点项目以及国有资金控股或者主导地位的依法必须进行招标的项目原则上应当公开招标，如有前述特殊情形且报经项目审批、核准部门或者有关行政监督部门批准，可以采用邀请招标方式。本案中，涉案项目是省级重点项目，应当公开招标，但市计委在未经政府批准的情况下适用了邀请招标程序，违反法律规定。

2. 强制招标项目招标人给予投标人编制投标文件的时间不得少于20日。《招标投标法》第二十四条规定："招标人应当确定投标人编制投标文件所需要的合理时间；但是，依法必须进行招标的项目，自招标文件开始发出之日起至投标人提交投标文件截止之日止，最短不得少于二十日。"依据该法条规定，强制招标项目给予投标人编制投标文件的时间最短不得少于20日。但本案中，市计委发出投标邀请函的时间是4月26日，发出招标文件的时间是5月2日，开标时间是5月12日，从招标人发出招标文件到开标之日只有10天时间，不符合前述编制投标文件时间不少于20日的规定。

【案例启示】

1. 强制招标项目中如属于国家重点项目、地方重点项目或国有资金占控股或者主导地位的招标项目，原则上应当公开招标，如有法定的特殊情形需要采用邀请招标方式的，须报经项目审批、核准部门或者有关行政监督部门批准。对于其他强制招标项目，可以自主选择公开招标或者邀请招标方式。

2. 招标人应当根据招标项目的规模、复杂程度给予投标人编制投标文件所需要的合理时间；但是对强制招标项目，自招标文件开始发出之日起至投标人提交投标文件截止之日止最短不得少于20日。非强制招标项目编制投标文件的时间，可由招标人依据项目特点自行决定，可以少于20日。

## 案例 03：程序不完备的招投标行为无效

**【案例描述】**

2009 年 7 月 21 日，餐饮管理公司发布某单位智慧食堂租赁经营项目招标公告，上面载明："1. 投标人资格：法人餐饮服务机构，注册资金 10 万元以上，具有独立法人资格，能独立承担民事责任，经营业绩良好的餐饮经营户。2. 报名时需提交资料：营业执照、税务登记证、卫生许可证复印件，押金 5 万元。"

2009 年 7 月 23 日，丁某到餐饮管理公司处缴纳报名资料费 200 元，押金 5 万元。

2009 年 8 月 3 日，丁某参加投标，出具的投标一览表载明，投标人为丁某，并备注："1. 如以上网点投标失败者，可全额退还所交押金（无银行利息）；2. 如中标，押金自动转为保证金（如自行放弃，不予退还）。"同日，丁某出具申请书一份，内容为"我自愿加入餐饮管理公司，申请做公司下属网点的管理部长"。餐饮管理公司盖章批准后，餐饮管理公司通知丁某协商签订合同等相关事宜，由于双方对有关合同条款分歧很大，未能签订合同。丁某要求退还 5 万元押金未果，故成讼。

法院认为：本案中餐饮管理公司采取的是公开招标的方式，但纵观双方的招投标活动，并不符合《招标投标法》的相关规定，其招投标行为无效，理由如下：

第一，餐饮管理公司只发布了招标公告，没有编制招标文件，也没有向丁某发布相应的招标文件。

第二，餐饮管理公司发布的招标公告中明确了投标人资格为法人餐饮服务机构，注册资金 10 万元以上，具有独立法人资格，能独立承担民事责任，经营业绩良好的餐饮经营户，但在明知丁某是个人的情况下依然收取报名资料费和押金，并允许其参与所谓的招投标活动。

第三，餐饮管理公司没有依法进行开标和评标活动。该公司称，在 2009 年 8 月 3 日通知报名者进行了公开招标，并当场口头通知丁某中标，但其没有提供相应的证据予以证实。该公司辩称，丁某出具的投标一览表就是投标文件，丁某出具了申请书就作为对中标者的通知。但餐饮管理公司没有向丁某发布相应的招标文件，投标一览表和申请书均是餐饮管理公司事先印好的格式文本，也没有列明拟签订合同的主要条款，不符合《招标投标法》规定的投标文件和中标通知书的要件。从实质上看，该申请书只是一份意向性的文件，并不具有中标通知书的效力，双方也没有就承包智慧食堂事宜签订具体的协议。

综上，餐饮管理公司所进行的招投标行为是无效的，双方没有就承包食堂事宜达成具体协议，餐饮管理公司所谓的投标文件即投标一览表中规定的条款对双方没有法律约束力，其辩称押金 5 万元是履约保证金的理由不成立，收取丁某押金 5 万元不予退还也没有相应的法律依据。故法院判决餐饮管理公司返还丁某押金 5 万元。

**【案例分析】**

1. 招标投标有完备严格的程序规定，不符合程序规定的招投标行为无效。采购方式多种多样，常见的除了招标，还有竞争性谈判、竞争性磋商、单一来源采购、询价采购、反向竞拍等方式。与其他采购方式相比，《招标投标法》对招标投标设置了详尽完备、严格规范的程序性规定，对招标公告与招标文件的内容与发布、投标文件的编制与递交，开标、评标、定标程序及签订合同等关键程序都作出明确具体的规定，严格履行完这些法定的程序才是完整、合法的招标投标行为。但从本案来看，只有招标人发布招标公告、投标人递交投标文件等环节，但招标人没有发售招标文件，没有依法组织开标、评标、定标等活动，未发出中标通知书，也就是说并没有履行完整的招投标程序，故实质上并无合法的招投标行为存在。履约保证金是中标人向招标人提供的确保依法全面履约的担保，既然不存在合法的招投标活动，无双方合同存在，也就失去提交履约保证金的前提条件。基于此，本案中餐饮服务公司扣留丁某的履约保证金的做法没有法律依据，应当退还。

2. 除科技项目外，自然人个人一般不得作为适格的投标人参与投标。根据《招标投标法》第二十五条规定："投标人是响应招标、参加投标竞争的法人或者其他组织。依法招标的科研项目允许个人参加投标的，投标的个人适用本法有关投标人的规定。"根据《民法通则》第三十六条规定，法人是具有民事权利能力和民事行为能力，依法独立享有民事权利和承担民事义务的组织。法人分为企业法人、机关法人、事业单位法人、社会团队法人（《中华人民共和国民法总则》将法人分为有限责任公司、股份有限公司和其他企业法人等营利法人，包括事业单位、社会团体、基金会、社会服务机构等非营利法人和机关法人、农村集体经济组织法人、城镇农村的合作经济组织法人、基层群众性自治组织法人等特别法人），参加投标竞争的法人应为企业法人或事业单位法人。法人以外的其他组织，即经合法成立、有一定的组织机构和财产，但又不具备法人资格的组织，如经依法登记领取营业执照的个人独资企业、合伙企业，法人依法设立并领取营业执照的分支机构等。个人，即《民法通则》所讲的自然人（公民）。（如本案发生在 2017 年 10 月 1 日以后，则应根据《民法总则》第五十七条规定处理）个人作为投标人，只限于科研项目依法进行招标的情形。本案中，招标公告明确规定投标人资格条件为法人餐饮服务机构，具有独立法人资格，能独立承担民事责任，经营业绩良好的餐饮经营户，也就是投标人必须是企业法人。因此，作为个人的丁某不具备适格的投标人资格条件，其投标行为无效。

**【案例启示】**

1. 完整的招投标活动包括招标、投标、开标、评标、定标和商签合同等主要环节。在每一个环节，招标投标法都作出一系列系统完整的强制性规定或任意性规定，如招标文件的内容、投标人的资格条件、投标文件的编制、评标标准和方法、开标时间和地点、评标程序、定标原则以及中标通知书的送达等环节，都有具体的行为规范。招标虽然不是任何采购都必选的采购方式，但是一旦选择招标方式进行采购，就应严格依照《招标投标法》的规定依法合规履行全部程序，这样才能是实质性的招标投标活动。

2. 招标投标活动中，对于工程建设项目施工而言，根据《工程建设项目施工招标投标办法》第十五条规定，对招标文件所附的设计文件，招标人可以向投标人酌收押金，开标后投标人退还设计文件时招标人应当退还押金。除此之外，一般不能以任何名义收取"押金"，以减少投标人的负担。

（上述三个案例均选自《招投标典型案例评析》，白如银主编，中国电力出版社 2017 年 4 月出版）

## 3. 1. 6　技能训练

**1. 训练任务**

某学院 5G 虚拟仿真平台建设采购项目。

**2. 任务说明**

根据招标文件格式要求，编制某学院 5G 虚拟仿真平台建设采购项目招标文件。

**3. 任务要求**

①根据前期 5G 虚拟仿真平台市场调查相关资料，各小组编制招标文件（内容需包括招标公告、投标人须知、合同条款及格式、项目需求、评标方法与评标标准、投标文件格式等）。

②招标文件要求：Word 版；格式要求：字体仿宋，排版简洁整齐。

③根据招标文件 Word 版，梳理一篇招标文件 PPT 版（内容需包括招标公告、投标人须知、合同条款及格式、项目需求、评标方法与评标标准、投标文件格式等），展示时长要求 8～10min；格式要求：形式、字体不限，排版简洁整齐。

**4. 任务考核**

（1）小组成绩由招标文件编写成绩和招标文件宣讲成绩两部分组成

①招标文件编写成绩由自评成绩、互评成绩和师评成绩组成，如表 3－1－2 所示。

招标文件编写成绩＝自评（30%）＋互评（30%）＋师评（40%）。

②招标文件宣讲成绩为小组间互评成绩的平均值，如表 3－1－3 所示。

（2）最终个人成绩＝(招标文件编写成绩＋招标文件宣讲成绩)/2×任务参与度

注：任务参与度根据任务实施过程，由组长在小组分工记录表（如表 3－1－4 所示）中赋予（取值范围 0～100%）。

**表 3－1－2　任务考核评价表**

| 任务名称： | | | | 完成日期： | | |
|---|---|---|---|---|---|---|
| 小组： | | 组号： | | 班级： | | 成绩：<br>教师签字： |
| 自评分数： | | 互评分数： | | 师评分数： | | |
| 序号 | 评分项 | 分数 | 评分要求 | 自评 | 互评 | 师评 |
| 1 | ICT 招标文件编制 | 60 分 | 1. 调研充分，资料翔实（20%）<br>2. 内容完整规范（40%）<br>3. 格式符合规范（20%） | | | |
| 2 | 小组协作 | 30 分 | 1. 全员参与度（50%）<br>2. 分工合理性（50%）<br>3. 成员积极性（50%） | | | |
| 3 | 加分项 | 10 分 | 1. 可行性（50%）<br>2. 最佳文件（50%） | | | |

表 3-1-3　招标文件宣讲互评表

| 序号 | 组名 | 宣讲人 | PPT 制作（40 分） | 宣讲效果（40 分） | 过程亮点（20 分） | 小计 | 点评内容 |
|---|---|---|---|---|---|---|---|
| 1 | | | | | | | |
| 2 | | | | | | | |
| 3 | | | | | | | |
| 4 | | | | | | | |
| 5 | | | | | | | |
| 6 | | | | | | | |
| 7 | | | | | | | |
| 8 | | | | | | | |

表 3-1-4　小组分工记录表

<table>
<tr><td>班级</td><td></td><td>小组</td><td></td></tr>
<tr><td>任务名称</td><td></td><td>组长</td><td></td></tr>
<tr><td>成员</td><td colspan="2">任务分工</td><td>任务参与度（%）</td></tr>
<tr><td></td><td colspan="2"></td><td></td></tr>
<tr><td></td><td colspan="2"></td><td></td></tr>
<tr><td></td><td colspan="2"></td><td></td></tr>
<tr><td></td><td colspan="2"></td><td></td></tr>
<tr><td></td><td colspan="2"></td><td></td></tr>
<tr><td></td><td colspan="2"></td><td></td></tr>
</table>

# 项目 2

# ICT 项目投标

## 3.2.1 任务引入：什么是投标

投标是与招标相对应的。投标是一种因招标人的邀约，引发投标人的承诺，经过招标人的择优选定，最终形成协议和合同关系的平等主体之间的经济活动过程。投标书是投标人按招标人的要求具体向招标人提出订立合同的建议，是提供给招标人的备选方案。

投标人是指响应招标、参加投标竞争的法人或者其他组织。其中，那些对招标公告或邀请感兴趣的可能参加投标的人称为潜在投标人，只有那些响应并参加投标的潜在投标人才能称为投标人。

1809 年，美国通过了第一部要求密封投标的法律。“二战”以来，招标投标影响不断扩大。相当多的国家进行深入研究与实践探索，认为招标不仅是服务，而且对规范行为、优化采购也意义重大，因此，招标投标便由一种交易过渡为政府强制行为。这一升华，使招标投标在法律上得到了保证，于是招标投标成为“政府采购”的代名词。

投标的作用主要体现在以下方面：

①优化社会资源配置和项目实施方案，提高招标项目的质量、经济效益和社会效益。

②推动投资融资管理体制和各行业管理体制的改革。

③促进投标企业转变经营机制，提高企业的创新活力，积极引进先进技术和管理，提高企业生产力、服务的质量和效率，不断提升企业市场信誉和竞争能力。

④维护和规范市场竞争秩序，保护当事人的合法权益，提高市场交易的公平、满意和可信度，促进社会和企业的法治、信用建设，促进政府转变职能，提高行政效率，建立健全市场经济体系。

⑤有利于保护国家和社会的公共利益，保障合理、有效地使用国有资金和其他公共资金，防止其浪费和流失，构建从源头预防腐败交易的社会监督制约体系。

## 3.2.2 任务分析：认识 ICT 投标

投标是一个投标招标的专业术语，是指投标人应招标人的邀请，根据招标公告或投标邀请书所规定的条件，在规定的期限内，向招标人递盘的行为。目前，大多数国家政府机构和公用事业单位通过招标购买设备、材料和日用品等。在进行资源勘探、开发矿藏或招商承建工程项目时，也常采用招标方式。

微课：认识 ICT 投标

PPT：认识 ICT 投标

**1. 投标的基本做法**

投标人首先取得招标文件，认真分析研究后（在现场实地考察），编制投标书。投标书实质上是一项有效期至规定开标日期为止的发盘或初步施工组织编写，内容必须十分明确，中标后与招标人签订合同所要包含的重要内容应全部列入，并在有效期内不得撤回标书、变更标书报价或对标书内容作实质性修改。为防止投标人在投标后撤标或在中标后拒不签订合同，招标人通常都要求投标人提供一定比例或金额的投标保证金。招标人决定中标人后，未中标的投标人已缴纳的保证金即予退还。招标人或招标代理机构须在签订合同后两个工作日内向交易中心提交《退还中标人投标保证金的函》。交易中心在规定的五个工作日内办理退还手续。图 3-2-1 所示为投标现场。

图 3-2-1　投标现场

**2. 投标书的分类**

投标书分为生产经营性投标书和技术投标书。生产经营性投标书有工程投标书、承包投标书、产品销售投标书、劳务投标书；技术投标书包括科研课题投标书、技术引进或技术转让投标书。投标报价是指承包商采取投标方式承揽工程项目时，计算和确定承包该工程的投标总价格。投标单位有了投标取胜的实力还不够，还需有将这种实力变为投标的技巧。

工程投标书通常分为技术标、商务标和资信标三部分。技术标主要是以施工组织设计体现，即所投标的主要是施工工艺流程、技术规范。评标时，技术标一般占 30%。商务标主要是预算报价部分，即结合自身和外界条件对整个工程的造价进行报价（不可超过项目控制价）。商务标是整个投标的重中之重（综合评分法中，货物项目的价格分值占总分值的比重不得低于 30%，服务项目的价格分值占总分值的比重不得低于 10%。执行国家统一定价标准和采用固定价格采购的项目，其价格不列为评审因素。工程类项目不得采用最低价法，一般由评标方法求出评标基准值，以基准值最接近来选取中标候选人）。资信标是指企业、人员、机械等相关资质等级要求。资信标主要是审查公司有无投标、中标及完成一定的工程项目资格等。

**3. 投标文件的送达**

《招标投标法》第二十八条规定，投标人应当在招标文件要求提交投标文件的截止时间前，将投标文件送达投标地点。招标人（招标代理）收到投标文件后，应当签收保存，不得开启。在投标文件递交截止时间后，收到的投标文件少于三家的，招标人（招标代理）应当宣布本项目流标。再经过相关部门审核后，决定是否重新进行招标。在招标文件要求提交投标文件的截止时间后送达的投标文件，招标人（招标代理）应当拒收。

（1）投标文件的送达

投标人必须按照招标文件规定的地点，在规定的时间内送达投标文件。送达投标文件的方式最好是直接送达或委托代理人送达，以便获得招标机构已收到投标书的回执，如图3－2－2所示。

**图3－2－2 送达投标文件**

在招标文件中通常就包含有送达投标文件的时间和地点，投标人不能将投标文件送达招标文件规定地点以外的地方。投标人因为送达投标文件的地点发生错误而延误投标时间的，将被视为无效标而被拒收。

如果以邮寄方式送达的，投标人必须留出邮寄时间，保证投标文件能够在截止日期之前送达招标人指定的地点，而不是以“邮戳为准”。在截止时间后送达的投标文件，即已经过了招标有效期的，招标人（招标代理）应当原封退回，不得进入开标阶段。

（2）投标文件的签收保存

招标人收到投标文件以后应当签收，不得开启。为了保护投标人的合法权益，招标人（招标代理）必须履行完备的签收、登记和备案手续。签收人要记录投标文件送达的日期和地点以及密封状况，签收人签名后应将所有送达的投标文件放置在保密安全的地方，任何人不得开启投标文件。

（3）投标文件的拒收

《招标投标法实施条例》第三十六条规定了招标人可以按照法律规定拒收或者不予受理投标文件的情形：一是未通过资格预审的申请人提交的投标文件，二是逾期送达的投标文件，三是不按照招标文件要求密封的投标文件。

①对于工程建设项目，《工程建设项目施工招标投标办法》第五十条和《工程建设项目货物招标投标办法》第三十四条均规定，投标文件有以下问题的，招标人可不予受理。

a. 逾期送达的或者未送达指定地点的；

b. 未按招标文件要求密封的。

②对于机电产品国际招标项目，除了在规定的投标截止时间之前提交投标文件，《机电产品国际招标投标实施办法（试行）》第三十八条还规定，投标人在招标文件要求的投标截止时间前，应当在招标网免费注册，注册时应当在招标网在线填写招标投标注册登记表，并将由投标人加盖公章的招标投标注册登记表及工商营业执照（复印件）提交至招标网；境外投标人提交所在地登记证明材料（复印件），投标人无印章的，提交由单位负责人签字的招标投标注册登记表。投标截止时间前，投标人未在招标网完成注册的不得参加投标，有特殊原因的除外。

③对于政府采购项目，《政府采购货物和服务招标投标管理办法》第三十三条规定，逾期送达或者未按照招标文件要求密封的投标文件，采购人、采购代理机构应当拒收。

为了保证充分竞争，对于投标人少于三个的，应当流标。按照国际惯例，至少有三家投标人才能带来有效竞争，因为两家参加投标，缺乏竞争，投标人可能提高采购价格，损害招标人利益。

④对于电子标书，投标人应当在投标文件的截止时间前上传至指定网站，并保证电子标书能正常解密。如超时上传或无法正常解密，视为无效标。

**4. 投标报价**

投标报价技巧的作用体现在：可以使实力较强的投标单位取得满意的投标成果；使实力一般的投标单位争得投标报价的主动地位；当报价出现某些失误时，可以得到某些弥补。因此，投标单位必须十分重视对投标报价方法的研究和使用。

投标报价与工程施工是密切关联的统一体。有时一个项目的投标报价如果略微出现一些小差错，工程施工也许还可以弥补项目的不足；有时一个项目的投标报价很合理，可工程施工出现漏洞也可能会拖垮项目。这就对做投标报价的人员提出了一个课题，是否非常熟悉国际工程施工的全过程，是否真正了解建筑公司的实际施工的成本。国际投标和国内投标的区别就在于，国内投标报价可参照规定的定额，国际投标报价由投标人自己测定定额。

在承包方式上，投标报价一般有两种方法：一种是作为分包报价，另一种是作为总承包投标报价。从项目性质来看，一种是私人资本投资的，另一种是国家政府投资的或亚洲和世界银行贷款或其他国际组织贷款的。前一种投标的形式很多，不在这里叙述，下面主要介绍后一种。不管政府投资也好，国际金融机构贷款也好，一般按国际标准的招标投标程序进行：国际投标报价主要从利润和承担风险程度来考虑，承包者相互竞争，在相互保密的情况下编出投标书；当众开标，有关人员进行综合测评，决定中标者。一般来说，国际投资报价过程为：市场调查、踏勘现场、选择总包管理班子和施工队伍、编制投标报价书、确定最终报价。投标报价的第一步是投标环境的调查，即对政治、社会和法律方面，自然条件、市场情况、工程项目情况进行调查。除了投标环境调查，在编制报价表之前，必须对整个项目有一个初步的施工方案。该方案中至少要包括：根据工程进度需投入多少施工设备；大宗的建筑材料采购方法；当地劳工和国内人员的比例；流动资金的来源和使用。对海外工程做出既合理又有竞争性的报价是国际工程承包中一个值得研究的课题，即便在目前，国内的工程投标大多也还按国家规定的定额条件做报价。所以，在国内一个工程报价人员只要熟悉国家定额和有关补充规定，做一个工程报价并不太困难。况且，现在都使用计算机，有报价软盘。因此，国内工程报价可以在短时间内完成，并且几个人做的报价价格相差不会很大。投标报价的第二步就是分析。根据历年来该项目的投标范围、投标结果，根据施工大纲测算自己的实际成本，最后得出合理而且具有竞争性的报价。国际工程投标是一项较为复杂的工作，但只要掌握它的规律，做好投标前的准备工作，同时针对不同的项目制定不同的投标报价的原则，以及在计算中采用 A、B、C 分类法，那么中国的国际工程承包商是可以在海外建筑市场上争得一席之地的。对长期从事海外工程的技术人员来说，应该不断熟悉海外投标的一套模式，在实践中不断积累经验，为中国的建筑承包商真正走向海外建筑市场而努力。

## 3.2.3　任务分析：认识 ICT 投标文件

微课：认识 ICT 投标文件

PPT：认识 ICT 投标文件

投标文件是指投标单位按照招标文件的条件和要求，向招标单位提交的报价并填具标单的文书。它要求密封后邮寄或派专人送到招标单位，故又称标函。它是投标单位在充分领会招标文件，进行现场实地考察和调查的基础上所编制的投标文书，是对招标公告提出的要求的响应和承诺，并同时提出具体的标价及有关事项来竞争中标。

投标文件应当包含两大方面的内容，即商务部分以及技术部分。

**1. 商务部分**

（1）投标函

投标函，是指投标人按照招标文件的条件和要求，向招标人提交的有关报价、质量目标等承诺和说明的函件，位于投标文件的首要部分。

【范例】　　×× 公司关于建行山西分行投标函

致：中国建设银行山西省分行

根据贵方为数据中心网络改造项目招标采购核心交换机和云计算平台的投标邀请，投标人××有限公司经详细审阅和研究，现决定参加投标，并郑重承诺：

1. 我方完全接受招标文件中的内容，并将按招标文件的规定履行义务。

2. 我方愿按《中华人民共和国招标法》《中华人民共和国民法典》及相关法律法规履行我方的全部责任。

(1) 开标一览表
(2) 设备类型及功能、性能、技术指标
(3) 技术力量及销售情况简介
(4) 具体技术服务项目
(5) 投标价格表
(6) 投标人情况简介
(7) 投标人资格证明文件
(8) 其他优惠条件

【范例】 烽火公司关于移动的投标函

1. 我方已详细审查全部招标文件，包括修改文件以及全部参考资料和有关附件，无其他不明事项。

2. 投标人同意提供贵方要求的与投标有关的一切数据或资料，完全理解招标人在招标文件中确定的评标原则和程序。

3. 投标人法定代表人姓名、职务：××总经理

投标人名称：××信息科技有限公司

单位公章：

法定代表人或授权代理人签字：

日期：××××年×月×日

(2) 法定代表人授权书

法定代表人授权书即公司法人委托他人代表自己行使自己的法定权利。因为招标投标涉及交易双方法人和法人之间的活动，但是公司法人只有一个，不可能参与交易活动的每个细节，这个时候就需要有委托人，因此也就必须要有“法定代表人授权书”。在授权书里面要写明法人姓名、被委托人姓名、项目名称，以及被委托人没有转让委托权的权利，避免以后可能存在的法律纠纷，如图 3-2-3 所示。

(3) 企业法人营业执照

企业法人营业执照是企业或组织合法经营权的凭证。企业法人营业执照的登记事项包括名称、住所、法定代表人姓名、资本数额、公司类型、经营范围、经营业期限等，如图 3-2-4 所示。投标人必须出示自己的企业法人营业执照；如果无企业法人营业执照或者伪造企业法人营业执照，则按照废标处理，并按照法律进行相应处罚。

(4) 企业资质证书

在 ICT 投标活动中，对于企业的资质有一定的要求，一般来说需要有进网许可证、集成资质、环境证明资质。

进网许可证证书包含证书编号、申请单位、生产企业、设备名称、设备型号、产地、备注、证书签发日期、证书有效日期（一般有效期为 3 年）。实行进网许可制度的电信设备必须获得工业和信息化部颁发的电信设备进网许可证（如图 3-2-5 所示），否则不得接入公用电信网使用和在国内销售。

## 法定代表人授权书

注册于__武汉[redacted]号__的__[redacted]网络有限责任公司__的在下面签字的[redacted]__董事长__为本公司法定代表人，代表本公司授权在下面签字的[redacted]__客户经理，[redacted]__为本公司的合法代理人，就__中国电信 2011 年第一批统谈统签类 IP 设备集中采购(HJSW)部分__的投标，以本公司名义处理一切与之有关的事务，该授权代表在办理相关事宜过程中所签署的一切文件和处理的一切事务，本公司均予承认，并承担全部法律责任。

授权代表无权转委托权，特此委托。

本授权书于　2011 年 3 月 27 日签字生效，特此声明。

[redacted]

投标人名称：[redacted]网络[redacted]限责任公司

法定代表人：[redacted]（签字）

授权代表：[redacted]（签字）

2011 年 3 月 27 日

图 3－2－3　法定代表人授权书

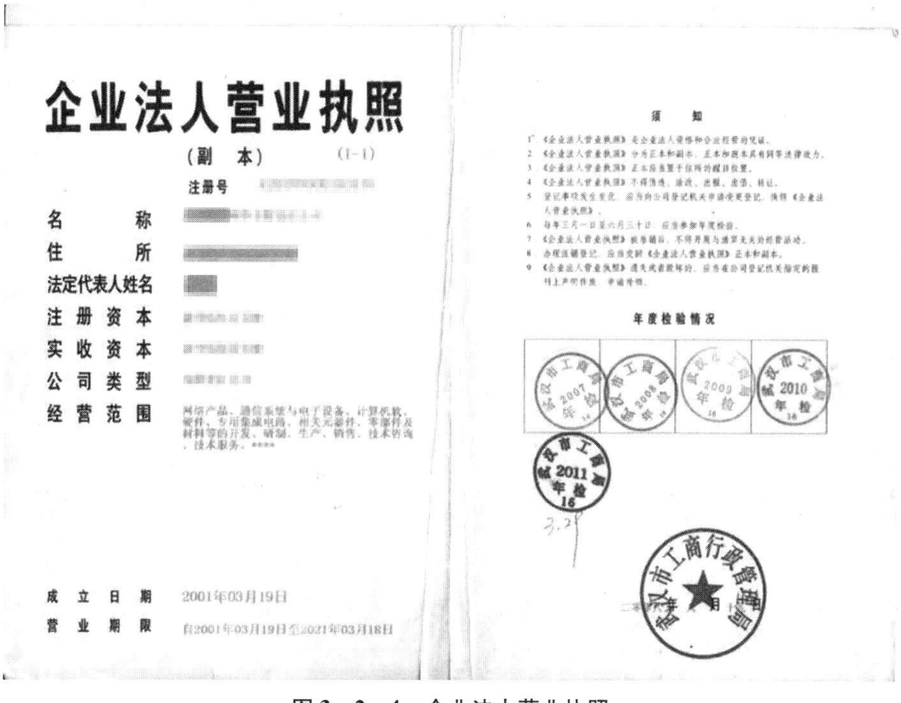


图 3－2－4　企业法人营业执照

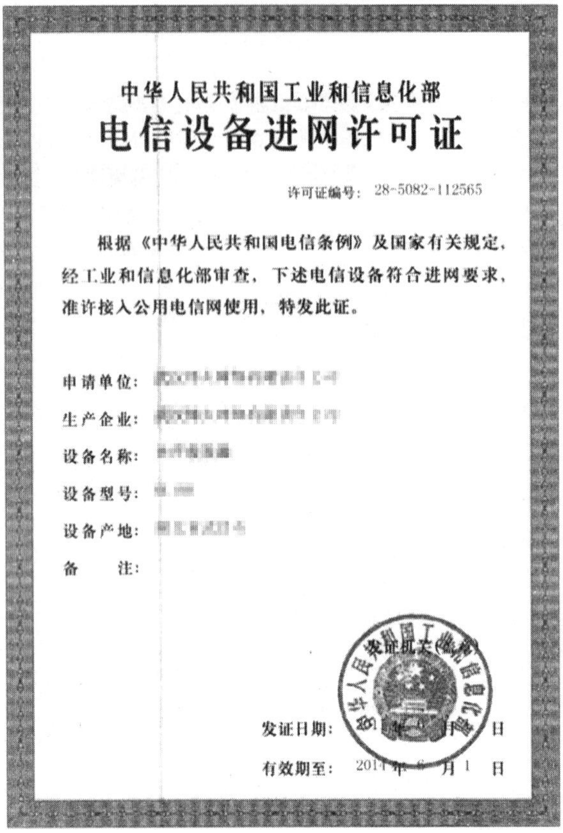
中华人民共和国工业和信息化部

电信设备进网许可证

许可证编号：28-5082-112565

根据《中华人民共和国电信条例》及国家有关规定，经工业和信息化部审查，下述电信设备符合进网要求，准许接入公用电信网使用，特发此证。

申请单位：[illegible]

生产企业：[illegible]

设备名称：[illegible]

设备型号：[illegible]

设备产地：[illegible]

备　　注：

发证机关（盖章）

发证日期：[illegible] 年 [illegible] 月 [illegible] 日

有效期至：2014 年 6 月 1 日

图 3－2－5　电信设备进网许可证

**2. 技术部分**

（1）技术建议书

技术建议书一般包括项目概述（包括项目背景、目标、项目建设范围等）、需求分析、项目整体建设方案（总体架构、技术架构、功能架构、部署方案、安全方案）、项目实施方案（实施方法论、团队组织、人员、进度计划等）、项目管理方案、项目案例说明等。

（2）点对点应答表

招标人会提供点对点应答文件给投标人，该应答表主要是针对设备性能指标方面的，投标人应该在技术标书文件中逐项答复。应答要求为“满足”或者“不满足”。对于“不满足”的条款，须提出充分理由并加以详细说明。在这里需要注意的是，一定要诚实应答。在这里特别提醒，在之前的设备型号选取就应该充分考虑到技术应答，一定要尽可能地选取能够满足所有条件的设备，因为有的甲方对待技术应答非常认真，一旦有不满意的地方，这个标就成为“废标”了。技术应答范例如下所示。

**【范例】　　　　某市移动公司基站回传设备采购项目**

（1）SDH 上联支持 STM－1 接口的能力，系统可扩展到 STM－4。

答复：满足。我司提供设备优于上述要求，B3100 系列 MSAP 支持 STM－1、STM－4 接口能力。

（2）IP 上联支持 FE 或 GE 接口能力。

答复：满足，我司 MSAP 设备支持上联 GE 和 FE 的光或电上传，支持 TRUNK。

（3）多系统支持和扩展能力：单一局端设备可以接入多种类型的远端设备。

答复：满足，我司 MSAP 局端设备可接入协转、光猫、光收等远端设备。

（4）局端设备支持环网保护和线性 1+1 保护功能。

答复：满足。我司提供设备优于上述要求，B3100 系列 MSAP 设备支持环网保护和线性 1+1 保护功能，另外还支持跨端口保护和跨盘保护功能。

（5）功能完善的网络管理系统：支持通过网元自动发现功能生成网络拓扑，网管应能对设备组成的复杂网络进行集中操作、维护和管理（OAM），实现电路的配置和调度，保证网络安全运行。

答复：满足，我司网络管理系统能够管理 MSAP、协转、光收等设备，支持通过网元自动发现功能生成网络拓扑，能对设备组成的复杂网络进行集中操作、维护和管理（OAM），实现电路的配置和调度，保证网络安全运行。

（6）所有类型的远端设备均支持远程网管，且支持 MSAP 局端和远端设备以及光纤收发器局端和远端设备的统一管理；当远端采用 SDH/MSTP 设备时，应支持 DCC 能力，实现设备的统一管理。

答复：满足，我司 MSAP 和光纤收发器设备均支持局端和远端设备的统一管理；当远端采用 SDH/MSTP 设备时，支持 DCC 通道，能够实现统一管理。

（7）支持内嵌 DCN 的能力，实现设备的统一网络管理。

答复：满足，我司 MSAP 设备支持内嵌 DCN 的能力，能够实现统一管理。

（8）支持 DCN 保护能力，实现 DCN 网络的自愈。

答复：满足，我司 MSAP 设备支持 DCN 保护能力，实现 DCN 网络的自愈。

（9）MSAP 设备支持设备软件的远程在线升级。

答复：满足，我司 MSAP 设备支持设备软件的远程在线升级。

（10）支持标准的以太网封装协议（GFP/LAPS）以及映射协议（虚级联/LCAS），可以和不同厂家的 MSTP 进行互通。

答复：满足，我司 MSAP 设备支持标准的以太网封装协议（GFP/LAPS）以及映射协议（虚级联/LCAS），可与所有厂家的 MSTP 互通。

（3）技术偏离表

对于点对点应答中的条款，要另外做一份技术偏离表，同时要指明是正偏离（优于）还是负偏离（弱于），并详细指明偏离内容，如表 3-2-1 所示。

**表 3-2-1　某运营商基站回传设备采购技术偏离表**

| 序号 | 技术偏离类型（正负偏离） | 技术偏离的文档章节号及页号 | 技术偏离的主要内容说明 |
|---|---|---|---|
| 1 | 正偏离（优于） | 《MSAP 技术规范书点对点应答》第 5 页中 3.2 总体功能要求：<br>（1）SDH 上联支持 STM-1 接口的能力，系统可扩展到 STM-4 | 答复：满足。我司提供设备优于上述要求，B3100 系列 MSAP 支持 STM-1、STM-4 接口能力 |

续表

| 序号 | 技术偏离类型（正负偏离） | 技术偏离的文档章节号及页号 | 技术偏离的主要内容说明 |
|---|---|---|---|
| 2 | 正偏离（优于） | 《MSAP 技术规范书点对点应答》第 5 页中 3.2 总体功能要求：<br>(4) 局端设备支持环网保护和线性 1 +1 保护功能 | 答复：满足。我司提供设备优于上述要求，B3100 系列 MSAP 设备支持环网保护和线性 1 +1 保护功能，另外还支持跨端口保护和跨盘保护功能 |
| 3 | 正偏离（优于） | 《MSAP 技术规范书点对点应答》第 6 页中 3.2 总体功能要求：<br>(12) VC –12 虚级联数要求最大支持 46 个以上 | 答复：满足。我司提供设备优于上述要求，B3100 系列 MSAP 设备支持 63 个 VC –12 |
| 4 | 正偏离（优于） | 《MSAP 技术规范书点对点应答》第 7 页中 3.2 总体功能要求：<br>(17) 单台局端设备接入远端设备数量不小于 20 个光方向，需满足接入层网络的中长期建设规划要求。要求提供局端设备支路侧背板带宽能力（分槽位描述） | 答复：满足。我司提供设备优于上述要求，B3100 系列 MSAP 最大可支持 192 路 E1 光方向，可支持 96 路以太接入光方向等，数据上背板支持 TDM 和 IP 双平面，TDM 平面每个子槽位独享 155M 带宽，IP 平面每个子槽位支持 200M 带宽 |
| 5 | 正偏离（优于） | 《MSAP 技术规范书点对点应答》第 8 页中 4.1 SDH 功能：<br>(2) 设备应具有灵活的交叉矩阵，交叉矩阵容量不应小于 8 * 8VC4 或等效 VC12 的交叉能力，以提供从 E1，STM –1 到 STM –4 速率的 TDM 业务 | 答复：满足。我司提供设备优于上述要求，B3100 系列 MSAP 具有灵活的交叉矩阵，交叉矩阵支持 32 * 32VC4 的交叉能力，能够提供 E1、STM –1、STM –4 等速率的 TDM 业务 |
| 6 | 正偏离（优于） | 《MSAP 技术规范书点对点应答》第 9 页中 4.3 以太网功能：<br>(3) 通道容量：最大支持的虚级联数不小于 46 个 VC –12 和 NxE1（N≥1） | 答复：满足。我司提供设备优于上述要求，B3100 系列 MSAP 支持 63 个 VC –12 和 63xE1 |

## 3.2.4 任务分析：如何编制 ICT 投标文件

### 1. 资料的累积

投标文件格式基本相同，特别是商务部分相对固定，因此，在参加相关政府采购活动时，可制作出商务部分投标文件的标准模板，再根据招标的具体要求，适当地加加减减，很快就能制作出一份符合规定的投标文件，既提高了制作效率，减少了制作时间，同时也降低了制作成本。在平时做标书的过程中，就需要把经常用的资料积累起来，有一些证书有更新的，也需要及时地拿到最新版本。

微课：投标文件的组成

【范例】 投标工作小插曲之小李的疑惑

PPT：投标文件的组成

过几天就是某公司的招标日了。这个项目涉及的款项大，是公司非常重视的项目，该项目是由老张全权负责的。小李认为老张这几天应该会非常忙，所以小李找到老张，自告奋勇地表示想要帮助老张分担一部分工作。没想到老张微微一笑拒绝了小李的请求，并且胸有成竹地说道："小李啊，你不用替我担心，我有分寸的。"

小李也不好再说什么，只好作罢。小李以为老张只是不愿意麻烦自己而已，没想到这几天老张并没有加班做标书，也没有去和他的团队开会什么的。小李再也忍不住心中的疑问，跑去问老张了。老张呵呵一笑对小李说道："小李啊，我这个项目在前期就准备得非常完善了，你看看我准备的材料。"说着老张打开电脑，从商务材料到技术材料，一应俱全。

老张早就分门别类地把各种材料准备妥当了。老张继续说道："我每做一个项目都会把相应的材料留一份存档，日后一旦有相近的项目就可以拿出来用。这个项目和我之前做的那个非常相似，只要把几个内容稍微修改即可，所以我根本没有担心标书的问题。"小李这才明白过来，对老张佩服不已。自此开始，小李也学会了不断的积累，几年下来就再也不会为了做标书而发愁了。

（范例出处：网络）

**2. 合理的报价**

对于按招标方式组织的采购，由于只允许一次性报价，因此，一定要在投标或报价前核准价格，尽量报出有竞争性的价格，才有中标或成交的可能。这个价格既需要考虑到公司的利润，也要考虑客户的承受能力，因此需要和销售人员进行充分的沟通。通常情况下销售人员会给出指导价格，ICT 营销人员基本就按照销售人员的指导价格进行报价，因为销售人员通过和客户的接触中会了解到更多的资讯，好的销售人员会通过多个方面去制定这个价格，包括对手的报价、客户的接受价格、公司的利润空间等。

**3. 留意不同的评标方法**

微课：投标文件编制原则

投标人在投标报价时，应留意招标文件中明确的评标办法和评标标准。如果采用的是最低评标价法，投标时选择的产品只要能够满足招标文件即可，价格越低，中标的可能性就越大；如果采用的是综合评分法或性价比法，则选择的产品是在满足招标文件要求的基础上，性能价格比最好的。供应商可以事先对照评标标准给自己打分，再与评标结果比较，就能够大致推测评标结果是否合理。另外投标人应仔细研究评标因素，有针对性地进行产品选择。

PPT：投标文件编制原则

综上所述，投标人需要了解招标人的真正需求，然后采取相应的策略，只有这样才能增大中标的可能性。

【范例】 投标工作小插曲之突飞猛进的小李

小李这几天风头很劲，一连拿下好几个项目。公司新来的同事都拿小李当作偶像，大家一致要求小李给新员工传授经验。小李禁不住新同事的请求，于是举办了一次培训。

小李没有做培训的PPT，只打开了一个文件夹，这个文件夹里全部是小李多年来做的项目，然后小李打开其中一个项目，里面出现了好几个技术文档。小李对新员工说道："我在公司有的这些成绩，一个很重要的原因就是我在一个项目中做出了好几种不同的技术文档，对其中的设备型号、网络拓扑都有不同的设计，分别按照不同的设计思路。有上、中、下三种技术文档："上"即是将设备都按照当时最好的配置去做，充分考虑到设备的冗余性、扩展性等；"中"即是中规中矩，充分考虑到性价比，对成本和设备性能做一个衡量，尽量选取最好的；"下"即是选取满足客户招标书上要求的内容，以考虑最低成本为主。这三份技术文档做好之后，就看客户是按照哪种方式来招标，如果是最低评标价法就按照"下"的方法去应标，如果是综合评标法就按照"中"或者"上"去应标。小李讲完，获得新员工热烈的掌声。老张坐在下面，对这个徒弟的表现也颇为满意。

（范例出处：网络）

**4. 投标文件制作要美观**

一份制作精美的投标或报价文件，能体现出投标人对参与项目的重视，会赢得评审专家的好感。投标文件不一定装订得像精装书籍那样，但也绝对不能出现纸张散乱的现象。投标或报价文件的顺序应按照招标或采购文件的要求排列，编好页码，以便专家查阅；招标或采购文件要求签署、盖章的，一定要按其要求办理；投标人递交投标或报价文件时，切记必须按照规定要求密封。

标书少则几十页，多则几百页。一定要保持格式的美观，目录和页面需要一一对应。封面、页眉、页脚都需要严格按照要求做好。

标书的制作要按照下列规范完成（如果客户有要求严格按照要求编写）：

**PPT：解读投标文件**

（1）字体与字号要求

①标题部分字体字号要求：

a. 标题1：采用二号字，黑体，加粗，居中；

间距：段前0行，段后自动；

特殊格式：悬挂缩进；度量值：0.25 cm；行距：1.5倍行距；大纲级别：1级；

换行和分页：选择段前分页和段中不分页。

标题1采用"第×章×××××"的格式，生成标题1后在"项目符号和编号"中设置，选择多级符号，在自定义中进行设置，编号样式选择"1，2，3"，在编号格式中出现的数字1前后分别加入"第"和"章"。

然后选择左侧级别2，在前一级别编号中选择级别1，在编号格式中出现的数字1后加"."，编号样式选择"1，2，3"，生成二级目录编号。

依此类推可生成三级、四级等目录，确定保存此编号格式，则在生成各级标题时编号自动生成。

b. 标题2：采用小二号，黑体，加粗，居左；

间距：段前自动，段后自动；

特殊格式：悬挂缩进；度量值：0.5 cm；行距：单倍行距；大纲级别：2 级；
换行和分页：选择与下段同页和段中不分页。
c. 标题3：采用三号，黑体，加粗，居左；
间距：段前自动，段后自动；
特殊格式：悬挂缩进；度量值：0.5 cm；行距：单倍行距；大纲级别：3 级；
换行和分页：选择与下段同页和段中不分页。
d. 标题4：采用小三号，黑体，加粗，左对齐；
间距：段前自动，段后自动；
特殊格式：悬挂缩进；度量值：0.5 cm；行距：单倍行距；大纲级别：4 级；
换行和分页：选择与下段同页和段中不分页。

②正文部分字体字号要求：

a. 正文用小四号宋体；
b. 特别部分可用加粗、下划线或不同颜色等方式予以标注；
c. 行间距为 1.5 倍行距，每段首行缩进两字符；
d. 对于需要说明的部分，可用“●”作为标识，用“■”作为次一级标识。

（2）页面形式要求

①封面页不加页眉/页脚。

②目录页眉/页脚：页眉部分左侧放置公司 Logo，文字描述采用 5 号宋体，文字内容与本部分内容一致；页脚部分左侧为公司名称，文字采用 5 号宋体，右侧插入页码，字体加粗，格式为“－×－”，页码数字格式选择“i，ii，iii”。

文字内容上加正文页眉/页脚：页眉部分左侧放置公司 Logo，文字描述采用 5 号宋体，文字内容与本部分内容一致；页脚部分左侧为公司名称，文字采用 5 号宋体，右侧插入页码，字体加粗，格式为“－×－”，页码数字格式选择“1，2，3”。注意调整页码（正文从“1”开始，目录不计在页码之内）。

（3）封面与目录格式要求

①封面格式要求：

a. 封面页上部为“×××投标书”的名称，要求“×××投标书”的名称包括客户名称、项目内容信息，字体用一号黑体加粗，居中，行间距用 1.5 倍行距，段前间距为自动，段后间距为自动。

b. 中间靠下为“×××公司”，用三号加粗黑体，中间对齐，行间距用 1.5 倍行距。

c. 下方标明时间，用小三号加粗黑体，中间对齐，行间距用 1.5 倍行距。

②目录格式要求：目录页面上方为“目录”两字，用二号加粗黑体，中间插入 2 个空格，行间距用 1.5 倍行间距，段前间距为自动，段后间距为自动。插入目录格式选择“正式”，插入级别选择“4”，对于特殊情况可调整引入的级数。

（4）印制装订

投标书基本版采用普通 A4 复印纸黑白打印，封面采用彩色封面纸。装订方式采用硬夹条、胶圈或钉条方式，其中胶圈和钉条装订方式需要在所有方案文件左侧打孔。

（5）注重细节

细节决定成败。很多参加投标的企业最后没有中标不是输给了竞争对手而是输给了自己的马虎大意，例如授权书没有盖章或没有法人签字、授权时间错误等失误让很多优秀的企业“倒在了”起跑线上。所以说，在标书的环节上，各种需要准备的材料一定要按照招标书的要求严格完成，不得马虎大意。因为一旦有错误出现就有可能功亏一篑，所有的努力都化为乌有。

## 3.2.5 案例解析

### 案例01：投标人对其投标文件拥有著作权

【案例描述】

某环境公司为参加A高级中学污水处理工程项目的投标，向招标人递交《工程采购投标文件》进行竞标。招标人通知环境公司中标。其后，在B高级中学综合楼污水处理工程招投标过程中，环境公司未参加，该工程由设备公司竞得。环境公司发现设备公司在竞标B高级中学综合楼污水处理工程中递交的投标文件，其中的技术方案、施工方案等内容与环境公司在A高级中学污水处理工程项目中所使用的投标文件存在雷同和相似之处，主要体现在：技术说明书部分，其中的“处理工艺”一节，工艺流程图除个别箭头有所变化，其他基本相同；“主要池体及设备”一节，内容完全一致；“运行费用”部分，大同小异，仅部分数据有所调整，且最终处理费用相同。

为此，环境公司以设备公司侵犯著作权为由诉至法院，请求判令设备公司立即停止对环境公司著作权的侵权行为，赔偿环境公司经济损失20万元，赔偿环境公司因维权所花费的费用2万元。

法院认为：

（一）关于环境公司对《工程采购投标文件》是否拥有著作权。《著作权法实施条例》第二条规定：“著作权法所称的作品，是指文学、艺术和科学领域内具有独创性并能以某种有形形式复制的智力成果。”本案《工程采购投标文件》专门针对该工程的要求、特性所编制的投标文件，其核心内容技术方案、施工方案等，是为阐述和介绍投标人对该工程污水处理设施的功能、原理、工艺流程及相关技术指标和施工计划等思想意图而创作的表达形式，其包含文字和图形两方面的内容，是凝结了投标人的劳动和创造力的智力成果。据此认定环境公司对其编制并署名的《工程采购投标文件》依法拥有著作权，非经权利人同意，他人不得擅自复制使用。

（二）关于设备公司足否构成对争讼著作权的侵犯。就本案当事人双方的投标文件来看，其中的技术方案、施工方案是其核心内容，也是体现制作者独创性思维的主要方面。根据已查明的事实，在上述内容方面，设备公司与环境公司的投标文件在语句表述上几乎一致，甚至连错别字也如出一辙。显然，设备公司是在环境公司投标文件的基础上，仅仅对其中的某些指标数据作了改动，其并不具有实质性变化，不构成设备公司的独创性成果。而且服务承诺与质量承诺部分，设备公司标书与环境公司基本一致，对此设备公司又未能提供证据证明系自己独立完成或来自公有领域。据此，足以认定设备公司非正当性地复制和使用了环境公司作品的独创性成果。设备公司抗辩投标文件是自己独立创作，不存在侵犯环境公司著作权的行为，因缺乏事实依据，法院不予采纳。

（三）关于赔偿数额问题。设备公司出于商业使用之目的，未经环境公司许可而复制环境公司依法享有著作权的投标文件，应当对此承担相应民事责任。环境公司诉请设备公司赔偿经济损失 20 万元及因起诉而支付的必要费用，因环境公司未能提供充分的证据证明其受到的实际损失，同时设备公司的违法所得也难以确定，根据《最高人民法院关于审理著作权民事纠纷案件适用法律若干问题的解释》第二十五条、第二十六条的规定，法院综合考虑争讼作品的类型及其制作费用、侵权行为的性质、造成的后果等因素，酌情判令设备公司赔偿环境公司 2 万元。

综上所述，法院判决设备安装公司赔偿环境公司 2 万元，驳回环境公司的其余诉讼请求。

**【案例分析】**

1. 环境公司对其投标文件拥有著作权。《著作权法实施条例》第二条规定："著作权法所称作品，是指文学、艺术和科学领域内具有独创性并能以某种有形形式复制的智力成果。"独创性是作品获得著作权保护的必要条件。一般来讲，独创性也称原创性或初创性，是指一部作品经独立创作产生而具有的非模仿性（非抄袭性）和差异性。独创性是仅就作品的表现形式而言的，不涉及作品中包含或反映的思想、信息和创作技法。正如本案法院认为著作权法要求的作品独创性，只要该作品是作者独立创作完成，而不是抄袭他人或来自公知公用领域，就能够满足独创性的要求。环境公司对投标文件的编排制作，特别是其中的技术方案、施工方案等内容，系采用独特、具有个性特征的表达形式，是其智力活动的产物，具有独创性和可复制性，符合著作权法关于"作品"的构成要件。因此，环境公司对其投标文件拥有著作权。本案中，设备公司的投标文件与环境公司的投标文件基本一致，对此设备公司又未能提供证据证明系自己独立完成或来自公有领域，根据《著作权法》第四十八条规定足以认定设备公司侵犯了环境公司的著作权。

2. 侵犯著作权的，应当承担赔偿责任。《著作权法》四十九条规定："侵犯著作权或者与著作权有关的权利的，侵权人应当按照权利人的实际损失给予赔偿；实际损失难以计算的，可以按照侵权人的违法所得给予赔偿。赔偿数额还应当包括权利人为制止侵权行为所支付的合理开支。权利人的实际损失或者侵权人的违法所得不能确定的，由人民法院根据侵权行为的情节，判决给予五十万元以下的赔偿。"《最高人民法院关于审理著作权民事纠纷案件适用法律若干问题的解释》第二十五条规定："权利人的实际损失或者侵权人的违法所得无法确定的，人民法院根据当事人的请求或者依职权适用著作权法第四十八条第二款的规定确定赔偿数额。"也就是说，侵犯著作权的，侵权人应当按照权利人的实际损失给予赔偿；实际损失难以计算的，可以按照侵权人的违法所得给予赔偿；二者都不能确定的，由人民法院根据侵权行为的情节酌情判决给予五十万元以下的赔偿。本案就是环境公司未提出实际损失，设备公司的违法所得也难以确定的情况下，法院根据案情酌情确定赔偿金额的。

**【案例启示】**

1. 招标人和投标人都应尊重他人的著作权。招标人和投标人独自创作完成的招标文件和投标文件，属于著作权法上的"作品"，根据著作权自动取得原则，作品的著作权随着作品的创作完成而自动产生，不需要履行任何手续。任何人未经招标人或投标人许可，不得发表、修改、复制招标文件或投标文件。如果投标人复制他人投标文件投标，就侵犯了对方的著作权。

2. 投标人的投标文件提供给招标人后，招标人应采取措施保管好投标文件，切勿提供给无关第三人，也不得擅自使用未中标的投标人的投标文件。

## 案例 02：一个低级错误引发的思考

**【案例描述】**

2014 年 5 月 10 日，某依法必须进行招标的通信工程施工项目的开标在某市公共资源交易中心进行。该项目的招标代理机构在网上答疑中公布的“投标截止日期为 2014 年 5 月 10 日上午 9：30，投标文件递交时间为 8：30—9：00”。很显然，这两个时间的表述互相矛盾。结果，有的投标人按上午 9：00 作为投标截止时间来投标，有的则按上午 9：30 作为投标截止时间来投标。招标代理机构的工作人员也犯了难：对投标人 9：00 以后递交的投标文件，是接收还是拒收呢？这时，先到的投标人当然不希望 9：00 以后到的投标人参与竞争，而按 9：00 这个时间来投标的投标人也据理力争，并立即质疑。开标现场一度陷入混乱。经有关部门核对、证实，该项目招标文件载明的投标截止时间、递交投标文件时间均为上午 9：30。据此，招标人决定对 9：00 以后递交的投标文件予以接收，理由是根据《工程建设项目施工招标投标办法》（以下简称“七部委 30 号令”）第十五条规定：“招标人可以通过信息网络或者其他媒介发布招标文件，通过信息网络或者其他媒介发布的招标文件与书面招标文件具有同等法律效力，出现不一致时以书面招标文件为准，国家另有规定的除外。”至此，开标现场的喧闹暂时停止，开标、评标程序得以进行。

**【案例分析】**

该文作者介绍的处理方式为“根据七部委 30 号令第十五条规定，招标人决定对 9：00 以后递交的投标文件予以接收”，这种做法值得商榷。如按上述方式处理，势必将引发举报、异议或投诉。

本案例中，网上答疑中公布“投标截止日期为 2014 年 5 月 10 日上午 9：30，投标文件递交时间为 8：30—9：00”，这是一个成熟的招标代理机构不应该犯的低级错误。出现这一错误后，招标代理机构首先要做的应该是及时发布补充文件，对投标截止时间和递交投标文件时间进行修改，而不应该等到开标日当天对这一错误进行修正。在开标现场秩序发生混乱后，又以“网络媒体发布的文件与书面招标文件不一致时，以书面招标文件为准”为依据，接收了 9：00 以后递交的投标文件，这样做实际上是又犯了一个低级错误，把自己陷入了一个更加不利的境地。

七部委 30 号令第十五条确有如下规定：“招标人可以通过信息网络或者其他媒介发布招标文件，通过信息网络或者其他媒介发布的招标文件与书面招标文件具有同等法律效力，出现不一致时以书面招标文件为准，国家另有规定的除外。”需要注意的是，适用该法条是有前提的：“通过信息网络、其他媒介发布”的文件与该项目的招标文件应是同一份文件，或者在发布时间上是同时发布的文件。即“通过信息网络、其他媒介发布的招标文件与书面招标文件是同一份招标文件”，或者“同时发布的同一招标项目的招标文件”，出现“网上发布的招标文件和书面招标文件内容不相同”的情形时，应当以书面招标文件为准。

本案例中出现的情况是“网上答疑内容”与“招标文件内容”不同。在招标投标实践中，“答疑”的发布时间，一般要比招标文件的发布时间晚几天。根据法律的相关规定，在招标投标实践中，所谓的“答疑”，其实是对原先发布的招标文件中存在的有歧义、不明确、不完整或者不正确的部分进行的澄清、说明、补充或修改。因此，“答疑”的法律效力优于原先发布的招标文件。用原先发布的招标文件去否定事后发布的招标文件答疑，在法理上很难站得住脚。另，“答疑”发布的方式和媒介，应该与招标文件发布的方式和媒介一致。七部委30号令第三十三条规定：“对于潜在投标人在阅读招标文件和现场踏勘中提出的疑问，招标人可以以书面形式或召开投标预备会的方式解答，但需同时将解答以书面方式通知所有购买招标文件的潜在投标人。该解答的内容为招标文件的组成部分。”本案例中，招标代理机构除了在网上公布答疑，还应该把书面答疑发给所有购买过招标文件的潜在投标人。

针对本案例所述情况，建议采用如下处理对策：

1. 停止开标活动，所有文件原封不动地退还给投标人；

2. 相关媒体重新发布本项目的投标截止时间和开标时间，并按重新发布的开标时间重新组织开标活动。

**【案例启示】**

1. 投标截止时间就是投标文件递交的截止时间，二者时间节点应当一致。投标文件应当在招标文件规定的投标截止时间之前送达。投标截止时间一到，即终止接收投标文件，投标人不得再补充、修改和撤回其投标文件。在投标截止时间之后送达的投标文件，招标人应当拒收。

2. 招标人应当加强招标文件的内容审核，通过不同媒介、不同方式（书面或电子文件）发布的招标文件内容应当一致。如发现不同媒介发布的招标文件内容不一致，应当及时对此内容进行澄清修改。

（上述案例均出自《招投标典型案例评析》，白如银主编，中国电力出版社2017年出版）

## 3.2.6　技能训练

**1. 训练任务**

某学院虚拟演播中心建设采购项目。

**2. 任务说明**

编制某学院虚拟演播中心建设采购项目投标文件，须响应根据附录1中某学院智慧虚拟演播中心建设采购招标文件内容。

**3. 任务要求**

①各小组编制投标文件（必须响应招标文件的内容）。

②投标文件要求：Word版（页数不少于50）；格式要求：字体仿宋，排版简洁整齐。

**4. 任务考核**

（1）小组成绩由自评成绩、互评成绩和师评成绩组成

①各小组进行自评，小组间进行互评，教师进行综合评分，如表3-2-2所示。

②小组成绩 = 自评（30%）+ 互评（30%）+ 师评（40%）。

（2）个人成绩 = 小组成绩 × 任务完成度

注：任务参与度根据任务实施过程，由组长在小组分工记录表（如表 3－2－3 所示）中赋予（取值范围 0～100%）。

**表 3－2－2　任务考核评价表**

<table>
<tr><td colspan="4">任务名称：</td><td colspan="3">完成日期：</td></tr>
<tr><td colspan="2">小组名称：</td><td colspan="2">小组成员：</td><td colspan="2">班级：</td><td rowspan="2">成绩<br>教师签字：</td></tr>
<tr><td colspan="2">自评成绩：</td><td colspan="2">互评成绩：</td><td colspan="2">师评成绩：</td></tr>
<tr><td>序号</td><td>评分项</td><td>分数</td><td>评分要求</td><td>自评</td><td>互评</td><td>师评</td></tr>
<tr><td>1</td><td>投标文件编制</td><td>30 分</td><td>1. 响应招标文件需求，内容设计合理，条理清晰（50%）<br>2. 示意清楚，排版整齐，规范且美观（50%）</td><td></td><td></td><td></td></tr>
<tr><td>2</td><td>商务资料完整</td><td>30 分</td><td>1. 投标人情况（30%）<br>2. 成功案例（30%）<br>3. 商务报价（40%）</td><td></td><td></td><td></td></tr>
<tr><td>3</td><td>技术资料完整</td><td>30 分</td><td>1. 技术方案设计（40%）<br>2. 施工组织设计（30%）<br>3. 售后与培训（30%）</td><td></td><td></td><td></td></tr>
<tr><td>4</td><td>优势亮点</td><td>10 分</td><td>方案设计体现先进性和创新性，或提供相应的优惠政策或条件（该项共 10 分，有一项加 2 分，最多得 10 分）</td><td></td><td></td><td></td></tr>
</table>

**表 3－2－3　小组分工记录表**

<table>
<tr><td>班级</td><td></td><td>小组</td><td></td></tr>
<tr><td>任务名称</td><td></td><td>组长</td><td></td></tr>
<tr><td>成员</td><td colspan="2">任务分工</td><td>任务参与度（%）</td></tr>
<tr><td></td><td colspan="2"></td><td></td></tr>
<tr><td></td><td colspan="2"></td><td></td></tr>
<tr><td></td><td colspan="2"></td><td></td></tr>
<tr><td></td><td colspan="2"></td><td></td></tr>
<tr><td></td><td colspan="2"></td><td></td></tr>
<tr><td></td><td colspan="2"></td><td></td></tr>
</table>

# 项目3

# ICT 项目述标

## 3.3.1 任务引入：什么是述标

微课：什么是述标

PPT：什么是述标

在实际招标工作中，如采用竞争性谈判或竞争性磋商方式，有时需要投标人向评审专家介绍本公司对拟投项目的理解和建设思路，此方式被称为述标（如图3-3-1所示）。后来被引入采用公开招标方式的服务类或大型工程类招标项目中。

图3-3-1 述标

在投标过程中，述标的作用主要包括：

①投标人可以通过述标，阐述己方履标的优势条件、措施，同时通过答疑互动，弥补投标文件中表述不足的缺陷。

②述标一般在唱标之后，专家已审阅投标书进入评审之前进行，常见于公开招标的工程、服务性质的项目（需求难描述、内容主观因素较多）和谈判方式的采购项目。

近些年，述标的使用量呈现明显的增加趋势，分析其原因主要为：

①国家相关政策调整，公开招标限额调高，意味着其他采购方式增多。

②《政府采购货物和服务招标投标管理办法》第十七条："采购人、采购代理机构不得将投标人的注册资本、资产总额、营业收入、从业人员、利润、纳税额等规模条件作为

资格要求，也不得通过将除进口货物外的生产厂家授权、承诺、证明、背书等作为资格要求，对投标人实行差别待遇或者歧视待遇。”

基于上述两点，招标人如何选出能够保障履约能力的投标人，会借助于述标的考量。

### 3.3.2 任务分析：认识 ICT 述标

一般情况下，在进行 ICT 述标时应该注意以下几点：

**1. 述标内容的准备**

（1）述标人的选择

述标人的选择，主要考虑该人员必须熟悉本项目招标文件的要求以及本公司情况，如图 3－3－2 所示。

图 3－3－2　述标人的选择

（2）内容架构

①企业简介（行业定位、规模、资质、荣誉、团队、优势亮点等）；

②成功案例或业绩介绍；

③基于本项目所提出的解决方案；

④实施措施和服务承诺。

（3）表达重点

①展示企业能够履约的能力；

②熟悉招标条款要求，尤其是评分标准的得分和扣分指标及权重；

③避免与投标文件重复（专家此前已审阅了投标文件，对投标人已有初步印象）；

④向主观评分倾斜（客观评分指标已不可逆转）。

（4）对本项目的理解及提出解决方案

①充分理解本项目的特性，针对招标人的需求进行阐述，逻辑清晰，少讲大话虚话，

争取主观分；

②针对不同类型的项目，阐述解决方案中不同的重点和亮点。如：货物类侧重点在于性价比、售后、管理等，工程类侧重点在于设计、施工、安全、应急预案等，服务类侧重点在于标志、质量、措施、效果等。

根据招标文件内容提炼重点，编制成 PPT，配合现场完成述标，如图 3 –3 –3 所示。

图 3 –3 –3 述标现场

**2. 述标现场的把控**

①避免出现东张西望、眼神空洞的情况；

②避免出现喃喃自语、大量读文字的情况；

③避免一些身体的小动作（如抖腿、手玩笔、托下巴、手指乱指）；

④尽量避免口头禅。

**3. 如何应对评委的提问**

①当评委提问时，身体要面向所提问的评委，最好有眼神对视，认真倾听；

②当听不清楚或未理解评委提出的问题时，应该礼貌地恳请评委再问一次；

③回答问题遵循实事求是的原则；

④当评委的提问与投标书涉及内容有出入时，尽量不要与评委争论，可以委婉地回答："希望能给予一些时间需请示研究再答复。"

## 3.3.3 任务分析：如何进行述标

微课：如何进行述标

述标的具体流程如下：

**1. 在进入述标现场之前，进行下列准备工作**

（1）资料准备

①硬件方面，准备两台笔记本电脑（一台备用），保持满电，提前测试电脑连接投影仪的接口是否正常；

②软件方面，保持电脑系统补丁最新，Office 软件最新，准备述标 PPT；

③文档方面，准备述标提纲、评委提问及答疑思路，述标 PPT 内容可以提前打印出来现场分发。

PPT：如何进行述标

（2）礼仪准备

①着正装出席；

②设定闹钟，提前到，别迟到；

③述标团队人数建议 3 至 4 人，显得重视此次述标，阵容搭配合理（主讲、商务、技术）。

**2. 在进入述标现场之后，述标的各个环节的基本流程和时间占比**

（1）准备工作

①电脑接投影仪，有问题尽快启用备用电脑；

②电脑若开机偏慢，建议提前打开；

③将打印好的 PPT 资料分发给评委；

④电脑桌面尽量保持干净整齐，否则在接投影仪之前切换到 PPT 内；

⑤将手机调整成静音或振动模式；

⑥主讲人坐在团队中间，方便客户关注到整个团队，同时方便进行时间提醒。

（2）开场白（时间占比 5%）

①征求主持人意见，询问是否可以开始，既是出于礼貌，又能提醒我方计时人员开始计时；

②开场白中尽量使用礼貌用语，如“各位领导、各位专家”或“各位评委，大家上午好”（注意时间的准确性）；

③在时间允许的情况下，可以增加适当的寒暄，既可以调节现场的气氛，又可以缓解主讲人的压力，给予主讲人一个放松的心理暗示，如“评委们辛苦了”“感谢大家”“很荣幸”等；

④介绍本次述标的整体安排。

（3）公司简介及成功案例（时间占比 15%）

①根据述标时间和客户熟悉程度调整时间分配，当时间不够或客户比较熟悉的情况下，可以适当简化公司简介部分；

②在亮点的地方可以有意识地停顿，如公司资质、荣誉证书、成功案例及相关合同等；

③客户有兴趣的地方可以停下来重点解释，如某个资质、某个案例等。

（4）解决方案（时间占比 60%）

①阐述方案是否响应客户的需求、方案亮点分析等；

②整个方案的内容围绕评分点进行设计，如：评分点需要强调需求理解，则重点阐述公司的需求理解；评分点需要强调项目管理，则重点阐述公司的管理制度和流程；

③根据客户的现场感兴趣的点，随机应变地迎合客户的临场反应，对于客户感兴趣的点进行详细阐述，可以结合案例及提前准备的预案。

（5）优势总结（时间占比 20%）

①作为述标的画龙点睛之处，一定要留出充足的时间进行阐述；

②声音洪亮、自信满满；

③准备常用的优势总结的话术，如：“行业背景，可以快速理解贵方的业务需求，更好

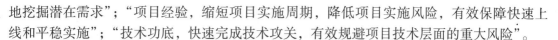

地挖掘潜在需求”；“项目经验，缩短项目实施周期，降低项目实施风险，有效保障快速上线和平稳实施”；“技术功底，快速完成技术攻关，有效规避项目技术层面的重大风险”。

**3. 现场交流回答时，应注意的问题**

①全程始终面带微笑，目光与评委多接触；

②在评委提问时，身体面向该评委前倾，目光正视该评委，表示倾听和重视；

③提前准备一些问答，最好配合数据、案例进行阐述；

④在保证正确率的前提下，尽量多人参与回答，体现出团队合作意识；

⑤可以适当地表现出对评委的问题的赞赏；

⑥当遇到评委的问题不会回答时，实事求是，坦率比掩饰更好，同时表达出愿意回去后好好研究的态度；

⑦尽量不与评委发生争论，不要围绕某个问题做长时间的争论。

## 3.3.4　案例解析

### 案例：某学院校园信息化建设采购项目述标 PPT 解析

述标：尊敬的各位评委，以及在座的各位同行及观众，大家晚上好。我是××××××教育科技有限公司的技术经理×××，今天很荣幸能够向各位介绍我司针对此次××××××学院校园信息化建设项目的解决方案（展示案例述标 PPT 01 页，如图 3-3-4 所示）。

解析：采用典型的述标开场白“尊敬的各位评委，以及在座的各位同行及观众，大家晚上好”，并用一句话既介绍了述标人代表的公司信息、述标人信息，又表达了能够来参加此次述标深表荣幸。

**图 3-3-4　案例述标 PPT 01 页**

述标：我将从需求分析、解决方案、整体优势三个部分向各位进行介绍（展示案例述标 PPT 02 页，如图 3-3-5 所示）。

解析：述标人阐述了述标内容的整体架构。

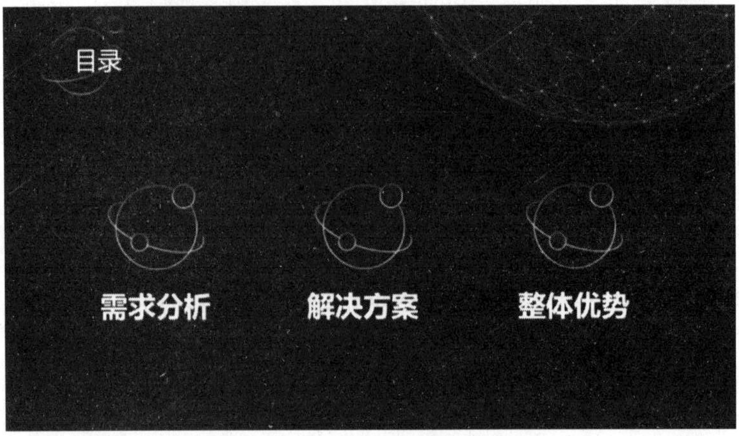


图 3-3-5　案例述标 PPT 02 页

述标：让我们先来看看需求分析。在前期的调查中，我们发现了贵校的两处不足之处：首先，由于校园的信息化建设缓慢，导致录课效率低下；其次，在疫情期间，校园的人车管控需加强，检测流程烦琐（展示案例述标 PPT 03～04 页，如图 3-3-6 所示）。

解析：述标人阐述了对于该项目需求的理解和分析。

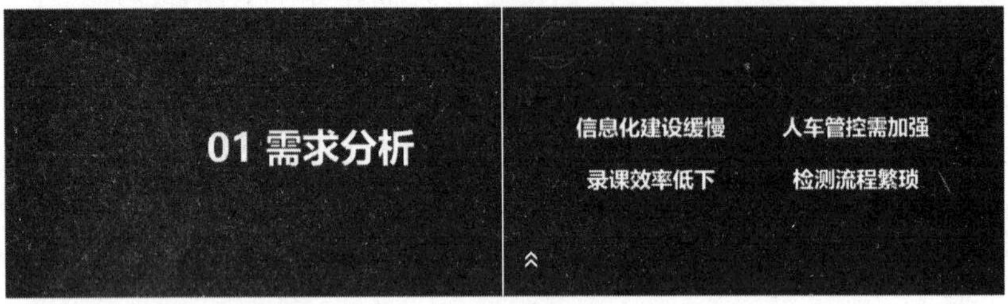


图 3-3-6　案例述标 PPT 03～04 页

述标：针对这些需求，我司推出了两套系统达到有效响应。如图所示，一个是虚拟演播系统，另一个是出入口控制系统，此图是根据贵校招标文件中给出的图纸精心设计的出入口控制设备安装方案。我司相信通过这两套系统一定能够满足贵校目前的需求（展示案例述标 PPT 05～07 页，如图 3-3-7 所示）。

解析：述标人阐述了对于该项目需求推出了两套系统产品，分别是：虚拟演播系统和出入口控制系统，并响应招标文件中的明确要求提前设计了出入口控制系统设备的安装方案。

述标：接下来是我司提供的解决方案。在系统构架方面，对于虚拟演播系统将其分为信号源、虚拟演播系统、后期应用及播出与储存四个部分，协调运作。而对于出入口控制系统，如图所示，结合网络，分为前端、传输、后端三个子系统（展示案例述标 PPT 08～10 页，如图 3-3-8 所示）。

解析：述标人阐述了解决方案中的系统架构。虚拟演播系统由信号源、虚拟演播系统、后期应用及播出与储存四个部分组成；出入口控制系统由前端、传输、后端三个子系统组成；逻辑清晰，让评委一目了然。

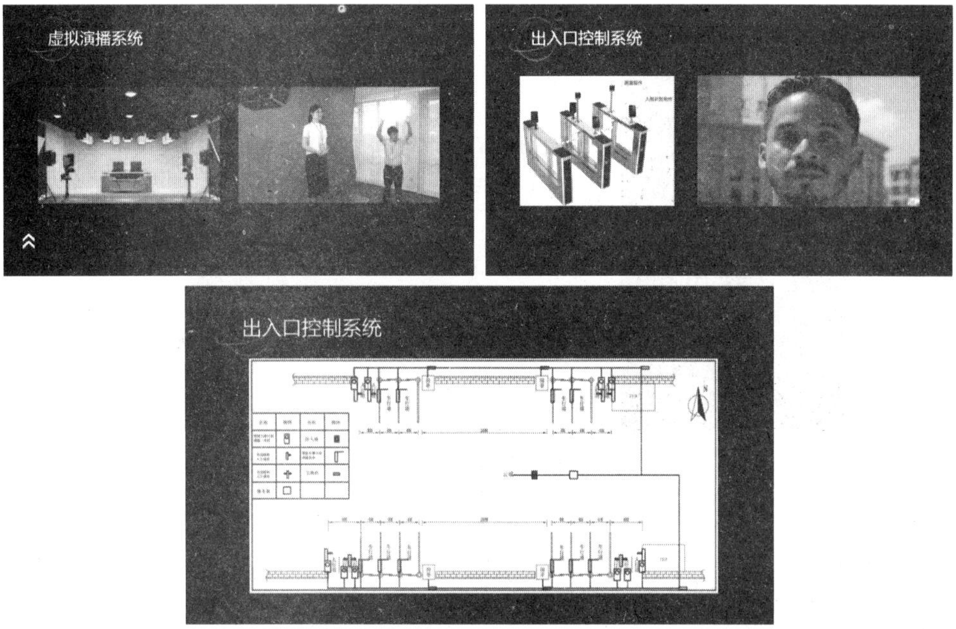


图 3－3－7　案例述标 PPT 05～07 页

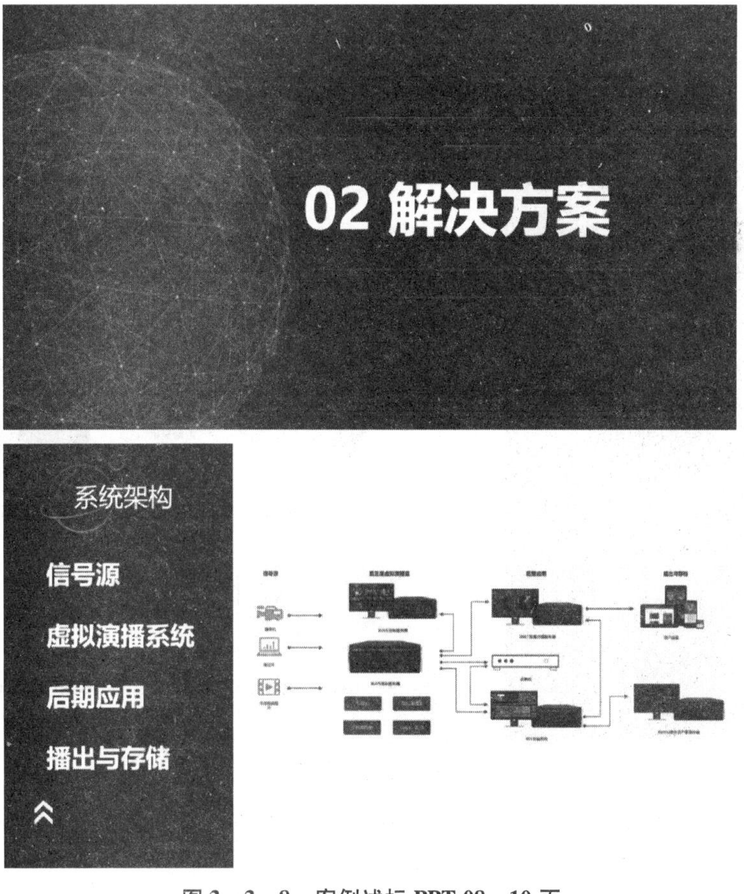


图 3－3－8　案例述标 PPT 08～10 页

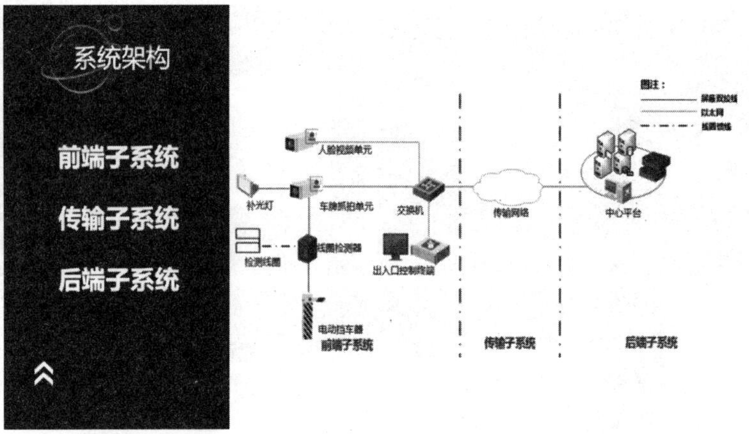


**图 3－3－8　案例述标 PPT 08～10 页（续）**

述标：完整的系统架构要以强大的网络拓扑为支撑，针对人行道和车行道分别采用智能识别测温设备采集数据，通过一级、二级交换机将信息分别存储在对应的服务器上，并且通过校园网络与贵校的 ERP 系统信息交互，从而大大提高出入口控制效率（展示案例述标 PPT 11 页，如图 3－3－9 所示）。

解析：述标人阐述了解决方案中的网络拓扑，运用一张网络与设备的连接图，将整个出入口控制系统的网络拓扑展示清楚（虚拟演播系统网络连接较为简单，在投标文件中已阐述，无须解释），从整个拓扑的设计以及“校园网”“防火墙”等网元的描述，不难看出述标人所代表的公司曾经与教育系统有过合作过，了解教育系统安全的重要性。

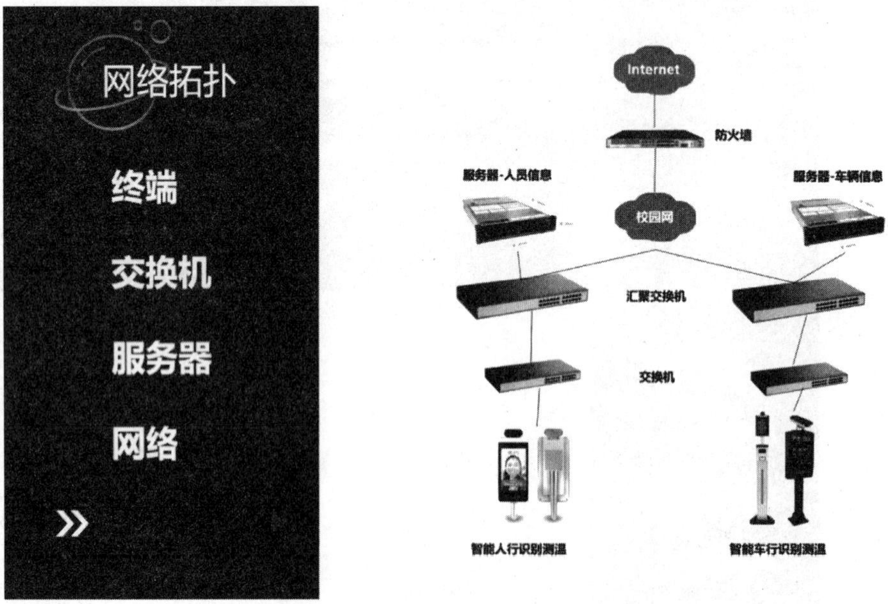


**图 3－3－9　案例述标 PPT 11 页**

述标：接下来是系统优势方面。虚拟演播系统，达到完美抠像，身临其境，浩瀚场景，得心应手的效果不在话下；出入口控制系统，人行车行智能识别，化繁从简，快速通过

（展示案例述标 PPT 12～13 页，如图 3－3－10 所示）。

好的方案当然要搭配好的产品，以上是我司采用的部分典型的技术产品，不仅功能齐全，而且方便快捷、性能稳定，效果及质量值得信赖。

解析：述标人阐述了解决方案中的系统优势，运用对仗工整的四句话，准确地展示出两套系统的优势；并介绍能够代表两套系统的典型产品，希望产品的性能与特点能够获得评委的关注与青睐。

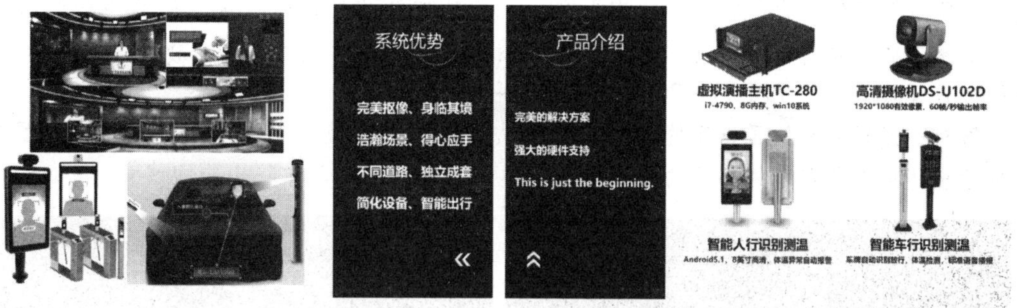


图 3－3－10　案例述标 PPT 12～13 页

述标：正是拥有如此强大的硬件支持，才使得我司的解决方案可以更好地响应招标文件中的技术要求。同时，我司的实施计划是将整个流程控制在 25 天内完成，这一点也严格的响应招标文件中的商务要求（展示案例述标 PPT 14～16 页，如图 3－3－11 所示）。

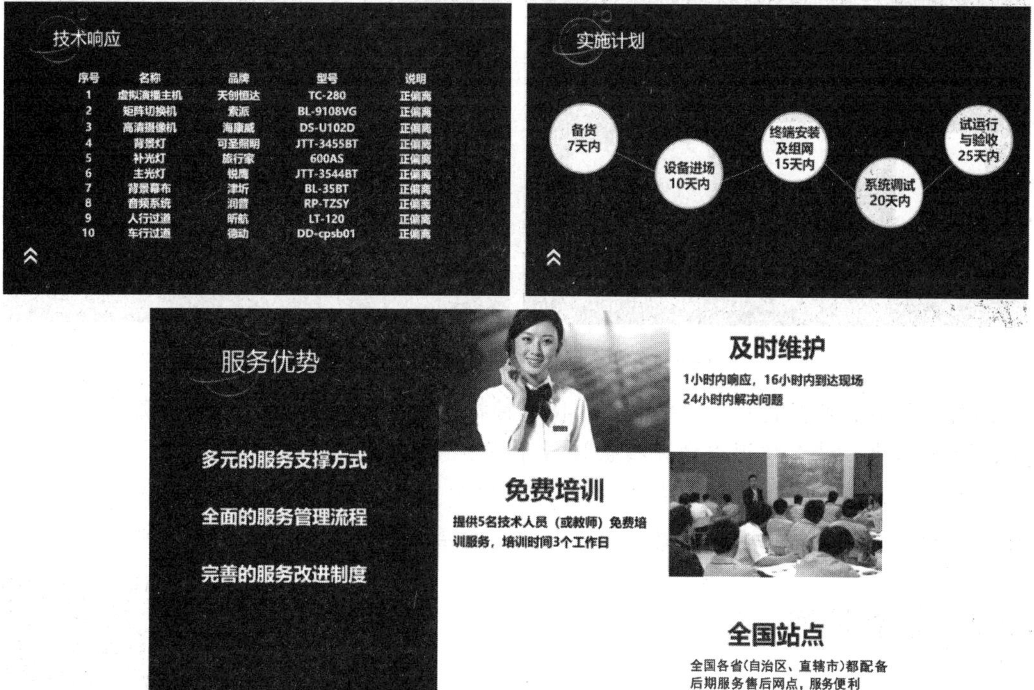


图 3－3－11　案例述标 PPT 14～16 页

俗话说，真情盼守候，热情在售后，我司拥有优秀的售后服务团队以及专业的培训团队，拥有多元的服务支撑方式，全面的服务管理流程，完善的服务管理制度，快速解决问题，避免影响使用。

解析：述标人阐述了解决方案中的技术响应，逐条罗列了技术方案中的产品信息（含技术偏离指标）；实施计划严格响应招标文件中 30 天之内的要求；服务优势展示出述标人所代表的公司对于新型的多元化服务方式的理解。

述标：最后我要说的是整体优势。我司成立于 2004 年，致力于教育行业信息化产品的研发，我司的技术团队由经验丰富的研发人员组成，所研发的项目广泛运用于数字化校园领域。经过多年的努力，在同行业中取得了优异的成绩和良好的口碑，在产品的创新方面以及质量方面一直是行业内的领头羊。以上是我司在××××大学和××××大学的成功案例（展示案例述标 PPT 17 ~20 页，如图 3 –3 –12 所示）。

解析：述标人总结了方案的整体优势，从公司实力、获得荣誉、成功案例等方面进一步展示出述标人所代表的公司的实力与竞争力，也表达出想与学院合作的诚意。

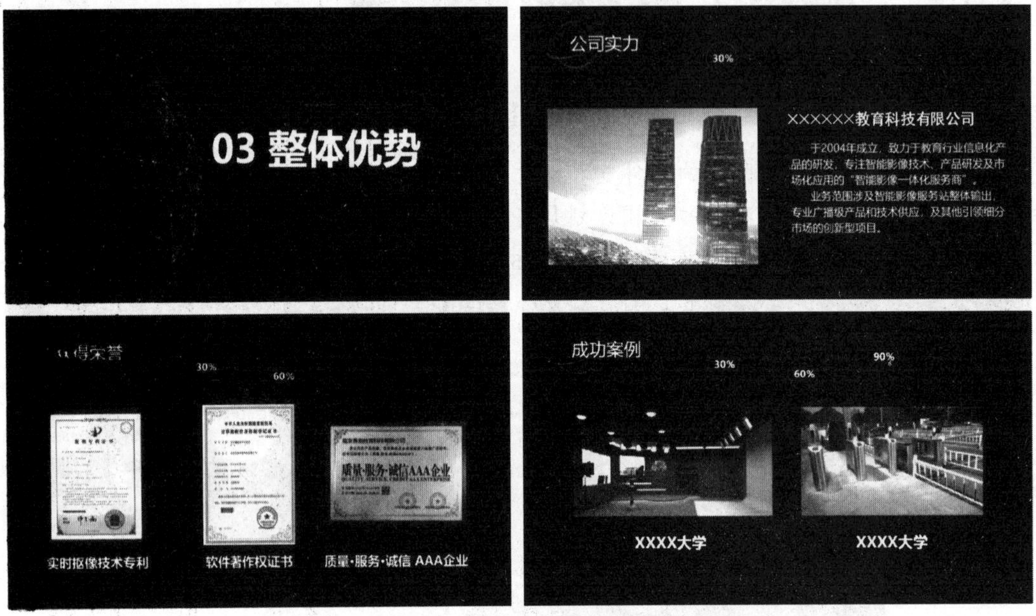


图 3 –3 –12　案例述标 PPT 17 ~20 页

述标：最后，我想说："您的需要，我的目标，××××××，为您服务。"谢谢，此次述标到此结束，请各位评委批评指正（展示案例述标 PPT 21 页，如图 3 –3 –13 所示）。

解析：最后，运用一句响亮的口号，再一次向所有评委展示出述标人的沉稳与自信；并采用典型的述标结束语"此次述标到此结束，请各位评委批评指正"完成此次述标。

## 3.3.5　技能训练

微课：案例解析 – 学生模拟述标

**1. 训练任务**

某学院智慧虚拟演播中心建设采购项目的投标文件述标。

**2. 任务说明**

以小组为单位，完成述标。

图 3－3－13 案例述标 PPT 21 页

**3. 任务要求**

①各小组以项目 2 中技能训练成果《某学院智慧虚拟演播中心建设采购项目》的投标文件 Word 版为内容，梳理并编制一篇投标文件 PPT 版，内容需包括需求分析、解决方案（系统架构、网络拓扑、系统优势、产品介绍、技术响应、实施计划、服务等）、公司介绍、优惠政策等四部分。展示时长要求 8～10min。格式要求：形式、字体不限，排版简洁整齐。

②完成述标。

**4. 任务考核**

①小组成绩由组间互评平均成绩和教师评价成绩组成，如表 3－3－1 所示。

②最终个人成绩＝（组间互评平均成绩×50%＋教师评价成绩×50%）×任务参与度。

注：任务参与度根据任务实施过程，由组长在小组分工记录表（如表 3－3－2 所示）中赋予（取值范围0～100%）。

表 3－3－1 投标文件述标考核评价表

| 序号 | 组名 | 宣讲人 | PPT 制作（40 分） | 宣讲效果（40 分） | 过程亮点（20 分） | 总评 | 点评内容 |
|---|---|---|---|---|---|---|---|
| 1 | | | | | | | |
| 2 | | | | | | | |
| 3 | | | | | | | |
| 4 | | | | | | | |
| 5 | | | | | | | |
| 6 | | | | | | | |
| 7 | | | | | | | |
| 8 | | | | | | | |

表 3-3-2 小组分工记录表

| 班级 | | 小组 | |
|---|---|---|---|
| 任务名称 | | 组长 | |
| 成员 | 任务分工 | | 任务参与度（%） |
| | | | |
| | | | |
| | | | |
| | | | |
| | | | |
| | | | |

# 项目 4

# 开标及评标

## 3.4.1　任务引入：什么是开标与评标

微课：什么是开标与评标

PPT：什么是开标与评标

**1. 开标**

开标是指在投标人提交投标文件后，招标人依据招标文件规定的时间和地点，开启投标人提交的投标文件，公开宣布投标人的名称、投标价格及其他主要内容的行为。

开标现场是招标投标程序中最为公开的环节，也是招标投标法律法规“三公”原则中公开原则的重要体现。招标人应当将公开的信息全部在评标前的开标现场向投标人陈述和解释清楚，充分尊重其知情权。开标仪式如图 3－4－1 所示。

图 3－4－1　开标仪式

一般情况下，开标由招标人或招标代理机构主持。主持人按照规定的程序负责开标的全过程，其他开标工作人员办理开标作业及纪录等事项。邀请所有的投标人或其代表出席开标，可以使投标人了解开标是否依法进行，有助于使他们相信招标人不会任意做出不适当的决定；同时，也可以使投标人了解其他投标人的投标情况，做到知己知彼，预判出自己中标的可能性，这对招标人的中标决定也将起到一定的监督作用。此外，为了保证开标的公正性，一般还邀请相关单位的代表参加，如招标项目主管部门、监察部门等。招标人还可以委托公证部门的公证人员对整个开标过程依法进行公证。

开标时间的规定与国际通行做法基本是一致的，一般会遵循以下几点：

①开标时间应该在提供给每一位投标人的招标文件中事先确定，使得投标人都能事先知道开标的准确时间，以便届时参加，确保开标过程的公开、透明。

②开标时间应与提交投标文件的截止时间保持一致，目的是防止招标人或者投标人利用提交投标文件的截止时间之后与开标时间之前的一段时间内，进行暗箱操作。如：有些投标人可能会利用这段时间与招标人或招标代理机构串通，对投标文件的实质性内容进行更改等。开标时间在实践中可能会有两种情况：

a. 如果开标地点与提交投标文件的地点相一致，则开标时间与提交投标文件的截止时间应一致，如图 3－4－2 所示；

b. 如果开标地点与提交投标文件的地点不一致，则开标时间与提交投标文件的截止时间应有合理的间隔。

**[redacted]系统采购项目（第二次招标）公开招标公告**

2019年08月26日 16:10 来源：中国政府采购网 【打印】 【显示公告正文】

**公告概要：**

| 公告信息： | | | |
|---|---|---|---|
| 采购项目名称 | [redacted]系统采购项目（第二次招标）公开招标公告 | | |
| 品目 | | | |
| 采购单位 | [redacted] | | |
| 行政区域 | | 公告时间 | 2019年08月26日 16:10 |
| 获取招标文件时间 | 2019年08月26日 09:00 至 2019年08月30日 17:30 | | |
| 招标文件售价 | ￥150 | | |
| 获取招标文件的地点 | [redacted] | | |
| 开标时间 | 2019年09月16日 09:30 | | |
| 开标地点 | [redacted] | | |
| 预算金额 | ￥142.541485万元（人民币） | | |

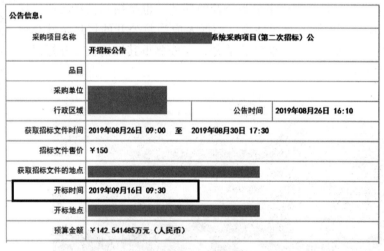

图 3－4－2　招标公告中规定的开标时间

开标具体地点（如图 3－4－3 所示）应该在提供给每一位投标人的招标文件中事先确定，使得投标人能够事先为参加开标活动做好充分的准备，如根据情况选择适当的交通工具，提前做好机票、车票的预订工作等。招标人如果确有特殊原因，需要变动开标地点，则应当按照相关条例的规定对招标文件作出修改，修改内容作为招标文件的补充文件，需要书面通知所有投标人。

**2. 评标**

评标是指评标委员会和招标人依据招标文件规定的评标标准和方法对投标文件进行审查、评审和比较的行为。评标是招标投标活动中十分重要的阶段，评标是否真正做到公开、公平、公正，决定着整个招标投标活动是否公平和公正；评标的质量决定着能否从众多投标竞争者中选出最能满足招标项目各项要求的中标者。评标现场如图 3－4－4 所示。

图 3－4－3　开标地点

图 3－4－4　评标现场

评标应由招标人依法组建的评标委员会负责，即由招标人按照法律的规定，挑选符合条件的人员组成评标委员会，负责对各投标文件的评审工作。评标委员会需要对招标人负责，从投标竞争者中评选出最符合招标文件各项要求的投标者，从而最大限度地实现招标人的利益。

评标委员会的组成人员（如图 3－4－5 所示）主要包括：

①招标人的代表。招标人的代表参加评标委员会，在评标过程中充分表达招标人的意见，与评标委员会的其他成员进行沟通，并对评标的全过程实施必要的监督。

②技术方面的专家。由招标项目相关专业的技术专家参加评标委员会，对投标文件所提方案的技术上的可行性、合理性、先进性和质量可靠性等技术指标进行评审比较，以确定在技术和质量方面能够满足招标文件要求的投标。

③经济方面的专家。由经济方面的专家对投标文件所报的投标价格、投标方案的运营成本、投标人的财务状况等商务条款进行评审比较，以确定在经济上对招标人最有利的投标。

④其他方面的专家。根据招标项目的不同情况，招标人还可聘请除技术专家和经济专家以外的其他方面的专家参加评标委员会。比如：一些大型的或国际性的招标采购项目，还可聘请法律方面的专家参加评标委员会，以对投标文件的合法性进行审查把关。

图 3－4－5　评标委员会的组成人员

评标委员会的成员人数须为 5 人以上单数。评标委员会成员人数过少，不利于集思广益，从经济、技术各方面对投标文件进行全面的分析比较，以保证评审结论的科学性、合理性。当然，评标委员会成员人数也不宜过多，否则会影响评审工作效率，增加评审费用。要求评审委员会成员人数须为单数，以便于在各成员评审意见不一致时，可按照多数通过的原则产生评标委员会的评审结论，推荐中标候选人或直接确定中标人。

评标委员会成员中，有关技术、经济等方面的专家的人数不得少于成员总数的三分之二，以保证各方面专家的人数在评标委员会成员中占绝对多数，充分发挥专家在评标活动中的权威作用，保证评审结论的科学性、合理性。

## 3.4.2　任务分析：如何进行开标

微课：如何进行开标

PPT：如何进行开标

开标会（如图 3－4－6 所示）全称开标预备会，一般在现场踏勘后 1～2 天内举行进行。踏勘现场是指招标人组织投标申请人对工程现场场地和周围环境等客观条件进行的现场勘察。招标人根据招标项目的具体情况，可以组织投标申请人踏勘项目现场，但招标人不得单独或者分别组织任何一个投标人进行现场踏勘。

**1. 开标会的具体流程**

①投标人出席开标会的代表签到。投标人授权出席开标会的代表本人填写开标会签到表，由招标人安排专人负责核对签到人身份，应与签

图 3-4-6　开标会现场

到的内容一致。

②招标人签收投标人递交的投标文件，并当众宣布截止时间前收到的投标文件清单。在开标当日且在开标地点递交的投标文件的签收应当填写“投标文件报送签收一览表”，安排专人负责接收投标人递交的投标文件（如图 3-4-7 所示）。提前递交的投标文件也应当办理签收手续，由招标人携带至开标现场。在招标文件规定的截标时间后递交的投标文件不得接收，由招标人原封退还给有关投标人。在截止时间前递交投标文件的投标人少于三家的，招标无效，开标会即告结束，招标人应当依法重新组织招标。

图 3-4-7　递交投标文件

③开标会主持人宣布开标会开始，并介绍开标会小组有关工作人员及开标会小组产生办法。开标会小组有关工作人员一般包括：

a. 主持人，一般为招标人代表、招标人指定的招标代理机构的代表；

b. 开标人，一般为招标人代表、招标代理机构的工作人员；

c. 唱标人，一般为招标人代表、招标代理机构的工作人员；

d. 记录人，一般为招标人指派、招标办监管人员或招标办授权的工作人员。记录人按开标会记录的要求进行记录。

④主持人介绍主要与会人员，一般包括招标人代表、招标代理机构代表、各投标人代表、公证机构公证人员、见证人员及监督人员等。

⑤主持人宣布开标会纪律，一般包括：

a. 场内严禁吸烟；

b. 凡与开标无关人员不得进入开标会场；

c. 参加会议的所有人员应关闭所有通信工具，开标期间不得高声喧哗；

d. 投标人代表有疑问应举手发言，参加会议人员未经主持人同意不得在场内随意走动。

⑥主持人介绍招标文件组成部分、发标时间、答疑时间、补充文件或答疑文件组成，发放和签收情况；同时强调主要条款和招标文件中的实质性要求，并由投标人确认。

⑦主持人宣布招标文件规定的递交投标文件的截止时间和各投标单位实际送达时间。在截止时间后送达的投标文件应当场宣布为废标；按规定提交了合格的撤回通知的投标文件不予开封，退还投标人，并由招标人根据招标文件的规定宣布其为无效投标文件，不予送交评审投标文件。

⑧由投标人或者其集体推选的代表检查投标文件的密封（如图 3 –4 –8 所示）和标记情况，或由招标人委托的公证机构进行检查并公证，未按招标文件要求密封的，可当场宣布为废标。

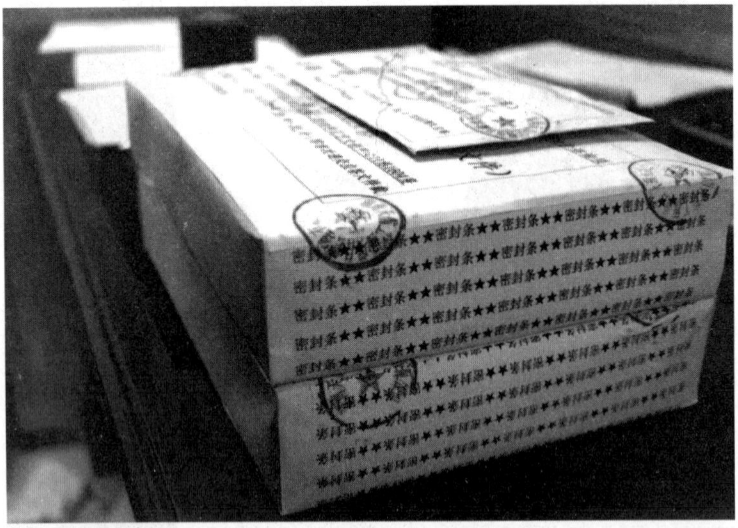

图 3 –4 –8　投标文件的密封

⑨主持人宣布开标和唱标次序。一般按投标书送达时间逆顺序进行开标和唱标。

⑩唱标人按照唱标顺序依次开标并唱标。开标由指定的开标人在监督人员及与会代表的监督下当众拆封，拆封后应当检查投标文件组成情况并记入开标会记录，开标人应将投标书和投标书附件以及招标文件中可能规定需要唱标的其他文件交给唱标人进行唱标。唱标内容一般包括投标报价、工期和质量标准、质量奖项等方面的承诺、替代方案报价、投标保证金、主要人员等，在递交投标文件截止时间前收到的投标人对投标文件的补充、修

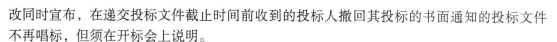

改同时宣布，在递交投标文件截止时间前收到的投标人撤回其投标的书面通知的投标文件不再唱标，但须在开标会上说明。

⑪开标会记录签字确认。开标会记录应当如实记录开标过程中的重要事项，包括开标时间、开标地点、出席开标会的各单位及人员、唱标记录、开标会程序、开标过程中出现的需要评标委员会评审的情况，有公证机构出席公证的还应记录公证结果。投标人的授权代表应当在开标会记录上签字确认。投标人对开标有异议的，应该当场提出，招标人应该当场予以答复，并作好记录。投标人基于开标现场事项投诉的，应该先行提出异议。

⑫公布标底。招标人设有标底的，标底必须公布，由唱标人公布标底。

⑬将投标文件、开标会记录等资料送封闭评标区封存。

⑭主持人宣布开标会结束。

**2. 开标会的注意事项**

为了确保开标过程的公开、透明，需要特别注意以下几点：

①招标人在招标文件要求提交投标文件的截止时间前收到的所有投标文件，开标时都应该当众予以拆封，不能遗漏，否则就构成对投标人的不公正对待。对于截止时间之后收到的投标文件应当拒收，如果坚持进行开标，则有可能造成舞弊行为，出现不公正，也是一种违法行为。

②开标过程应当记录，并存档备查。这是保证开标过程透明和公正，维护投标人利益的必要措施。开标过程记录事项应包括开标时间、开标地点、参与开标的具体单位和人员、唱标的内容、开标过程是否经过公证等内容。任何投标人要求查询记录，都应当允许。

③依据《招标投标法实施条例》第四十四条第三款规定：投标人对开标有异议的，应当在开标现场提出，招标人应当当场作为答复，并制作记录。下面列举几个开标现场出现异议及处理的案例：

a. 投标文件的密封状况。在开标阶段，投标文件密封情况由投标人代表在开标现场检查。对密封不符合招标文件要求的，招标人（招标代理机构）应该请现场监标人以及投标人代表一同见证和签字确认。对于是否因为“密封状况不满足招标文件要求”而做无效标处理，则要由评标委员会裁决。对于投标文件的资格性检查和符合性检查属于评标委员会的工作，招标人（招标代理机构）不得在开标现场对已拆封的投标文件宣布无效投标（否决其投标）。

b. 投标人未出席开标会。开标会的主要目的，是让所有投标人了解投标报价情况，并初步评估自己所处的竞争地位，以及中标的可能性。投标人是否出席开标会，对于投标文件的质量无任何影响，因此，招标人不可因投标人未参加开标会而否决其投标。

c. 投标报价大小写不一致。根据《政府采购货物和服务招标投标管理办法》第五十九条的规定，投标文件中开标一览表内容与投标文件中相应内容不一致的，以开标一览表为准；投标文件的大写金额和小写金额不一致的，以大写金额为准；总价金额与按单价汇总金额不一致的，以单价金额计算结果为准；单价金额小数点或者百分比有明显错位的，以开标一览表的总价为准，并修改单价。

在开标时，招标人（招标代理机构）应该如实唱标（按开标一览表唱标），评标时由评标委员会核实其投标报价。同时，在启动评标专家评审会议时，招标人（招标代理机构）提醒评标委员会在评审中应客观对待这些“不一致”，切实维护“公开、公平、公正”的市场氛围。

## 3.4.3 任务分析：如何进行评标

微课：如何进行评标

PPT：如何进行评标

**1. 评标的原则**

①公平、公正、科学、择优。

②依法评标。

③严格按照招标文件评标：只要招标文件未违反现行的法律、法规和规章，没有前后矛盾的规定，就应严格按照招标文件及其附件、修改纪要、答疑纪要进行评审。

④对未提供证明资料的评审原则：凡投标人未提供的证明材料（包括资质证书、业绩证明、职业资格或证书等），若属于招标文件强制性要求的，评委均不予确认，应否决其投标；若属于分值评审法或价分比法的评审因素，则不计分，投标人不得进行补正。

⑤做有利于投标人的评审：若招标文件表述不够明确，应做出对投标人有利的评审，但这种评审结论不应导致对招标人具有明显的因果关系的损害。

⑥反不正当竞争：评审中应严防串标、挂靠围标等不正当竞争行为。若无法当场确认，那么事后可向监管部门报告。

⑦记名表决：一旦评审出现分歧，则应采用少数服从多数的表决方式，表决时必须署名，但应保密，即不应让投标人知道谁投赞成票、谁投反对票。

⑧保密原则：评委必须对投标文件的内容、评审的讨论细节进行保密。

**2. 评标的方法**

评标是运用评标标准评审、比较投标的具体方法。一般有以下几种方法：

①综合评分法：是指在满足招标文件实质性要求的条件下，依据招标文件中规定的各项因素进行综合评审，以评审总得分最高的投标人作为中标（候选）人的评标方法。

②性价比法：是指在满足招标文件实质性要求的条件下，依据招标文件中规定的除价格以外的各项因素进行综合评审，以所得总分除以该投标人的投标报价，所得商数（评标总得分）最高的投标人为中标（候选）人的评标方法。

③价分比法：是指在满足招标文件实质性要求的条件下，依据招标文件中规定的除价格以外的各项因素进行综合评审，以该投标人的投标报价除以所得总分，所得商数（评标价）最低的投标人为中标（候选）人的评标方法。

④综合评议法：是指在满足招标文件实质性要求的条件下，评委依据招标文件规定的评审因素进行定性评议，从而确定中标（候选）人的评审方法。

⑤最低投标价法：是指在满足招标文件实质性要求的条件下，以投标报价最低的投标人作为中标（候选）人的评审方法。

评标的目的是根据招标文件中确定的标准和方法，对每个投标人的标书进行评价和比较，以评出最低投标价的投标人。评标必须以招标文件为依据，不得采用招标文件规定以外的标准和方法进行评标，凡是评标中需要考虑的因素都必须写入招标文件之中。

**3. 评标的步骤**

评标的步骤主要包括：组建评标委员会、评标准备、初步评标、详细评标和编写并上报评标报告。

（1）组建评标委员会

评标委员会可以设主任一名，必要时可增设副主任一名，负责评标活动的组织协调工作。评标委员会主任在评标前由评标委员会成员通过民主方式推选产生，或由招标人（招标代理机构）指定（招标人代表不得作为主任人选）。评标委员会主任与评标委员会其他成员享有同等的表决权。若采用电子评标系统，则须选定评标委员会主任，由其操作“开始投票”和“拆封”。

有的招标文件要求对所有投标文件设主审评委、复审评委各一名，主审、复审人选可由招标人（招标代理机构）在评标前确定，或由评标委员会主任进行分工。

（2）评标准备

①了解和熟悉相关内容：

a. 招标目标；

b. 招标项目范围和性质；

c. 招标文件中规定的主要技术要求、标准和商务条款；

d. 招标文件规定的评标标准、评标方法和在评标过程中考虑的相关因素。

②分工、编制表格：根据招标文件的要求或招标内容的评审特点，确定评委分工；招标文件未提供评分表格的，评标委员会应编制相应的表格；此外，若评标标准不够细化时，应先予以细化。

③暗标编码：对需要匿名评审的文本进行暗标编码。

（3）初步评标

初步评标工作比较简单，却是非常重要的一步。初步评标的内容包括投标人资格是否符合要求，投标文件是否完整，是否按规定方式提交投标保证金，投标文件是否基本上符合招标文件的要求，有无计算上的错误等。如果投标人资格不符合规定，或投标文件未做出实质性的响应，都应作为无效投标处理，不允许投标人通过修改投标文件或撤销不合要求的部分而使其投标具有响应性。经初步评标，凡是确定为基本上符合要求的投标，下一步要核定投标中有没有计算和累计方面的错误。

在修改计算错误时，要遵循两条原则：如果数字表示的金额与文字表示的金额有出入，要以文字表示的金额为准；如果单价和数量的乘积与总价不一致，要以单价为准。但是，如果招标人认为有明显的小数点错误，此时要以标书的总价为准，并修改单价。如果投标人不接受根据上述修改方法而调整的投标价，招标人可拒绝其投标并没收其投标保证金。

（4）详细评标

在完成初步评标以后，下一步就进入详细评定和比较阶段。只有在初评中确定为基本合格的投标，才有资格进入详细评定和比较阶段。具体的评标方法取决于招标文件中的规定，并按评标价的高低，由低到高，评定出各投标的排列次序。在评标时，当出现最低评标价远远高于标底或缺乏竞争性等情况时，应废除全部投标。

（5）编写并上报评标报告

评标工作结束后，招标人要编写评标报告，上报采购主管部门。评标报告包括以下内容：

①招标通告刊登的时间、购买招标文件的单位名称；

②开标日期；

③投标人名单；
④投标报价及调整后的价格；
⑤价格评比基础；
⑥评标的原则、标准和方法；
⑦授标建议。

## 3.4.4 案例解析

### 案例 01：投标人少于三个仍然开标导致招标投标行为无效

【案例描述】

某招标公司受某矿业公司委托对轮辋拆装机系统进行公开招标。招标文件载明：“(1) 投标人须交纳不少于投标总价 2% 的投标保证金，一切与投标有关的费用均由投标人自理。(2) 采用综合评估法，实行百分制，评标委员会根据技术、商务和价格情况进行综合评定、排序。(3) 定标：招标人根据评标报告提出的中标候选人名单和顺序定标，不保证最低价中标。科技公司提交了银行投标保函。”开标时，只有科技公司、设备公司两家递交投标文件。科技公司听说设备公司中标，即向招标公司致函质疑。

招标公司书面答复称，依据商务和技术综合得分，设备公司排名第一。之后，科技公司收到招标公司退还的银行保函。

科技公司认为此次投标人数少于法定的三人，依法应重新招标，但招标公司未重新招标而确定设备公司为中标人。招标公司不公开评标标准，未对评标项目进行权重分数分配，致使科技公司在所有条件都满足要求、投标价比设备公司低 13% 的情况下，却综合排名第二，严重违法，由此导致其投标失败。请求法院确认招标行为违反法律强制性规定，判令招标公司依法重新招标。

法院认为：《评标委员会和评标方法暂行规定》第三十五条规定，根据综合评估法，最大限度地满足招标文件中规定的各项综合评价标准的投标，应当推荐为中标候选人；衡量投标文件是否最大限度地满足招标文件中规定的各项评价标准，可以采取折算为货币的方法、打分的方法或者其他方法；需要量化的因素及其权重应在招标文件中明确规定。第三十六条规定，评标委员会对各个评审元素进行量化时，应当将量化指标建立在同一基础或者同一标准上，使各投标文件具有可比性；对技术部分或商务部分进行量化后，评标委员会应当对这两部分的量化结果进行加权，计算出每一投标的综合评估价或者综合评估分。本案中，招标文件虽然载明详评包括技术评标和商务评标，均采用打分办法，为百分制，评标委员会根据技术、商务和价格情况进行综合评定、排序，但其并未按照上述规定，对技术和商务部分进行量化，并对量化结果进行加权，构成对上述规定的违反。

根据《招标投标法》第二十八条规定，投标人少于三个的，招标人应当重新招标。本案中，只有两个投标人提交了投标文件，但招标公司未依法重新招标，仍旧唱标、评标、定标，违反法律强制性规定，故该项目招标投标程序无效。另，尽管招标公司应当在仅有两个投标人的情形下，按照《招标投标法》第二十八条的规定重新招标，但其招标项目不

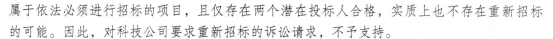

属于依法必须进行招标的项目，且仅存在两个潜在投标人合格，实质上也不存在重新招标的可能。因此，对科技公司要求重新招标的诉讼请求，不予支持。

最终法院判决该项目招标投标程序无效。

**【案例分析】**

1. 开标程序违反强制性法律规定的，招标投标行为无效。根据《民法通则》第五十八条第一款第（五）项规定，违反法律的民事行为为无效民事行为（2017 年 10 月 1 日起施行的《民法总则》第一百五十三条规定："违反法律、行政法规的强制性规定的民事法律行为无效，但是该强制性规定不导致该民事法律行为无效的除外。"）；根据《合同法》第五十二条第（五）项规定，违反法律、行政法规的强制性规定的，合同应确认无效。结合《最高人民法院关于适用〈中华人民共和国合同法〉若干问题的解释（一）》第四条规定，违反全国人大及其常委会制定的法律和国务院制定的行政法规的强制性规定的，该合同行为应认定为无效。一般法律和行政法规要求人们必须作出某种行为的规定即为强制性规定性规定，《招标投标法》第二十八条和《招标投标法实施条例》第四十四条关于投标人少于三个时应当重新招标的规定即是。在本案中，招标代理机构在投标人仅有两个时仍然开标，违反上述法律强制性规定，因此涉案的招标投标行为属于无效民事行为。实则，该项目不属于依法必须招标的项目，招标人可以在投标人不足三人时终止招标程序，然后自主决定采用竞争性谈判等采购方式，无须重新招标。这也是法院认定原招标程序无效但未判令重新招标的原因所在。

2. 招标文件必须确定评标方法，细化评标标准。评标方法有综合评估法、经评审的最低投标价法或者法律、行政法规允许的其他评标方法。在评标中为了细化评标办法，统一评审规则，增强可操作性，还要制定评标标准。评标标准需根据项目实际和行业惯例等因素加以细化。评标标准中各项评审因素应尽可能客观、详尽和量化，规定相对的权重（即"系数"或"得分"），有利于投标人了解和掌握项目的侧重点，编制出符合招标文件要求的投标文件，提高投标文件的响应度，也有利于评标委员会遵照评审，还能减少评委违规操作空间。《评标委员会和评标方法暂行规定》第三十五条、第三十六条对评标方法和评标标准提出明确要求；《招标投标法》第四十条和《招标投标法实施条例》第四十九条均规定了评标委员会应当按照招标文件确定的评标标准和方法进行评标。本案中，评标标准并未对技术部分和商务部分进行量化，与《评标委员会和评标方法暂行规定》等相关法律的规定不符，系导致投标人质疑评标结果的合法性的重要原因。

**【案例启示】**

1. 拥有足够数量的潜在投标人参与市场竞争的项目，方适合采用招标投标方式采购。招标人或招标代理机构应事前调研招标采购项目的市场竞争状况和潜在的投标人数量。潜在的合格投标人少于三个的，招标人应当采用竞争性谈判、竞争性磋商、询价、单一来源采购等非招标的方式，减少招标失败给自己和投标人带来的成本损失。

2. 评标方法、评标标准必须细化且应向投标人公开。依法合规、科学合理、操作性强的评标标准和方法，有利于对评标委员会自由裁量权进行合理约束，确保评标结果的公平、公正。招标人应制定详细的评标方法，评标标准要尽量客观，评分细则要尽可能细化。评标方法和标准应完整地规定在招标文件之中，以减少暗箱操作空间。

## 案例 02：评标委员会成员具有回避事由的应当回避

### 案例描述

2015 年 3 月 4 日，某城建公司就高低压配电柜采购项目发布的招标文件规定：“电容电抗”参照（或相当于）品牌为 K、T、E，投标人应在以上参照品牌产品中选择其中一个或多个。除以上明确的品牌外，欢迎其他能满足本项目技术需求且性能与参照品牌同档次或高于参照品牌档次的产品参加，但必须在招标答疑截止时间前，以书面形式向招标人提出，并附产品详细技术参数，在征得招标人的认可并在答疑中公布后才可填入投标文件承诺表中。投标人必须按上述要求在承诺表中进行承诺，否则视为未响应招标文件的实质性要求。

评标中，评标委员会以科技公司对“电容电抗”承诺品牌为 A，与招标文件要求的品牌元器件不符为由，判定科技公司的投标无效。科技公司对该结论不服，向市招管办投诉，市招管办决定驳回投诉。科技公司对该决定不服，向法院提起诉讼，认为评标委员会组成违法，科技公司提交的投标文件完全响应招标文件的实质要求，请求撤销市招管办所作的投诉处理决定。

经查，该招标项目评标委员会由 5 人组成，其中 4 人由城建公司从专家库中随机抽取组成，另 1 人为招标人代表。4 名专家评委中有 1 人潘某，其所在的单位市设计研究院与本次投标人之一电气公司的股东建设公司，均系投资公司独资成立的企业法人。另外，科技公司在招标答疑截止时间前未向招标人对能否使用 A 品牌的“电容电抗”元器件书面质疑。

法院认为：（一）关于评标委员会的组成是否符合法律规定。根据《招标投标法》第三十七条、《招标投标法实施条例》第四十六条及《评标委员会和评标方法暂行规定》第八条、第九条、第十条规定，评标委员会由招标人负责组建，评标委员会的专家成员应当从评标专家库内相关专业的专家名单中随机抽取确定，与投标人有利害关系的人不得进入相关项目的评标委员会，评标委员会成员与投标人有利害关系的，应当主动回避。本案中，招标人城建公司随机从专家库中抽取 4 名专家评委与招标人评委组成本次评标委员会，符合上述法律规定。建设公司与市设计研究院虽都属投资公司独资的下属企业，但二者均具有独立的法人人格，且潘某与建设公司之间并不存在经济利益关系，故潘某担任评委并不违反法律规定。

（二）关于科技公司的投标文件是否完全响应招标文件的实质性要求。根据《招标投标法》第二十七条、《评标委员会和评标方法暂行规定》第二十三条规定，投标文件的内容应当完全响应招标文件提出的所有实质性要求和条件，如未能实质响应招标文件的要求和条件，则该投标将被否决。科技公司投标文件中关于电容电抗的承诺品牌为 A，显然与招标文件规定的电容电抗元器件品牌（K、T、E）不相符，并且科技公司在招标答疑截止时间前也未按招标文件要求向招标人对能否使用 A 品牌的电容电抗元器件书面质疑并征得同意填入招标文件承诺表中，因此科技公司的投标文件未能完全响应招标文件的实质性要求。评标委员会基于此否决科技公司的投标并不违反法律规定。

综上，科技公司要求撤销市招管办所作的投诉处理决定书的诉讼请求，无事实和法律依据，法院判决驳回科技公司的诉讼请求。

【案例分析】

1. 依法组建评标委员会，评标委员会成员如具有法定回避事由的，应当主动回避。为了确保评标委员会能公正、独立评审，避免人为因素的干扰，根据《招标投标法》第三十七条第四款规定，与投标人有利害关系的人不得进入相关项目的评标委员会，已经进入的应当更换。《招标投标法实施条例》第四十六条第四款中规定："行政监督部门的工作人员不得担任本部门负责监督项目的评标委员会成员。"《评标委员会和评标方法暂行规定》第十二条规定："有下列情形之一的，不得担任评标委员会成员：（一）投标人或者投标人主要负责人的近亲属；（二）项目主管部门或者行政监督部门的人员；（三）与投标人有经济利益关系，可能影响对投标公正评审的；（四）曾因在招标、评标以及其他与招标投标有关活动中从事违法行为而受过行政处罚或刑事处罚的。评标委员会成员有前款规定情形之一的，应当主动提出回避。"招标人组建评标委员会时，不论是招标人代表还是从专家库中随机抽取的评标专家，如存在上述情形，都应当按照《招标投标法实施条例》第四十八条规定予以更换，评标委员会的成员自己也应当主动退出评标委员会。本案中，招标人随机从专家库中抽取4名专家评委与招标人代表组成评标委员会，并无证据证明存在上述应当回避的情形，也无证据证明评委之一的潘某与中标人存在经济利益关系，因此该评标委员会组成合法。

2. 投标文件未实质性响应招标文件的，应当否决投标。招标文件对招标项目的商务条件和技术参数做出明确要求，投标文件应对招标文件的商务条款和技术参数逐条做出响应性应答，不能存有遗漏或重大偏离。《招标投标法》第二十七条规定："投标人应当按照招标文件的要求编制投标文件。投标文件应当对招标文件提出的实质性要求和条件作出响应。"《评标委员会和评标方法暂行规定》第二十三条规定："评标委员会应当审查每一投标文件是否对招标文件提出的所有实质性要求和条件作出响应。未能在实质上响应的投标，应当予以否决。"在本案中，科技公司承诺的投标产品品牌A与招标文件规定不相符，且在招标答疑截止时间前未按招标文件规定向招标人提出并经其同意公布于答疑公示中，因此评标委员会否决科技公司的投标符合相应的评审标准。

【案例启示】

1. 招标人应根据招标项目的具体特点和需求，将对合同履行有重大影响的内容或因素设定为实质性要求和条件，在招标文件中一一列明，如招标项目的质量要求、工期（交货期）、技术标准、合同的主要条款、投标有效期等，并明示不满足该要求即否决其投标。

2. 招标人应当依法组建评标委员会，对拟选派的招标人代表或抽取到的专家就与投标人有无《招标投标法》第三十七条、《招标投标法实施条例》第四十六条和《评标委员会和评标方法暂行规定》第十二条等规定的亲属关系、隶属关系、经济利益关系以及其他利害关系作必要审查，如有则予以更换。评标委员会成员发现自己有前述情形之一的，应当主动提出回避。

（上述两个案例均出自《招投标典型案例评析》，白如银主编，中国电力出版社2017年出版）

## 3.4.5　技能训练

### 1. 训练任务

某学院虚拟演播中心建设采购项目评标会。

**2. 任务说明**

各小组根据评分标准对其他小组的《某学院虚拟演播中心建设采购项目招标文件》逐一进行评标，按照评标的步骤，小组组建评标委员会，进行详细评标和编写简单评标报告。评标方法与评标标准参考附录 1 招标文件第五章《评标方法与评标标准》中的具体细则。

**3. 任务考核**

（1）小组成绩由自评成绩、互评成绩和师评成绩组成

①各小组进行自评，小组间进行互评，教师进行综合评分，如表 3－4－1 所示。

②小组成绩 = 自评（30%）+ 互评（30%）+ 师评（40%）。

（2）个人成绩 = 小组成绩 × 任务参与度

注：任务参与度根据任务实施过程，由组长在小组分工记录表（如表 3－4－2 所示）中赋予（取值范围 0～100%）。

**表 3－4－1　任务考核评价表**

<table>
<tr><td colspan="4">任务名称：</td><td colspan="3">完成日期：</td></tr>
<tr><td colspan="2">小组：</td><td colspan="2">组号：</td><td colspan="2">班级：</td><td rowspan="2">成绩：<br>教师签字：</td></tr>
<tr><td colspan="2">自评成绩：</td><td colspan="2">互评成绩：</td><td colspan="2">师评成绩：</td></tr>
<tr><td>序号</td><td>评分项</td><td>分数</td><td>评分要求</td><td>自评</td><td>互评</td><td>师评</td></tr>
<tr><td>1</td><td>任务完成情况</td><td>50 分</td><td>1. 格式规范（20%）<br>2. 内容充实（40%）<br>3. 观点清晰（40%）</td><td></td><td></td><td></td></tr>
<tr><td>2</td><td>小组协作</td><td>40 分</td><td>1. 成员参与度（40%）<br>2. 分工合理性（20%）<br>3. 成员积极性（40%）</td><td></td><td></td><td></td></tr>
<tr><td>3</td><td>加分项</td><td>10 分</td><td>1. 组织规范（50%）<br>2. 最佳评标小组（50%）</td><td></td><td></td><td></td></tr>
</table>

**表 3－4－2　小组分工记录表**

<table>
<tr><td>班级</td><td></td><td>小组</td><td></td></tr>
<tr><td>任务名称</td><td></td><td>组长</td><td></td></tr>
<tr><td>成员</td><td colspan="2">任务分工</td><td>任务参与度（%）</td></tr>
<tr><td></td><td colspan="2"></td><td></td></tr>
<tr><td></td><td colspan="2"></td><td></td></tr>
<tr><td></td><td colspan="2"></td><td></td></tr>
<tr><td></td><td colspan="2"></td><td></td></tr>
<tr><td></td><td colspan="2"></td><td></td></tr>
<tr><td></td><td colspan="2"></td><td></td></tr>
</table>

# 项目5

# 定标及签订合同

## 3.5.1 任务引入：什么是定标与订立合同

微课：定标与订立合同

PPT：定标与订立合同

**1. 定标**

中标也称定标，是招标人从评标委员会推荐的中标候选人名单中确定中标人，并向中标人发出中标通知书，同时将中标结果通知所有未中标的投标人。按照法律规定，部分招标项目在确定中标候选人和中标人之后还应当依法进行公示。中标既是竞争结果的确定环节，也是发生异议、投诉、举报的环节，有关方面应当依法进行处理。商业中定标是指根据评标结果产生中标（候选）人。确定中标人的权力由设备采购招标人行使，也可由招标人将此项权力授予评标委员会行使。被确定的中标人应当是评标委员会经过评议并推荐的候选人名单中的合格投标人。招标人有权拒绝所有投标人。

定标途径分为两种：

①依据评分、评议结果或评审价格直接产生中标（候选）人；

②经评审合格后以随机抽取的方式产生中标（候选）人，如固定低价评标法、组合低价评标法。

定标模式分为两种：

①经授权、由评标委员会直接确定中标人；

②未经授权，评标委员会向招标人推荐中标候选人。

无论采用何种定标途径、定标模式、评标方法，对于法定采购项目（依据《政府采购法》或《招标投标法》及其配套法规、规章规定必须招标采购的项目），招标人不得在评标委员会依法推荐的中标候选人之外确定中标人，也不得在所有投标被评标委员会否决后自行确定中标人，否则中标无效，招标人还会受到相应处理；对于非法定采购项目，若采用公开招标或邀请招标，那么招标人如果在评标委员会依法推荐的中标候选人之外确定中标人的，也将承担法律责任。

定标与中标的区别：

①行为人不同。定标也即授予合同，是招标人决定中标人的行为；中标是相对投标人说的，指投标项目得到认可。

②法律责任不同。定标是招标人的单独行为，但需由使用机构或其他人一起进行裁决。在这一阶段，招标人所要进行的工作有：决定中标人，通知中标人其投标已经被接受，向中标人发现授标意向书，通知所有未中标的投标，并向他们退还投标保函等。《招标投标法》规定，中标人确定后，招标人应当向中标人发出中标通知书，并同时将中标结果通知所有未中标的投标人。中标通知书对招标人和中标人具有法律效力，中标通知书发出后，招标人改变中标结果的，或者中标人放弃中标项目的，应当依法承担法律责任。

**2. 订立合同**

依据《中华人民共和国民法典》第四百六十四条，“合同是民事主体之间设立、变更、终止民事法律关系的协议。婚姻、收养、监护等有关身份关系的协议，适用有关该身份关系的法律规定；没有规定的，可以根据其性质参照适用本编规定。”

合同是指本公司所属各部门以公司名义与外部的自然人、法人及其他组织之间签订的经济合同。

中标通知书发出后，招标人和中标人应当按照招标文件和中标人的投标文件在规定时间内订立书面合同，中标人按合同约定履行义务，完成中标项目。招标人应当从确定中标人之日起 15 日内，向有关行政监督部门提交招标投标情况的书面报告。

①订立合同前：招标文件要求中标人提交履约保证金的，中标人应当按照招标文件的要求提交。

②合同签订时：合同的标的、价款、质量、履行期限等主要条款应当与招标文件和中标人的投标文件的内容一致。

③合同签订后：招标人应向中标人和未中标的投标人退还投标保证金及银行同期存款利息。中标人无正当理由不与招标人订立合同，在签订合同时向招标人提出附加条件，或者不按照招标文件要求提交履约保证金的，取消其中标资格，投标保证金不予退还。

当事人订立合同，可以采用书面形式、口头形式或者其他形式。书面形式是合同书、信件、电报、电传、传真等可以有形地表现所载内容的形式。以电子数据交换、电子邮件等方式能够有形地表现所载内容，并可以随时调取查用的数据电文，视为书面形式。

## 3.5.2 任务分析：定标的流程

微课：定标的流程

PPT：定标的流程

**1. 定标的方法**

评标委员会推荐的中标候选人为一至三人（注：科技项目、科研课题一般只推荐一名中标候选人），须有排列顺序。对于法定采购项目，招标人应确定排名第一的中标候选人为中标人。若第一中标候选人放弃中标，因不可抗力提出不能履行合同，或招标文件规定应提交履约保证金而未在规定期限内提交的，招标人可以确定第二中标候选人为中标人。第二中标候选人因前述同样原因不能签订合同的，招标人可以确定第三中标候选人为中标人。

**2. 定标的原则**

①组合合理，最低价中标；

②须谨慎对待明显低于市场价的投标报价；

③开发运营中心负责《技术标评标报告》，其中开发运营中心负责技术标评定，设计管理中心负责材料样板评定；

④成本管理中心负责商务标评定，并编制《商务标评标报告》；

⑤采购管理中心汇总《技术标评标报告》及《商务标评标报告》并编制《总评标报告》；

⑥特别关注：定标价格须与目标成本、历史成本、行业内类似项目成本比较分析；不能全部比较时，可比较主要子目价格，如人工、砼、钢筋、模板、取费等；集团有指导价的合同类别，务必按集团指导价填写。

**3. 定标的流程**

根据流程图（如图 3－5－1 所示）可以看出，定标的流程为：

①跟标人协助提供定标资料；

②招标单位根据评委会推荐的合格中标候选人名单，确定是否从候选人名单确定中标人，不是的话，重新招标或重新评标；

③招标单位确认中标人，招标代理机构应在规定的时间内向中标人发出中标通知书，并同时将中标结果通知所有未中标的投标人，按照招标文件规定退还未中标的投标人的投标保证金；

④跟标人编制中标通知书、中标公告；

⑤招标单位审核是否属实；

⑥跟标人发放中标通知书、发布中标公告，确定中标人后，中标结果在招标文件确定的网站公示；

⑦跟标人中标通知书签收；

⑧中标通知书发出后，招标人和中标人应当按照招标文件和中标人的投标文件在规定时间内订立书面合同，中标人按合同约定履行义务，完成中标项目。招标人应当从确定中标人之日起 15 日内，向有关行政监督部门提交招标投标情况的书面报告。

⑨招标代理机构应在中标通知书发出之日起 3 日内，组织招标人与中标人签订合同。

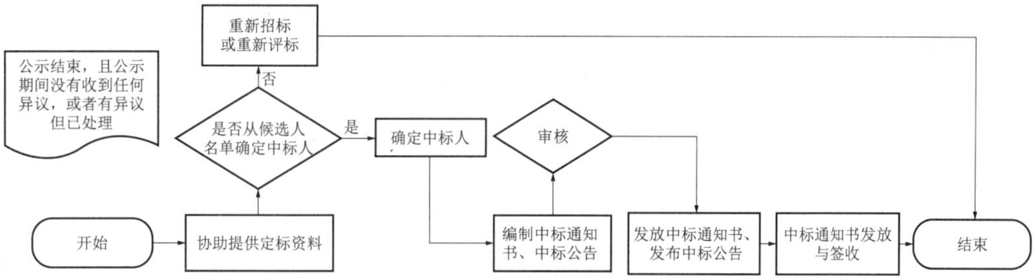


**图 3－5－1　定标的流程**

## 3.5.3　任务分析：订立合同的流程

合同的成立必须基于当事人的合意，即意思表示一致。这是一个经过充分协商达到双方当事人意思表示一致的过程，在这个过程中的各个步骤构成了合同订立的程序，这一过程在合同法上称为要约和承诺。

微课：订立合同的流程

### 1. 订立合同的内容

①市场调查和可行性研究。市场调查和可行性研究是当事人在签订合同前必不可少的准备工作。

②资信审查。当选择了准备与对方谈判签订合同时，需要对对方进行资信审查。资信审查包括资格审查和信用审查。

③洽谈协商。当事人之间就合同条款的不同意见经过反复协商，讨价还价，最后达成一致意见的过程就是洽谈协商。

PPT：订立合同的流程

④拟订合同文书。拟订合同文书是将双方协商一致的意见，用文字表述出来。

⑤履行合同生效手续。在合同文书拟订后，双方当事人已完全认可的时候，就要办理合同订立的最后一道手续，即双方当事人签字或者盖章。首先由双方当事人的法定代表人或经办人在合同上签字；其次，按照我国的习惯，要加盖单位公章或者合同专用章，合同订立的程序才算完成。

有的合同，根据国家规定需经有关部门审查批准的，则必须在有关部门审批后，才能正式生效。

### 2. 订立合同的步骤

订立合同的一般程序步骤主要有要约、承诺、合同的成立时间和成立地点、格式条款、缔约过失责任，如图 3－5－2 所示。

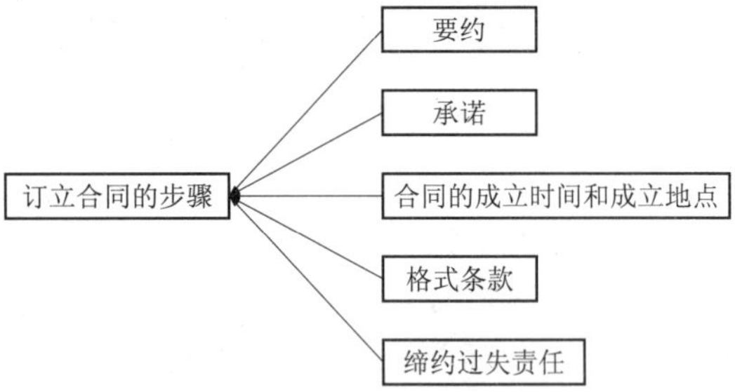


图 3－5－2　订立合同的步骤

（1）要约

①希望与他人订立合同。

②具体内容、存在标的、数量等关键因素或者目的事项确认。合同的内容由当事人约定，一般包括以下条款：当事人的名称或者姓名和住所；标的；数量；质量；价款或者报酬；履行期限、地点和方式；违约责任；解决争议的方法。当事人可以参照各类合同的示范文本订立合同。

要约是希望和他人订立合同的意思表示，该意思表示应当符合以下规定：内容具体确定；表明经受要约人承诺，要约人即受该意思表示约束。

③要约邀请是希望他人向自己发出要约的意思表示。寄送的价目表、拍卖公告、招标公告、招股说明书、商业广告等为要约邀请。商业广告的内容符合要约规定的，视为要约。

要约到达受要约人时生效。采用数据电文形式订立合同，收件人指定特定系统接收数据电文的，该数据电文进入该特定系统的时间，视为到达时间；未指定特定系统的，该数据电文进入收件人的任何系统的首次时间，视为到达时间。

④要约可以撤回。撤回要约的通知应当在要约到达受要约人之前或者与要约同时到达受要约人；有下列情形之一的，要约不得撤销：

a. 要约人确定了承诺期限或者以其他形式明示要约不可撤销；

b. 受要约人有理由认为要约是不可撤销的，并已经为履行合同作了准备工作。

⑤撤销。已生效或者尚未获得承诺的要约，不得撤销。如有撤销，需要定期限、有明

示、有理由。

⑥失效。曾经生效过才会被失效，被撤销，被拒绝，期满不答，变实质都会导致失效；有下列情形之一的，要约失效：

a. 拒绝要约的通知到达要约人；

b. 要约人依法撤销要约；

c. 承诺期限届满，受要约人未作出承诺；

d. 受要约人对要约的内容作出实质性变更。

（2）承诺

①承诺是受要约人同意要约的意思表示。承诺应当以通知的方式作出，但根据交易习惯或者要约表明可以通过行为作出承诺的除外。承诺应当在要约确定的期限内到达要约人。要约没有确定承诺期限的，承诺应当依照下列规定到达：要约以对话方式作出的，应当即时作出承诺，但当事人另有约定的除外；要约以非对话方式作出的，承诺应当在合理期限内到达。

原则上当事人订立合同，有书面形式、口头形式和其他形式。法律、行政法规规定采用书面形式的，应当采用书面形式；当事人约定采用书面形式的，应当采用书面形式。书面形式是指合同书、信件和数据电文（包括电报、电传、传真、电子数据交换和电子邮件）等可以有形地表现所载内容的形式。

②迟延。超期发出承诺，或者按时发出但是按照通常情形未及时到达，原则上属于新要约。要约人及时通知该承诺有效的，合同成立。

③迟到。按时发出，通常能到达，由于其他原因未到达，原则上属于有效承诺，要约人需要及时通知，超期不接受的，成为新的要约。

（3）合同的成立时间和成立地点

当事人采用合同书形式订立合同的，自双方当事人签字或者盖章时合同成立。当事人采用信件、数据电文等形式订立合同的，可以在合同成立之前要求签订确认书。签订确认书时合同成立。

①时间：一方履行主要义务，提交订单成功，合同生效。

②地点：承诺生效的地点；最后签字盖章按指印的地点；数据电文订立合同，收件人的主营业地为承诺生效地点，没有营业地点的，其经常居住地为合同成立的地点；合同没有约定签订地，双方当事人签字或者盖章不在同一地点的，法院应当认定最后签字或者盖章的地点为合同签订地。

（4）格式条款

根据《中华人民共和国民法典》第四百九十六条，“格式条款是当事人为了重复使用而预先拟定，并在订立合同时未与对方协商的条款。”

“采用格式条款订立合同的，提供格式条款的一方应当遵循公平原则确定当事人之间的权利和义务，并采取合理的方式提示对方注意免除或者减轻其责任等与对方有重大利害关系的条款，按照对方的要求，对该条款予以说明。提供格式条款的一方未履行提示或者说明义务，致使对方没有注意或者理解与其有重大利害关系的条款的，对方可以主张该条款不成为合同的内容。”

对格式条款的理解发生争议的，应当按照通常理解予以解释。对格式条款有两种以上解释的，应当作出不利于提供格式条款一方的解释。格式条款和非格式条款不一致的，应当采用非格式条款。

（5）缔约过失责任

缔约过失责任是指当事人在订立合同过程中，因过错违反依诚实信用原则而产生的先合同义务，导致合同不成立，或者合同虽然成立但不符合法定的生效条件而被确认无效、被变更或被撤销，给对方造成损失时所应承担的民事责任。缔约过失责任是在解决没有合同关系的情况下，因一方过失而造成另一方信赖利益受损的救济手段。

根据诚实信用原则，在合同的签订过程中，任何一方当事人均负有协助、照顾、保护、忠实、通知和保密等先合同义务。这里的“过失”不是泛泛而谈的“过失”，而是仅指违反诚实信用原则的过失。

根据《中华人民共和国民法典》第五百条，“当事人在订立合同过程中有下列情形之一，造成对方损失的，应当承担赔偿责任：（一）假借订立合同，恶意进行磋商；（二）故意隐瞒与订立合同有关的重要事实或者提供虚假情况；（三）有其他违背诚信原则的行为。”

缔约过失责任不是违约责任，也不是侵权责任，虽然在其历史发展过程中，缔约过失责任曾被归入违约责任，也曾被归入侵权责任体系内，但在订立合同过程中，仅依靠违约责任和侵权责任是不能周密地保护缔约当事人的，缔约过失责任正是基于弥补合同法和侵权行为法功能上的欠缺而自成独立之制度。不仅于此，交易是个过程，起初是当事人开始接触，而后是互相洽商，最后成交。

法律保护交易，应该是对整个过程加以全面的规制：对成交的保护通过赋予合同关系并配置违约责任的途径达到目的；接触磋商的保护通过无主给付义务的法定债这一关系并配置缔约过失责任的方式完成任务。

①缔约过失责任的认定。过错责任原则要求以主观过错作为过错方承担缔约过失责任的构成要件，即确定其承担缔约过失责任不仅要有违反先合同义务的行为致使对方信赖利益的损失，而且缔约方主观上有过错。

这种过错必须与信赖利益的损失之间有因果关系，以此来确定缔约过失责任的范围。违约责任的归责原则是严格责任原则，即违反合同义务的当事人无论主观上有无过错，均应承担违约责任的归责原则。严格责任原则作为违约责任的归责原则已得到国内学者的普遍认可。

②缔约过失责任的赔偿范围。对此，我国尚无明确的法律规定。缔约过失赔偿责任的范围是对信赖利益损失的赔偿，对信赖利益的赔偿，一般不应超过履行利益，同时还应遵循过失相抵的赔偿原则。

当事人在合同订立之前的状态与现有状态之间的差距，就是信赖利益损失的范围。信赖利益的损失包括直接损失和间接损失。直接损失包括：

a. 缔约费用，如通信费、为了订立合同而赴实地考察所支付的合理费用等。

b. 准备履行合同所支出的费用，如信赖合同有效成立而购买房屋、机器设备或雇工支付的费用，或者为运送或受领标的物所支出的合理费用等。

c. 因支出缔约费用或准备履行合同支出费用而失去的利息。

d. 由于一方当事人在订立合同过程中未尽照顾、保护义务而使对方当事人的人身受到伤害所支出的医疗费用和因身体伤害而减少的误工收入。

e. 由于一方当事人在订立合同过程中未尽通知、说明义务致使对方当事人遭受的财产上的实际损失。

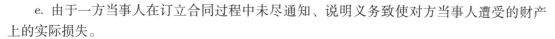

间接损失主要是相对人因信赖合同有效成立而丧失的与第三人另订合同机会所遭受的损失。这些直接损失和间接损失必须是在可以客观预见的范围内，必须是基于信赖关系而产生的损失。

因一方当事人的缔约过失行为给对方造成损害时，受损害方有及时采取措施防止损害扩大的义务，没有及时采取措施防止损害扩大的，无权就扩大的损失要求赔偿。因其防止损害扩大支出的合理费用，也应当由缔约过失方承担。

③缔约过失责任的构成要件：

a. 当事人在缔约过程中违反了以诚实信用原则为基础的先合同义务。所谓先合同义务，是指当事人因缔约而接触或磋商，在彼此之间建立了一种特殊的信赖关系，互负协助、通知、保护、保密等义务。

b. 违反先合同义务的行为给对方当事人造成了损害。这里的损害通常包括实际利益的损失和可得利益的损失。前者是指财产直接的积极减少（不应支出而支出），例如交易费用或差旅费的浪费性支出；后者是指在没有一方当事人违反先合同义务的情况下必然会得到的利益的消极减少。

c. 违反先合同义务的行为与损害之间有因果关系。如果一方当事人损害的发生并非由于另一方当事人违反先合同义务的行为造成的，那么缔约过失责任在这里就没有适用空间。

d. 违反先合同义务的一方当事人主观上存在过错。这里所说的过错既包括故意也包括过失。故意是指假借订立合同恶意磋商、故意隐瞒有关重要事实、提供虚假情况等情形；过失泛指对订立合同时相关合理注意义务的违反。

④缔约过失责任适用的情形：

a. 假借订立合同，恶意进行磋商。

b. 故意隐瞒与订立合同有关的重要事实或者提供虚假情况。

c. 泄露或者不正当地使用在订立合同过程中知悉的对方商业秘密，借缔约之机侵害对方商业秘密。商业秘密，是指不为公众所知悉的，能为权利人带来经济利益、具有实用性并经权利人采取保密措施的技术信息和经营信息，具有秘密性、经济性、实用性和保密性四大特征。

d. 以批准等手续为生效要件的合同，由于一方恶意不办理致使该合同不能生效。

e. 因一方过失致使合同被确认无效或者撤销的。

f. 其他违背诚实信用原则的行为等。

**3. 订立合同需要的条件**

（1）订约主体存在双方或多方当事人

所谓订约主体是指实际订立合同的人，他们既可以是未来的合同当事人，也可以是合同当事人的代理人，订约主体与合同主体是不同的，合同主体是合同关系的当事人，他们是实际享受合同权利并承担合同义务的人。

（2）双方当事人订立合同必须是“依法”进行的

所谓“依法”签订合同，是指订立合同要符合法律、行政法规的要求。由于合同约定的是当事人双方之间的权利和义务关系，而权利和义务是依照法律规定所享有和承担的，所以订立合同必须符合法律、行政法规的规定。如果当事人订立的合同违反法律、行政法规的要求，法律就不予承认和保护，这样，当事人达成协议的目的就不能实现，订立合同也就失去了意义。

（3）当事人必须就合同的主要条款协商一致

合同必须是经过双方当事人协商一致的。所谓协商一致，就是指经过谈判、讨价还价后达成的相同的、没有分歧的看法。

（4）合同的成立应具备要约和承诺阶段

要约、承诺是合同成立的基本规则，也是合同成立必须经过的两个阶段。如果合同没有经过承诺，而只是停留在要约阶段，则合同未成立。合同是从合同当事人之间的交涉开始，由合同要约和对此的承诺达成一致而成立。

以上只是合同的一般成立条件，实际上由于合同的性质和内容不同，许多合同都具有其特有的成立要件。

合同的订立是缔约当事人间相互接触、协商的过程，是动态行为与静态结果的统一体。合同订立的动态行为是缔约人相互协商的过程。合同订立的静态结果是合同订立过程结束的状态，即动态行为的后果。合同订立后出现的两个结果如下：

①当事人之间达成合意，即合同成立。此可谓合同订立的积极结果，也是当事人订立合同的意图的实现。

②当事人之间不能达成合意，即合同不成立。此可谓合同订立的消极结果，也就是当事人订立合同的意图不实现，即订约不成功或失败。

## 3.5.4 案例解析

### 案例：缔约过失责任纠纷：李敏与新拓尼克科技（天津）有限公司缔约过失责任纠纷

**【案例描述】**

经法院查明，原告李敏原是无锡文思海辉信息技术有限公司上海分公司的职工。2020 年 4 月 17 日，原告应被告新拓尼克公司的要求参加该公司的面试。2020 年 5 月 6 日，被告新拓尼克公司向原告李敏发出录用通知邮件，载明李敏被新拓尼克科技（天津）有限公司录用，职位为工程师。月薪（税前）14000 元（总额），包括：1. 基本工资人民币 1 万元。2. 与商业项目相关的薪资人民币 4000 元。李敏应于 2020 年 5 月 25 日报道，且需与先前的雇佣公司解除劳动关系。原告李敏按照该录用通知邮件中的要求填写并接受该份录用通知书。2020 年 5 月 17 日，原告李敏到上海瑞慈门诊部有限公司进行入职体检，共花费体检费 156 元。2020 年 5 月 18 日，被告新拓尼克公司的工作人员告知原告李敏因公司项目变动，该岗位暂停招聘即李敏无法入职该岗位。尔后，被告新拓尼克公司的工作人员向原告提出变通方案，原告可以应聘被告公司的客户经理职位或者工作地点在南京的工程师职位，原告均拒绝并于 2020 年 7 月 1 日向天津市武清区劳动人事争议仲裁委员会申请仲裁。天津市武清区劳动人事争议仲裁委员会以李敏的仲裁请求不属于劳动（人事）争议处理范围为由不予受理，原告因此向法院提起诉讼。

法院认为：当事人从事民事活动应当遵循诚实信用原则。根据《中华人民共和国合同法》第四十二条规定，当事人在订立合同过程中有下列情形之一，给对方造成损失的，应当承担赔偿责任：（一）假借订立合同，恶意进行磋商；（二）故意隐瞒与订立合同有关的重要事实或者提供虚假情况；（三）有其他违背诚实信用原则的行为。据此，缔约过失责任是在合同订立过程中，一方因违背诚实信用原则所应负的义务，致另一方信赖利益受损所应承担的民事责任。信赖利益应是基于合理的信赖而产生的利益，即在缔约阶段因为一方的行为已使另一方足以相信合同能成立或生效。本案中，被告新拓尼克公司与李敏分别出于自身的人才需求以及择业需求，意欲达成符合法律规定的劳动合同关系。2020 年 5 月 6 日，被告向原告发送的录用通知邮件中，载明了具体的工作地点。原告认为工作地点是上海和根据项目需要在其他城市的客户现场。被告认为工作地点是根据项目需要在上海以及客户所在其他城市，且已经给原告安排了在南京的相应岗位。根据原告提交的证据以及原、被告在劳动合同缔约过程中的一系列沟通，结合常识，应认定为原告应聘的岗位为工程师，工作地点为上海和根据项目需要在其他城市的客户现场。故被告以原告未在 2020 年 6 月 1 日前往南京报道产生的后果应由原告承担的抗辩理由，本院不予采信。现被告新拓尼克公司因为项目计划变更而对原告应聘的职位暂停招聘，有悖于订立合同中所应当遵循的诚信义务，致使李敏基于录用通知书产生的信赖利益为一定民事法律行为而遭受的损失，对此被告新拓尼克公司的行为负有相应过错，应当承担相应的法律责任。

**【案例分析】**

缔约过失责任的理论基础是诚实信用原则，诚实信用原则是现代民法学的最高指导原则。为订立合同而接触磋商，双方当事人实际上已经由一般的普通关系进入特殊的信赖关系，当事人之间互负协助、保密、告知、保护等义务，此即先合同义务。这些不是当事人之间的约定，而是基于诚实信用原则的要求将道德法律化。因一方当事人违反先合同义务致使另一方当事人产生信赖利益损失，法律应当对其进行调整。

（案例出处：https://zhuanlan. zhihu. com/p/341448798）

## 3.5.5　技能训练

**1. 训练任务**

合同的签订。

**2. 任务说明**

学习订立合同的步骤及注意事项。

**3. 任务背景**

虚拟演播系统项目已中标，接下来开始签订工程项目采购合同，项目中标价格为 298 万元。

在教学资源建设过程中，学校计划建设一个功能丰富的智慧演播中心，提供虚拟的 3D、2D 等多场景的演播环境，用于教师录制教学视频和微课。系统要求：

①快捷部署、无须专业装修，环境适应性强；

②操作简单，不需要专业人员操作；

③演播场景可定制，针对不同专业背景提供不同专业演播场景；

④视频清晰度高，实现专业视频录制效果。

虚拟演播系统主要设备清单如图 3 -5 -3 所示。

虚拟演播系统主要设备清单

<table>
<tr><th>序号</th><th colspan="2">设备名称</th><th>参数要求</th><th>数量</th><th>单位</th></tr>
<tr><td>1</td><td colspan="2">虚拟演播主机</td><td>1. 支持 3D、2D 动静态、微课等多场景，且根据用户需求可定制场景<br>2. 支持虚拟技术，通过一台摄像机虚拟出多机位，多角度的拍摄效果<br>3. 支持字母、台标叠加功能<br>4. 支持两路外部可视信号的接入，一路为高清摄像机，一路为高清 VGA 或其他高清可视信号<br>5. 支持互联网直播发布，且支持远程互动</td><td>1</td><td>套</td></tr>
<tr><td>2</td><td colspan="2">矩阵切换器</td><td>1. 4 路 HDMI 输入输出、每路支持 4K 画质<br>2. 每路音频输出带有独立的音量控制<br>3. 支持无缝切换，支持红外控制</td><td>1</td><td>台</td></tr>
<tr><td>3</td><td colspan="2">高清摄像机</td><td>1. 采用 1/2. 8 英寸高品质图像传感器，最大分辨率可达 1920 × 1080，输出帧率高达 60 帧/秒<br>2. 支持光学变焦 12 倍，支持 16 倍数字变焦<br>3. 采用高精度步进电机以及精密电机驱动控制器，确保云台低速运行平稳，并且无噪声<br>4. 支持多达 255 个预置位（遥控器设置调用为 10 个）</td><td>2</td><td>台</td></tr>
<tr><td rowspan="5">4</td><td rowspan="5">灯光系统</td><td rowspan="2">背景灯</td><td>功率 24 W、色温 4000 K、散射角 30 度</td><td>1</td><td>只</td></tr>
<tr><td>功率 15 W、色温 4000 K、散射角 24 度</td><td>1</td><td>只</td></tr>
<tr><td rowspan="2">主光源</td><td>功率 24 W、色温 4000 K、散射角 30 度</td><td>1</td><td>只</td></tr>
<tr><td>功率 15 W、色温 4000 K、散射角 24 度</td><td>1</td><td>只</td></tr>
<tr><td>补光灯</td><td>1. 采用 LED 光源，超大光照角度<br>2. 采用不低于 96 颗 5500 K 色温贴片 LED 和 96 颗 3200 K 色温贴片 LED 组成，且在 3200 ~ 5500 K 任意可调<br>3. 采用超高显色指数贴片 LED，RA 平均值大于 95，接近自然光</td><td>2</td><td>只</td></tr>
<tr><td>5</td><td colspan="2">音频系统</td><td>1. 接收器方式：二次变频超外差<br>2. 中频频率：第一中频 110 MHz、第二中频 10. 7 MHz<br>3. 无线接口 BNC/50 Ω，灵敏度 12 dBuV（80 dBS/N），灵敏度调节范围 12 - 32 dBuV，杂散抑制 >75 dB，最大输出电平 +10 dBV</td><td>1</td><td>套</td></tr>
<tr><td>6</td><td colspan="2">背景幕布</td><td>4 ×6 米、绿色</td><td>1</td><td>张</td></tr>
</table>

**图 3 -5 -3　虚拟演播系统主要设备清单**

工程项目采购合同样本如图 3 -5 -4 所示，任务实施中可使用该样本或者自行定义合同版式。

XXX

工程项目采购合同

**合同编号：**______________________________

**签约地点：**______________________________

**适用区域：**________省________市________县/区

**签约时间：**________年________月________日

1

合同内容

**甲方：**×××公司　**（以下简称甲方）**

**乙方：**×××公司　**（以下简称乙方）**

**丙方：**×××公司　**（以下简称丙方）**

依据国家有关的法律、法规，综合本工程的具体情况，明确甲乙双方权利和义务，经双方友好协商达成一致，签订以下合同条款。

**一、工程名称、范围和内容**

1．工程名称：______________________________

2．工程地址：______________________________

3．工程范围和内容：

乙方采购的×××指纹锁用于________工程项目，全由甲方负责供货、安装、调试、培训、质保等相关工作。

本合同不含税造价为人民币______________________元，（大写：人民币元整）。

选用×××产品报价明细：

| 产品名称 | 颜色 | 图片 | 单价（元） | 数量（把） | 合计 |
|---|---|---|---|---|---|
| 指纹密码锁 | 金色 | 型号 ABAB | | | |

**注：以上价格含运输、安装、调试、培训费用，不含发票、不含电池。本合同金额按实际数量进行结算，超出合同数量（用于本合同工程项目）亦可以按以上价格供货。**

**二、供货方式及供货周期**

乙方提前 35 天以书面传真的方式向甲方下订单，订单需注明数量及交货日期，允许一个工程项目分多批订单供货。

**三、付款方式**

货款详见乙方每次订单总金额，每次订单按以下付款方式分期支付：

1．第一期付款：订金，乙方支付甲方￥__________元（即人民币：__________________）作为订金；

2．第二期付款：丙方确认收到符合本合同约定标准及订单数量的产品后，乙方应在七个工作日内支付甲方此批订单总金额的 70%（含订金）；

2

3．第三期付款：甲方安装完毕，业主在保修卡上签字确认合格后，甲方将业主签字的保修卡提交给丙方后，乙方应在七个工作日内支付甲方此批订单总金额的 25%；

4．第四期付款：质保期满，乙方在七个工作日内将此批订单金额的 5%质保金一次性无息支付给甲方；

5．乙方需将货款汇入甲方指定的账户：

**收款名称：**______________________________

**收款账号：**______________________________

**开户行：**______________________________

**四、质量技术标准及验收标准**

甲方所提供的产品必须符合国家标准并严格按照 GA374-2001 电子防盗锁技术条件生产，检测合格，包装按甲方标准包装。

**五、验收方式、验收期限及异议期限**

1．丙方收到甲方产品后，按甲方签定合同时提供样板的款式及颜色当场验收，如发现产品不符合合同约定，甲方应在丙方要求的五个工作日内处理并达到规定要求，丙方在甲方送货单上签字后七个工作日内没有提出异议的视为符合合同要求。

2．甲方在安装时发现产品异常，若属产品质量问题的，甲方应在业主要求时限内处理并达到规定要求，若属丙方或业主保管不当导致，甲方须收取零配件更换费用，甲方有义务提前告知更换费用的事宜。

**六、甲方权利和义务**

1．甲方需按乙方订单要求时间保质、保量供货；

2．甲方应对乙方进行商务和产品技术培训的支持，并承担因质量问题而引起的消费者投诉和相应责任；

3．甲方负责为业主进行产品安装、功能介绍等售后服务，并承担安装维护时产生的其他费用；甲方承担因安装、维护过程中因操作不当等非产品质量问题引起消费者投诉和相应责任。

**七、乙方权利和义务**

1．乙方每批订单的交货日期需在甲方生产周期范围内；

2．乙方须为甲方对该小区业主安装及售后工作提供进出入的便利。

**八、售后服务**

1．本合同产品甲方提供 12 个月的质保期，从业主在保修卡上签字确认之日开始计算；

2．在质保期内，非乙方、丙方或业主人为原因出现的质量问题需更换配件，甲方免费上门并承担更换配件费用；

3．在质保期内，属人为损坏或非产品质量问题所造成的故障或损坏，甲方上门服务，更换配件费用需由业主或乙方承担；

4．超过质保期，若本合同产品出现问题，甲方提供终身有偿维

3

修服务；

5．当本合同产品出现故障时，甲方保证在 8 小时内上门服务处理；甲方未按时上门处理的，业主或乙方可自行委托第三方处理，相关费用由甲方承担。

**九、违约责任**

1．甲方未能按本合同约定交付产品、未能按工期完成安装以及未履行合同约定的维修义务的，每延迟一日，按此批次产品总金额的 3‰承担违约金；

2．因乙方原因未按合同约定时间付款，每延迟一日，按应付款金额的 3‰承担违约金。

**十、其他约定**

1．质保期满后，需更换的零配件价格表见附表；

2．因自然灾害等不可抗力导致的违约，不予追究双方责任；

3．甲乙双方如有争议，双方应友好协商，若协商不成，双方可向××第一人民法院提起诉讼；

4．合同未尽事宜，由双方协商解决并以补充合同作为合同附件；

5．本合同一式叁份，甲乙丙叁方各执壹份；附件乃本合同不可分割的组成部分，与本合同具有同等效力；

6．本合同经双方签字盖章后合同生效，该合同所规定的义务履行完毕后合同终止。

| | |
|---|---|
| **甲方：**×××公司 | **乙方：**×××公司 |
| **法人代表/授权代表：** | **法人代表/授权代表：** |
| **地址：** | **地址：** |
| **电话：** | **电话：** |
| **传真：** | **传真：** |
| **签约日期：**　年　月　日 | **签约日期：**　年　月　日 |

**丙方：**

**法人代表：**

**地址：**

**电话：**

**传真：**

**签约日期：**　年　月　日

4

图 3－5－4　工程采购合同样本

**4. 任务要求**

学生进行分组，每组成员模拟中标人订立合同，合同范本自行查找。

①小组准备并进行资料收集，完成并提交纸质合同。

②按照订立合同步骤，请一位学生代表宣讲合同签订流程（必须准备 PPT）。

**5. 任务考核**

①小组成绩由组间互评平均成绩与教师评价成绩组成，如表 3－5－1 所示。

②最终个人成绩 =（组间互评平均成绩 ×50% ＋教师评价成绩 ×50%）× 任务参与度

注：任务参与度根据任务实施过程，由组长在小组分工记录表（如表 3－5－2 所示）中赋予（取值范围 0～100%）。

**表 3－5－1　合同签订流程任务考核评价表**

| 序号 | 组名 | 宣讲人 | PPT 制作（30 分） | 宣讲效果（30 分） | 合同规范性（20 分） | 过程亮点（20 分） | 总评 | 点评内容 |
|---|---|---|---|---|---|---|---|---|
| 1 | | | | | | | | |
| 2 | | | | | | | | |
| 3 | | | | | | | | |
| 4 | | | | | | | | |
| 5 | | | | | | | | |
| 6 | | | | | | | | |
| 7 | | | | | | | | |
| 8 | | | | | | | | |

**表 3－5－2　小组分工记录表**

| 班级 | | 小组 | |
|---|---|---|---|
| 任务名称 | | 组长 | |
| 成员 | 任务分工 | | 任务参与度（%） |
| | | | |
| | | | |
| | | | |
| | | | |
| | | | |
| | | | |

某学院
智慧虚拟演播中心建设采购

# 招标文件

招标编号：NXY－2021A051X

招标人：某学院
招标代理机构：ICT营销方案与应标虚拟招标公司
2021年×月

# 目　录

# 第一章　招标公告

（招标编号：NXY－2021A051X）

ICT 营销方案与应标虚拟招标公司受某学院委托，就某学院智慧虚拟演播中心建设采购进行公开招标采购，兹邀请合格投标人投标。

## 一、项目名称及编号

项目名称：某学院智慧虚拟演播中心建设采购
招标编号：NXY－2021A051X

## 二、采购需求

| 品目号 | 货物名称 | 技术参数 | 数量 |
|---|---|---|---|
| 1 | 智慧虚拟演播中心建设 | 详见招标文件 | 1 套 |

采购预算为人民币 40 万元。投标人的投标报价不得超过该预算，否则作无效投标处理。

## 三、合格的投标人必须符合下列条件

（一）符合政府采购法第二十二条规定的条件，并提供下列材料：

1. 法人或者其他组织的营业执照等证明文件；
2. 具备履行合同所必需的设备和专业技术能力的证明材料；
3. 参加政府采购活动前 3 年内在经营活动中没有重大违法记录的书面声明；
4. 供应商需具备计算机系统集成三级及以上资质。

（二）其他资格要求：

1. 未被“信用中国”网站（www. creditchina. gov. cn）列入失信被执行人、重大税收违法案件当事人名单、政府采购严重失信行为记录名单。

（三）本项目不接受联合体投标，中标后不允许分包、转包（不分包、转包的承诺）。

（四）本项目不接受进口产品投标。

## 四、招标文件获取的时间、地点、方式等

1. 获取招标文件时间：2021 年 5 月 20 日起至 2021 年 5 月 30 日（节假日除外），上午 8：30～11：30，下午 2：00～5：00（北京时间）。
2. 获取招标文件地点：https：//www. ccgp-xuni. gov. cn/（虚拟政府采购网，课程作业）。
3. 招标文件售价：免费；若邮购，邮费自理，招标文件售后不退。
4. 购买招标文件须携带的材料：无

## 五、投标文件递交

投标文件接收时间：课程规定时间期限。
投标截止时间：课程规定时间期限。
投标文件提交形式：电子档即可。
联系人：刘亮

本项说明：请各小组务必准时将投标资料在规定时间内进行提交，过时将在评分时参照评分标准扣除对应分值。

## 六、开标有关信息

开标时间：无
开标地点：南京市栖霞区文澜路 99 号

## 七、本次招标联系事项

招标人：某学院
地址：南京市栖霞区文澜路 99 号
联系人：刘亮

## 八、招标代理机构信息

单位名称：ICT 营销方案与应标虚拟招标公司
地址：南京信息职业技术学院
联系人：刘亮
联系电话：无
传真：无
电子邮箱：无
户名：无
开户银行：无
人民币账号：无

## 九、公告发布媒体

无

## 十、其他

公告期限：5 个工作日。

# 第二章　投标人须知

投标人须知前附表

| 序号 | 主要内容 |
| --- | --- |
| 1 | 项目名称：某学院智慧虚拟演播中心建设采购<br>招标人：某学院 |
| 2 | 招标代理机构：ICT 营销方案与应标虚拟招标公司<br>联系人：刘亮 |
| 3 | 招标方式：公开招标 |
| 4 | 招标内容：按照招标人需求及目标，提供相关货物及服务 |
| 5 | 标前会及现场踏勘：不组织，投标人可自行前往踏勘 |
| 6 | 投标货币：本次招标只接受人民币报价。投标语言：中文 |
| 7 | 投标保证金：本项目不需要投标保证金 |
| 8 | 投标有效期：课程规定时间期限 |
| 9 | 递交投标文件的数量：电子档一份，投标文件需标注连续页码 |
| 10 | 采购预算：采购预算为人民币 40 万元。投标人的投标报价不得超过该预算，否则作无效投标处理 |
| 11 | 评标和定标：本项目采用综合评分法 |
| 12 | 中标候选人：按最终得分由高到低排序，推荐前 3 名<br>中标人：1 名 |
| 13 | 合同签订时间：在中标通知书发出后 30 日之内 |

## 一、总则

**1 适用范围**

1.1 本次招标采取公开招标方式，本招标文件仅适用于招标公告中所述项目。

**2 定义**

2.1 招标人：指某学院，包括其承继者和经许可的受让人。

2.2 招标代理机构：指 ICT 营销方案与应标虚拟招标公司，受招标人委托，在招标过程中负有相应责任的法人或组织。

2.3 投标人：指响应招标，参加投标竞争的法人或组织。

2.4 中标人：指经过招标、评标并最终被授予合同的投标人。

2.5 服务：指招标文件中所述相关服务。

**3 适用法律**

3.1《中华人民共和国政府采购法》《中华人民共和国政府采购法实施条例》《政府采购货物和服务招标投标管理办法》及有关法律、规章和规定等。

**4 政策功能**

**5 投标费用**

5.1 投标人应自行承担所有与参加投标有关的费用，无论投标过程中的做法和结果如何，招标人或招标代理机构在任何情况下均无义务和责任承担这些费用。

**6 招标文件的约束力**

6.1 投标人一旦购买了本招标文件并决定参加投标，即被认为接受了本招标文件的规定和约束，并且视为自招标公告发布之日起已经知道或应当知道自身权益是否受到了损害。

## 二、招标文件

**7 招标文件构成**

7.1 招标文件由以下部分组成：

（1）招标公告

（2）投标人须知

（3）合同条款及格式

（4）项目需求

（5）评标方法与评标标准

（6）招标文件格式

请仔细检查招标文件是否齐全，如有缺漏请立即与招标代理机构联系解决。

7.2 投标人应认真阅读招标文件中所有的事项、格式、条款和规范等要求，按招标文件要求和规定编制投标文件，并保证所提供的全部资料的真实性，以使投标文件对招标文件作出实质性响应，否则其风险由投标人自行承担。

**8 招标文件的澄清**

任何要求对招标文件进行澄清的投标人，均应在投标截止日十天前按招标公告中的通信地址，以书面形式（如信件、传真、电报等）向招标代理机构提出。招标代理机构将以书面形式向所有获得招标文件的投标人澄清答复（但不说明问题的来源）。

**9 招标文件的修改**

在投标截止时间三天前，招标代理机构均可以以补充文件的方式对招标文件进行修改。

## 三、投标文件的编制

**10 投标语言及度量衡单位**

10.1 投标人提交的投标文件以及投标人与招标人就有关投标的所有来往通知、函件和文件均应使用简体中文。

10.2 除技术性能另有规定外，投标文件所使用的度量衡单位，均须采用国家法定计量单位。

**11 投标文件构成**

11.1 投标文件应包括下列部分（目录及有关格式按招标文件第六章“投标文件格式”要求）：

11.1.1 投标函、投标报价及相关文件。

11.1.2 供应商资格证明文件。

11.1.3 其他相关文件。

11.2 招标文件第四章中指出的工艺、材料和货物的标准，以及商标、牌号或其目录编号，仅起说明作用并非进行限制。

11.3 若供应商未按招标文件的要求提供资料，或未对招标文件作出实质性响应，将导致投标文件被视为无效。

**12 投标文件编制**

12.1 投标人应当根据招标文件要求编制投标文件，并根据自己的商务能力、技术水平对招标文件提出的要求和条件逐条标明是否响应。投标人应保证在投标文件中所提供的全部资料的真实性。

12.2 投标人提交的投标文件和资料，以及投标人与招标代理机构就有关投标的所有来往函电均应使用中文。

12.3 投标人所使用的计量单位应为国家法定计量单位。报价应用人民币报价。

12.4 投标文件应按照招标文件规定的顺序，统一用 A4 规格幅面打印、装订成册并编制目录，由于编排混乱导致投标文件被误读或查找不到，责任由投标人承担。

**13 投标保证金（本项目不需要）**

13.1 投标人提交的投标保证金必须在投标截止时间前汇达，并作为其投标的组成部分。

13.2 投标保证金是为了保护招标人或招标代理机构免遭因投标人的行为而蒙受的损失，招标人或招标代理机构在因投标人的行为遭受损失时，可没收投标人的投标保证金。

### 四、投标文件的递交

电子档一份即可。

### 五、投标纪律

14.1 投标人之间不得相互串通报价，不得妨碍其他投标人的公平竞争，不得损害招标人和其他投标人的合法权益。

14.2 投标人不得以向招标代理机构工作人员、评委会成员行贿或者采取其他不正当手段谋取中标。

14.3 投标人不得虚假质疑和恶意质疑，并对质疑内容的真实性承担责任。投标人或者其他利害关系人通过捏造事实、伪造证明材料等方式提出异议或投诉，阻碍采购活动正常进行的，属于严重不良行为，将提请财政部门将其列入不良行为记录名单，并依法予以处罚。

14.4 投标人不得虚假承诺，否则，按照提供虚假材料谋取中标处理。

## 第三章 合同条款及格式

无（根据课程需要，无须编制该内容）

# 第四章　项目需求

## 一、概述

随着高校信息化建设快速发展，结合学院在建的“品牌专业建设”验收目标，某学院正准备完善教学资源管理平台，加强平台上信息化课程资源建设。教师利用“ICT 产教融合创新基地”建设内容制作相关教学资源来完成信息化资源课程建设。在教学资源建设过程中，某学院计划建设一个功能丰富的智慧演播中心，提供虚拟的 3D、2D 等多场景的演播环境，用于教师录制教学视频和微课。

系统要求：

1. 快捷部署、无须专业装修，环境适应性强；
2. 操作简单，不需要专业人员操作；
3. 演播场景可定制，针对不同专业背景提供不同专业演播场景；
4. 视频清晰度高，实现专业视频录制效果。

## 二、主要设备清单及技术参数要求

| 序号 | 设备名称 | 参数要求 | 数量 | 单位 |
|---|---|---|---|---|
| 1 | 虚拟演播主机 | 1. 支持 3D、2D 动静态、微课等多场景，且根据用户需求可定制场景<br>2. 支持虚拟技术，通过一台摄像机虚拟出多机位、多角度的拍摄效果<br>3. 支持字母、台标叠加功能<br>4. 支持两路外部可视信号的接入，一路为高清摄像机，一路为高清 VGA 或其他高清可视信号<br>5. 支持互联网直播发布，且支持远程互动 | 1 | 套 |
| 2 | 矩阵切换器 | 1. 4 路 HDMI 输入输出、每路支持 4K 画质<br>2. 每路音频输出带有独立的音量控制<br>3. 支持无缝切换，支持红外控制 | 1 | 台 |
| 3 | 高清摄像机 | 1. 采用 1/2. 8 英寸高品质图像传感器，最大分辨率可达 1920 × 1080，输出帧率高达 60 帧/秒<br>2. 支持光学变焦 12 倍，支持 16 倍数字变焦<br>3. 采用高精度步进电机以及精密电机驱动控制器，确保云台低速运行平稳，并且无噪声<br>4. 支持多达 255 个预置位（遥控器设置调用为 10 个） | 1 | 台 |
| 4 | 灯光系统—背景灯 | 1. 功率 24 W、色温 4000 K、散射角 30 度<br>2. 功率 15 W、色温 4000 K、散射角 24 度 | 2 | 只 |
| 5 | 灯光系统—主光源 | 1. 功率 24 W、色温 4000 K、散射角 30 度<br>2. 功率 15 W、色温 4000 K、散射角 24 度 | 2 | 只 |

续表

| 序号 | 设备名称 | 参数要求 | 数量 | 单位 |
|---|---|---|---|---|
| 6 | 灯光系统—补光灯 | 1. 采用LED光源，超大光照角度<br>2. 采用不低于96颗5500 K色温贴片LED和96颗3200 K色温贴片LED组成，且在3200～5500 K任意可调<br>3. 采用超高显色指数贴片LED，RA平均值大于95，接近自然光 | 2 | 只 |
| 7 | 音频系统 | 1. 接收器方式：二次变频超外差<br>2. 中频频率：第一中频110 MHz、第二中频10.7 MHz<br>3. 无线接口BNC/50 Ω，灵敏度12 dBuV（80 dBS/N），灵敏度调节范围12～32 dBuV，杂散抑制>75 dB，最大输出电平+10 dBV | 1 | 套 |
| 8 | 背景幕布 | 4×6米、绿色 | 1 | 张 |

备注：以上清单为本次系统建设必须提供的设备清单，投标单位请自行根据系统建设提供所需全部清单及报价，漏报由投标单位自行承担。

## 三、交付时间和地点

合同签订后1个月交付至采购人使用现场。

## 四、质保期

3年。

## 五、验收标准及方法

系统提供的各项技术参数和配置功能，通过现场验收符合技术参数指标及配置要求。

## 六、培训周期

提供4名技术人员（或教师）免费培训服务，培训时间不少于2个工作日。

# 第五章　评标方法与评标标准

## 一、评标方法

评委会将对确定为实质性响应招标文件要求的投标文件进行评价和比较，评标采用综合评分法。

采用综合评分法的，按评审后得分由高到低顺序排列。得分相同的，按投标报价由低到高顺序排列。得分且投标报价相同的并列。

## 二、评分标准

### （一）价格分（最高30分）

第一步：投标总报价低于或等于采购预算价格的，为有效投标报价。超采购预算的投标报价为无效投标报价。无效投标报价的投标文件不得中标。

第二步：价格分采用低价优先法计算，即满足招标文件要求且投标价格最低的投标报价为评标基准价（报价按评审价格调整后的价格为最低价的作为评标基准价，中标金额则以实际投标报价为准），其价格分为满分。其他投标人的价格分统一按照下列公式计算：投标报价得分 =（评标基准价/投标报价）× 价格权值 ×100，小数点后保留两位（价格权值为 30%）。

**（二）技术方案、履约能力、业绩证明得分（最高 70 分）**

| 评审因素 | 评分标准 | 分值 |
| --- | --- | --- |
| 技术方案 | 技术质量比较（最高 30 分）：根据所投设备的技术参数、性能、功能等由评委评定，完全满足招标文件要求的得基准分 30 分 | 30 分 |
| | 虚拟演播中心功能展示：投标单位可根据演示要求进行现场演示，每满足一项得 2.5 分（演示环境自行准备，演示时长不超过 15 分钟）<br>（1）快捷部署、无须专业装修，环境适应性强<br>（2）操作简单，不需要专业人员操作<br>（3）演播场景可定制，针对不同专业背景提供不同专业演播场景<br>（4）视频清晰度高，实现专业视频录制效果 | 10 分 |
| 履约能力 | 负责本项目实施的项目经理或者团队成员具备项目管理专业人士资格认证（PMP 证书或 CPMP 证书），有一个得 2 分，最高得 2 分（提供成员近三个月内任一月的社保缴纳证明） | 2 分 |
| | 在项目人员投入方面具备通信专业中级职称者得 1 分，最高得 5 分（提供成员近三个月内任一月的社保缴纳证明） | 5 分 |
| | 投标单位提供获得政府部门颁发的奖项，有一个得 2 分，最高 4 分 | 4 分 |
| | 投标单位提供的虚拟演播中心软件具有自主知识产权的得 3 分（提供专利或软件著作权证明复印件） | 3 分 |
| | 投标单位提供信用评级机构出具的信用评级报告为 AAA 级的得 3 分，AAA 级以下得 1 分，没有不得分 | 3 分 |
| | 投标单位提供详细的售后服务方案：服务体系、服务范围以及故障解决方案、响应时间、应急处理方案、专业技术人员保障、软硬件产品原厂售后技术保障、售后服务电话等。详细、切实可行的为优，得 5 分；较详细、较切实可行的为良，得 3 分；详细、可行性一般的得 1 分 | 5 分 |
| | 投标单位工期响应，安装调试计划，项目人员配置计划方案，方案完整可行的得 5 分；方案较完整较可行的得 3 分；方案完整性可行性一般的得 1 分 | 5 分 |
| 业绩证明 | 投标单位 2018 年 1 月 1 日（以合同签订日期为准）至今完成过类似项目业绩，每提供一项得 1 分，最高得 3 分（合同原件现场核查，无原件不得分） | 3 分 |

# 第六章　投标文件格式

## 一、投标函

ICT 营销方案与应标虚拟招标公司：

你们________号招标文件（包括更正通知，如果有的话）收悉，经详细审阅和研究，我方现决定参加投标。

1. 郑重承诺：我方是符合《中华人民共和国政府采购法》第二十二条规定的供应商，并严格遵守《中华人民共和国政府采购法》的规定。

2. 接受招标文件的所有的条款和规定。

3. 同意按照招标文件规定，本投标文件的有效期为从投标截止日期起计算的九十天，在此期间，本投标文件将始终对我方具有约束力，并可随时被接受。如果中标，本投标文件在此期间之后将继续保持有效。

4. 同意提供采购人要求的有关本次招标的所有资料。

5. 我方理解，你们无义务必须接受投标价最低的投标，并有权拒绝所有的投标。同时也理解你们不承担本次投标的费用。

6. 如果中标，我方将按照招标文件的规定向贵公司支付招标代理服务费；为执行合同，将按供应商须知有关要求提供必要的履约保证。

供应商名称：______________（公章）
地址：　　　　　　　　邮编：
电话：　　　　　　　　传真：
授权代表签字：
职务：
日期：

## 二、开标一览表

| | |
|---|---|
| 项目名称 | |
| 招标编号 | |
| 投标报价 | 小写：　　　　　　大写： |
| 工期 | |
| 备注 | |

投标人（盖章）：
法定代表人或授权代表（签名）：
日期：　　年　　月　　日
注：
1. 投标报价应为完成本项目要求的所有工作的费用。
2. 本项目仅接受一个价格，不接受选择性报价方案。

## 三、分项报价表

（格式自拟）

按品目分项报价，并列出制造商、产地、型号等。

## 四、商务条款偏离表

招标编号：

| 序号 | 招标文件条目号 | 招标文件的商务条款 | 投标文件的商务条款 | 说明 |
|---|---|---|---|---|
| | | | | |

供应商名称（公章）：

法定代表人或授权代表（签字）：

日期：

注：

1. 如供应商无任何偏离，也需在响应表中注明并在投标文件中递交此表。
2. 偏离包括正、负偏离，正偏离指供应商的响应高于招标文件要求，负偏离指供应商的响应低于招标文件要求。

## 五、技术需求偏离表

招标编号：

| 序号 | 招标文件技术规格及要求 | 投标文件技术指标情况 | 具体说明 |
|---|---|---|---|
| | | | |

供应商名称（公章）：

法定代表人或授权代表（签字）：

日期：

注：

1. 对于某项指标的数据存在与证明文件内容不一致的情况，以指标较低的为准，对于可以用量化形式表示的条款，供应商必须明确回答，或以功能描述回答。
2. 作为投标文件重要的组成部分，不能通过简单拷贝招标文件技术要求或简单标注“符合”“满足”。
3. 偏离包括正、负偏离，正偏离指供应商的响应高于招标文件要求，负偏离指供应商的响应低于招标文件要求。

## 六、资格证明文件

1. 法人或者其他组织的营业执照等证明文件（复印件）。
2. 具备履行合同所必需的设备和专业技术能力的书面声明。

**具备履行合同所必需的设备和专业技术能力的书面声明**

我公司郑重声明：我公司具备履行本项采购合同所必需的设备和专业技术能力，为履行本项采购合同我公司具备如下主要设备和主要专业技术能力：

主要设备有：

主要专业技术能力有：

供应商名称（公章）：
法定代表人或授权代表（签字）：
日期：

3. 参加本政府采购项目前 3 年内（成立时间不足 3 年的自成立时间起）在经营活动中没有重大违法记录的书面声明函。

（自行编写，重大违法记录是指供应商因违法经营受到刑事处罚或责令停产停业、吊销许可证或者执照、较大数额等行政处罚。）

**参加政府采购活动前 3 年内在经营活动中**
**没有重大违法记录的书面声明（参考格式）**

我公司郑重声明：参加本次政府采购活动前 3 年内，我公司在经营活动中没有因违法经营受到刑事处罚或者责令停产停业、吊销许可证或者执照、较大数额罚款等行政处罚。

供应商名称（公章）：
法定代表人或授权代表（签字）：
日期：

4. 中标后，绝不分包、转包的承诺。

## 七、其他相关文件

1. 法定代表人授权书

致 ICT 营销方案与应标虚拟招标公司：
本授权书宣告：
委托人：
地址：
法定代表人：
受托人姓名：__________　性别：______　出生日期：____年____月____日
所在单位：　　　　　　　　　　　　职务：
身份证：　　　　　　　　　　　　　联系方式：

兹委托受托人合法地代表我单位参加 ICT 营销方案与应标虚拟招标公司组织的（招标编号为：　　　　）招标活动，受托人有权在该投标活动中，以我单位的名义签署投标文件，与采购人协商、澄清、解释，签订合同并执行一切与此有关的事项。

受托人在办理上述事宜过程中以自己的名义所签署的所有文件我均予以承认。受托人无转委托权。

委托期限：至上述事宜处理完毕止。

委托单位：(公章)__________
法定代表人：(签名或印章)__________
受托人：(签名)__________
________年____月____日
附：法定代表人和受托人身份证复印件。

2. 主要设备授权委托书（如使用非本公司自行生产产品，请提供相应授权委托书）

致　　　　　：（招标代理机构）

作为生产＿＿＿＿＿（货物名称）的＿＿＿＿＿（制造商全称），我公司在此授权＿＿＿＿（投标人全称）用我公司生产的上述物资，参加＿＿＿＿＿（项目名称）项目招投标活动，提交投标函并签署采购合同。

我公司郑重承诺：中标后我公司将无条件在授权投标产品交易期内保证货物的货源和质量，如有违反，依据《中华人民共和国招投标法》《中华人民共和国民法典》及招标采购相关法规及条例承担法律责任。

授权期限为：＿＿＿＿年＿＿＿＿月起至本次中标货物采购期结束。

购销合同规定的招标采购期限与本授权书的有效期限应一致，若采购文件或合同规定的招标采购期限延期，本授权书期限自动顺延到招标采购期限届满。此授权书一经授出，在投标截止期后将不作任何修改。

制造商名称（盖公章）：

联系电话、传真：

日期：　　　（加盖投标人公章）

注：本授权书必须打印，不得手写，不得行间插字和涂改。如有涂改，必须有制造商在涂改处加盖公章。

# 商务拜访分析报告（模板）

1. 小组信息

公司名称：

主要经营内容：

拜访者信息：

2. 商务拜访结果分析（围绕需求挖掘、拜访结果）

# 参考文献


[1] 胡春，王颂，吕亮，等．通信市场营销学［M］．北京：人民邮电出版社，2015.

[2] 王爱英，徐向群．现代商务礼仪规范与实务［M］．2版．北京：北京大学出版社，2016.

[3] 陈川生，沈力．招标投标法律法规解读评析［M］．北京：电子工业出版社，2012.

[4] 刘兵，龚健冲，张妮丽．工程招投标与合同管理［M］．成都：电子科技大学出版社，2016.

[5] 孙希波，韩国元．公共关系与商务礼仪（实践）［M］．哈尔滨：哈尔滨工程大学出版社，2016.

[6] 黄亚兰．礼仪在商务拜访中的重要作用和技巧探析［J］．中国商论，2012（002）：240－241.